51单片机编程
原理·接口·制作实例

周长锁 编著

U0335466

化学工业出版社
·北京·

内容简介

本书为 51 单片机编程，内容包括 51 单片机学习环境搭建、单片机 C 语言编程、单片机硬件原理、单片机接口技术和应用实例等，既有电子爱好者关心的内容，也有工程设计应用方面的内容。本书内容讲解和制作实例都以宏晶科技的 STC8 系统单片机为例，实例内容有难有易、涵盖面广。

本书可供电子爱好者、单片机初学者和电子技术相关专业学生阅读，也可作为单片机研发工程师和嵌入式软件工程师的参考书。

图书在版编目（CIP）数据

51 单片机编程：原理·接口·制作实例 / 周长锁编著. —北京：化学工业出版社，2023.2
ISBN 978-7-122-42510-2

Ⅰ.①5… Ⅱ.①周… Ⅲ.①单片微型计算机-程序设计 Ⅳ.①TP368.1

中国版本图书馆 CIP 数据核字（2022）第 208168 号

责任编辑：高墨荣　　　　　　　　　　　　文字编辑：袁玉玉　袁　宁
责任校对：边　涛　　　　　　　　　　　　装帧设计：刘丽华

出版发行：化学工业出版社（北京市东城区青年湖南街 13 号　邮政编码 100011）
印　　装：高教社（天津）印务有限公司
787mm×1092mm　1/16　印张 17½　字数 407 千字　2023 年 4 月北京第 1 版第 1 次印刷

购书咨询：010-64518888　　　　　　　　　售后服务：010-64518899
网　　址：http://www.cip.com.cn
凡购买本书，如有缺损质量问题，本社销售中心负责调换。

定　　价：88.00 元

前言

  51 单片机是对兼容英特尔 8051 指令系统的单片机的统称，学习资源丰富，应用范围广泛，是单片机初学者的首选。51 单片机使用的 KeilC 编程软件有支持 32 位单片机的版本，学会 51 单片机后能比较轻松进阶 32 位单片机的学习。

  STC8 系列单片机是宏晶科技设计的 51 系列单片机，不需要外部晶振和外部复位，具有宽电压（1.9～5.5V）、抗干扰能力强、比传统 51 单片机快约 12 倍等特点，拥有丰富的数字外设（串口、定时器、PWM 以及 I^2C、SPI）接口和模拟外设（ADC、比较器）接口，有较大容量的 RAM 存储器、Flash 存储器和 EEPROM 存储器。

  全书共分为 9 章，各章内容安排如下。

  第 1 章为 51 单片机学习路线。讲解了单片机基本工作原理和入门学习方法以及注意事项，说明如何搭建学习环境，如何安装使用 C 语言编程软件和程序下载软件。

  第 2 章为 51 单片机 C 语言编程。包括数的进制、数据基本类型、数据构造类型、运算符、选择语句和循环语句等基础知识。KeilC 软件应用重点讲解程序的基本构成、常用的内部函数库以及程序的调试方法。常用算法讲解了通信数据校验、频谱分析 FFT、自动控制 PID。

  第 3 章为 STC8 单片机硬件结构。包括时钟、中断、存储器、I/O 口、定时器/计数器、比较器、ADC 模数转换和 PWM 定时等功能，通过实例程序掌握如何通过特殊寄存器驱动单片机硬件，实现输入检测、输出控制和通信等功能。

  第 4 章为 51 单片机通信接口。讲解了 STC8 系列单片机的串口、I^2C 和 SPI 通信接口工作原理和应用实例。

  第 5 章为单片机硬件接口扩展和外部数据存储扩展。硬件接口包括开关量输入输出和模拟量输入输出外部电路，单片机通过硬件接口扩展采集信息、控制外部设备工作。外部数据存储扩展包括 TF 卡和 U 盘的数据读写操作。

  第 6 章为单片机与功能模块配合应用。单片机设计产品时可以直接选用现有功能模块，能在很大程度上降低电路设计难度，提高产品设计效率。

  第 7 章为以太网通信。讲解了以太网控制器 W5500 和 DM9000A 的单片机控制方法，介绍了 TCP/IP 通信基本知识和 TCP/IP 简易协议栈的实现方法。

第 8 章为无线通信。单片机通过串口连接各种无线模块，实现蓝牙、WiFi、GPRS、窄带物联网 NB-IoT 和长距离无线 LoRa 等无线通信。

第 9 章为电子爱好者工具 DIY 实例。包括可调直流稳压电源和白光烙铁控制器以及 USB 接口虚拟万用表，其中 USB 接口虚拟万用表能测量交直流电压和电流、电阻、电容及二极管压降。

由于水平有限，书中不足之处在所难免，恳请广大读者批评指正。

编著者

目录

第1章

51 单片机学习路线

单片机是硬件和软件的结合体，初学时偏重硬件，深入后则侧重软件。初学单片机时，在硬件方面要有数字电路和模拟电路基础，在软件方面可以不需要编程基础，最好有英语基础，能理解 C 语言语句。单片机入门学习需要准备 C 语言编程软件、程序下载软件和单片机学习板。51 单片机程序编写软件都是用 KeilC，程序下载软件是和单片机配套的，用某个品牌的单片机就用该品牌的下载程序；单片机学习板可以购买或自己设计，购买的单片机学习板会有配套的范例程序等学习资料。

1.1 单片机学习环境搭建

1.1.1 编程软件 KeilC

KeilC 软件简介

在 20 世纪 80 年代，计算机还没有普及应用的时候就有单片机学习板了，如 Z80 单片机学习板。那时候没有编程软件，编程时手写汇编语句，再查汇编语言手册，将汇编语句转成由"0"和"1"组成的二进制机器码，然后通过单片机学习板的键盘输入机器码，完成单片机编程工作。

编程软件的基本功能是提供单片机程序编辑界面，将编程意图用 C 语言或汇编语言表达出来，编译时 C 语言要先转成汇编语言，再转成十六进制机器码文件（HEX 文件）。编程软件的扩展功能主要有调试和仿真功能，单片机初学者可暂不使用，深入学习编写较复杂程序时再使用调试和仿真功能，能提高编程效率。

Keil C51 是美国 Keil Software 公司的单片机 C 语言软件开发系统，同时也支持汇编语言编程。早期版本 Keil μVision2 仅支持 8 位单片机，Keil 公司在 2005 年被 ARM 公司收购后陆续推出 Keil μVision3、Keil μVision4 和 Keil μVision5，开始支持 32 位单片机的编程。

Keil μVision2 软件界面见图 1-1，界面上部是菜单栏和工具栏，中间左部是工程结构区，中间右侧是文件编辑区，界面底部是输出窗口，显示程序编译结果。菜单栏中常用的菜单可以在工具栏中找到，工具栏使用起来更方便。工具栏分文件工具栏、调试工具栏和编译工具栏，图 1-1 中对工具栏图标进行了说明。

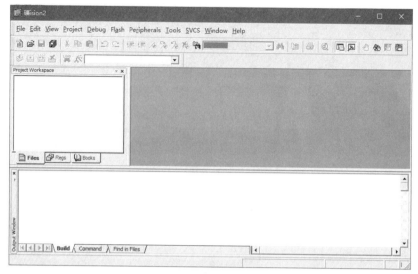

(a) 主界面

(b) File 工具栏

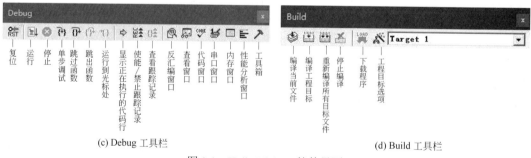

(c) Debug 工具栏　　　　　　　　(d) Build 工具栏

图 1-1　Keil μVision2 软件界面

　　入门单片机建议直接学习使用 C 语言编程，因为汇编语言需要掌握单片机内部程序运行原理，编程使用语句较多，难度偏大，不利于入门学习。以 16 位整数乘法计算为例，C 语言转汇编语言见图 1-2，C 语言中语句为 z=x*y;，在汇编语句中则需要 20 多行语句才可以实现。有兴趣的话学会 C 语言编程后可以再学些汇编语言，有些情况可能需要 C 语言与汇编语言混合编程。

```
                            z=x*y;
C:0x0062    AC0A    MOV     R4,0x0A
C:0x0064    AD0B    MOV     R5,0x0B
C:0x0066    AE08    MOV     R6,0x08
C:0x0068    AF09    MOV     R7,0x09
C:0x006A    120073  LCALL   C?IMUL(C:0073)
C:0x006D    8E0C    MOV     0x0C,R6
C:0x006F    8F0D    MOV     0x0D,R7


                            C?IMUL:
C:0x0073    EF      MOV     A,R7
C:0x0074    8DF0    MOV     B(0xF0),R5
C:0x0076    A4      MUL     AB
C:0x0077    A8F0    MOV     R0,B(0xF0)
C:0x0079    CF      XCH     A,R7
C:0x007A    8CF0    MOV     B(0xF0),R4
C:0x007C    A4      MUL     AB
C:0x007D    28      ADD     A,R0
C:0x007E    CE      XCH     A,R6
C:0x007F    8DF0    MOV     B(0xF0),R5
C:0x0081    A4      MUL     AB
C:0x0082    2E      ADD     A,R6
C:0x0083    FE      MOV     R6,A
C:0x0084    22      RET
```

ROM地址	机器码	汇编语句

图 1-2　C 语言转汇编语言

1.1.2　程序下载软件 STC-ISP

STC-ISP 软件简介

STC 系列单片机使用的程序下载软件是 STC-ISP，随着新型号单片机的发布，会有最新版软件在 STC 官网提供下载，ISP（In-System Programming）是在系统可编程的意思，单片机焊接到电路板上后通过预留的 ISP 接口下载程序，方便程序调试及后期的程序升级操作。STC 系列单片机的 ISP 接口使用的是 TTL 电平的串口，一般是用 USB 转换的虚拟串口，初次使用要先安装 USB 转串口电路的驱动程序。

程序下载软件 STC-ISP 界面见图 1-3，软件界面左侧为程序下载界面，右上侧是功能丰富的工具界面，右下侧是下载进度界面。

下载界面应用时从上到下依次选择：

➢　芯片型号，即单片机型号。

➢　串口号。当计算机 USB 接口接入下载线后，串口号会显示接入的设备名和系统自动分配的串口号，如果当前显示的不是要使用的串口号，可单击【扫描】或单击下拉列表选择要使用的串口号。

➢　最低波特率使用默认值为 2400bps，最高波特率使用默认值为 115200bps。如果出现下载失败，可以适当降低最高波特率，例如降到 38400bps。

➢　单击【打开程序文件】，选择要下载的文件，文件类型为 HEX 文件。

➢　硬件选项中的内容会随单片机的型号而有所变化，一般不需修改。注意要选择好 IRC 频率。

➢　单击【下载/编程】，若提示下载成功就完成了下载，单片机直接进入运行状态。

➢　勾选【每次下载前都重新装载目标文件】，当程序重新编译后，不用重新打开程序文件。

➢　勾选【当目标文件变化时自动装载并发送下载命令】，当程序重新编译后，自动打开最新生成的 HEX 文件并自动进入下载状态。

(a) 主界面

(b) 串口助手

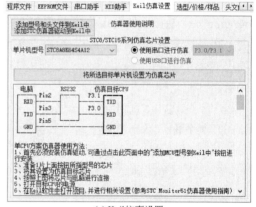

(c) Keil仿真设置

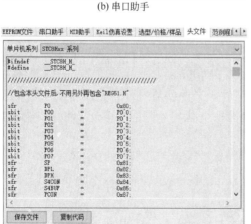

(d) 头文件

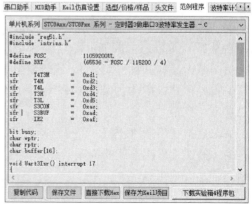

(e) 范例程序

(f) 波特率计算器　　　　　　　　　(g) 定时器计算器

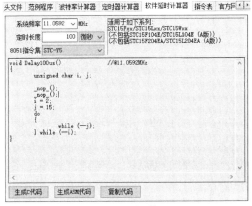

(h) 软件延时计算器　　　　　　　　(i) 封装脚位

图 1-3　程序下载软件 STC-ISP 界面

工具界面中常用的几个工具：

➤ 【串口助手】——串口调试界面，使用时先选择好串口号和串口参数，再单击【打开串口】就可以使用了。接收缓冲区和发送缓冲区可根据需要选择文本模式或 HEX（十六进制）模式，随时可以切换。

➤ 【Keil 仿真设置】——添加 STC 单片机型号和头文件到 Keil 中，添加 STC 仿真器驱动到 Keil 中。

➤ 【头文件】——选择单片机系列，下面窗口会显示对应的头文件内容，可保存文件或复制代码到编程界面。

➤ 【范例程序】——按单片机系列选择特定功能的范例程序，下面窗口会显示对应程序代码，编程中用到时可以直接复制、粘贴到程序中。

➤ 【波特率计算器】——选择系统频率和波特率，选择串口号、数据位数和波特率发生器，下面窗口会显示串口有关特殊功能寄存器的设置值，无需自己计算。

➤ 【定时器计算器】——选择系统频率和定时长度，选择定时器、定时器模式和定时器时钟，下面窗口会显示定时器有关特殊功能寄存器的设置值，直接复制、粘贴到程序中就可以了。

➤ 【软件延时计算器】——选择系统频率和定时长度，下面窗口会显示用空循环起到延时效果的代码。

➤ 【封装脚位】——选择单片机系列和封装形式，下面窗口显示对应单片机的引脚示意图。

1.1.3　STC8 单片机学习板

本书配套的 STC8 单片机学习板电路原理图见图 1-4，电路 PCB 图见图 1-5。板载单片机型号为 STC8H1K，USB 数据线给学习板供电的同时用 CH340N 转串口下载程序，图中数据线上串接的电阻 R19 和二极管 VD1 的作用是防止通过数据线给单片机供电，造成单片机始终处于运行状态，无法进入 ISP 编程状态。电路板上有 4 个按键和 4 个 LED 指示灯，可进行基本 I/O 测试；有 LM75A 和 DS18B20 电子温度传感器，用于 I^2C 总线和单总线测试；有 USB 转串口和 RS485 通信接口，用于串口通信测试；有 3 位 LED 数码管可配合各种程序测试，用于显示温度、AD 转换结果、通信数据等；另外预留了 SPI 通信接口，配合外部模块可进行以太网通信测试。

1.1.4　第一个测试程序

编一个简单的测试程序，让学习板上的 LED1 闪烁，了解单片机编程的完整流程。

（1）软件安装

单片机编程软件 Keil μVision2 可从网上下载，评估版是免费的，与完全版相比主要是限制了编译代码不能超过 2K，初学者编写的程序代码长度远小于限制长度，不必担心被限制。

程序下载软件 STC-ISP 是免安装的，下载后直接运行。添加 STC 单片机型号和头文件到 Keil 中操作步骤见图 1-6，在工具栏【Keil 仿真设置】中选择单片机型号，然后单击添加按钮，在弹出的浏览文件夹界面选择 Keil 的安装路径，单击【确定】完成添加工作，Keil 就可支持 STC 单片机编程。

在头文件所在文件夹中查看都有哪些头文件，以后编程用到时可以直接引用。自动添加的 STC 单片机头文件见图 1-7，学习板用到的头文件是 STC8H.h。

（2）单片机编程

单片机编程主要步骤：

➤ 新建项目。

➤ 新建 C 程序文件。

➤ 编译项目。

编译项目时如果报错，需要按错误提示重新编辑 C 程序文件，重新编译，如此反复直至没有错误。程序不报错，只能说明没有语法错误，可能还存在逻辑错误，接着要通过仿真或下载到单片机看程序是否能按预定要求运行。如果不能按要求运行，需要继续分析 C 程序代码，更改后继续编译、下载、测试，如此反复直至达到要求。

当做过的练习或项目较多时，积累了一定代码资源后，新建项目可以直接复制相近功能的项目，然后做些改动就可以。

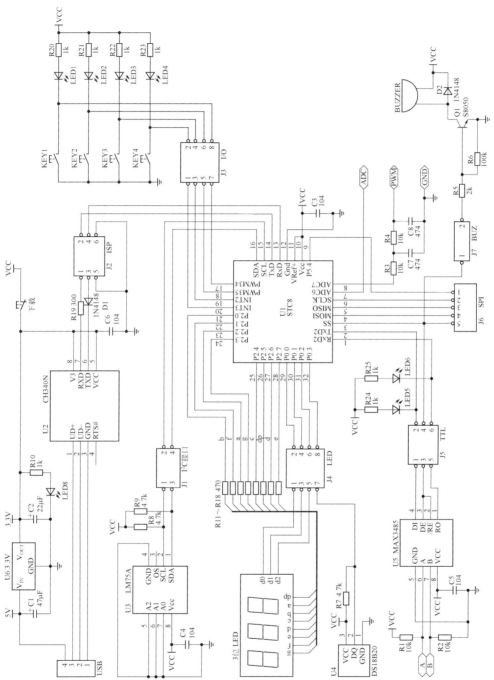

图 1-4 本书配套的 STC8 单片机学习板电路原理图

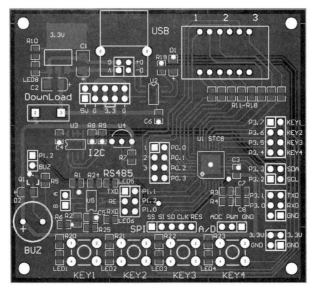

图 1-5　本书配套的 STC8 单片机学习板 PCB 图

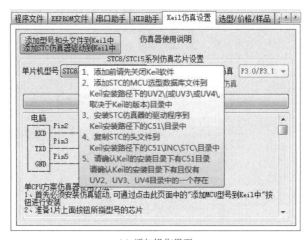

(a) 添加操作界面

(b) 选择 Keil 安装目标

图 1-6　添加 STC 单片机型号和头文件到 Keil 中操作步骤

① 新建项目步骤见图 1-8。新建项目先命名，然后选择单片机型号，注意进入自动加入启动代码界面后要选择【否】。启动代码的主要作用是上电后初始化内部 RAM 和设置堆栈。启动代码由汇编语句组成，初学单片机时可以不使用该功能，不影响程序运行；一旦使用，由于对汇编语句不熟悉，启动代码设置不对，反而会影响程序的运行。

图 1-7　STC 单片机头文件

② 新建 C 程序文件步骤见图 1-9。新建文件，编辑后保存为 "*.C" 文件，最后还要把编辑的 C 文件加入项目。如果利用已有 C 文件，则不需要从头编辑，直接将其加入项目，再编辑、保存即可。

③ 编译项目步骤见图 1-10。编译前先进入编译选项界面，首次进入菜单名是【Project】→【Options for File '*.C'】，保留默认选项即可，单击【确定】后退出，再重新进入，此时菜单名变为【Options for Target 'Target 1'】；选择【Output】选项卡，勾选【Create HEX File】，设置输出 HEX 文件名，然后单击工具栏中编译图标编译程序，输出窗口输出编译信息。理想的情况是 "0 Error(s), 0 Warning(s)"，即 0 错误 0 报警，出现错误将不会生成 HEX 文件。出现报警时能生成 HEX 文件，但存在程序运行过程会出错的风险。

编译完成后的文件夹中保存有项目所有文件，需要关注的有项目文件、C 文件和 HEX 文件，其他文件是编译过程生成的中间文件，无需理会。

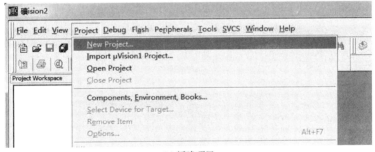

(a) 新建项目

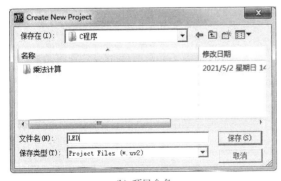

(b) 项目命名

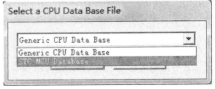

(c) 选择 STC 单片机

图 1-8

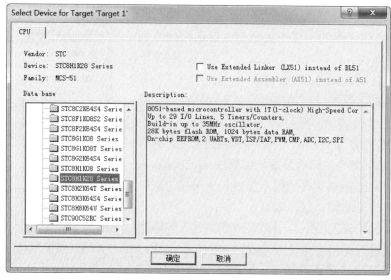

(d) 选择单片机型号

(e) 自动加入启动代码界面

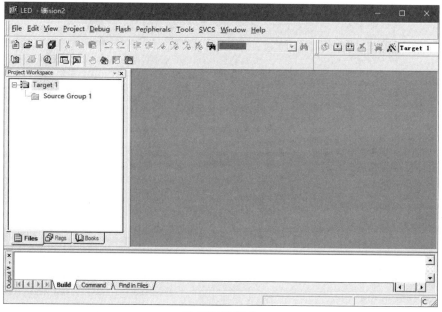

(f) 新建项目完成

图 1-8 新建项目步骤

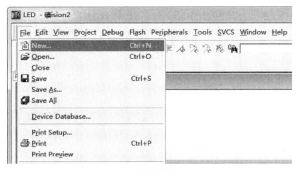

(a) 新建文件

(b) 编辑 C 程序文件并保存

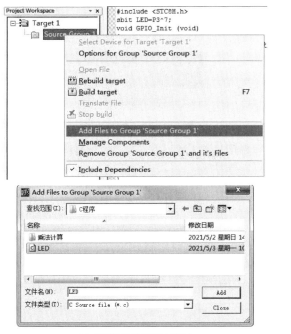

(c) 将编辑的文件加入项目

图 1-9　新建 C 程序文件步骤

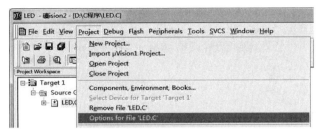

(a) 首次进入编译选项界面

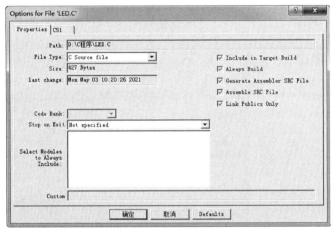

(b) 默认选项

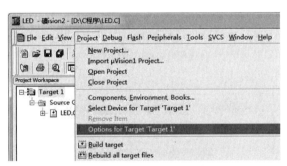

(c) 再次进入编译选项界面

(d) 设置输出 HEX 文件名

(e) 编译结果

(f) 编译完成后的文件夹

图 1-10   编译项目步骤

（3）单片机程序下载

程序下载软件 STC-ISP 界面见图 1-11，下载程序前连接好下载数据线，选择芯片型号，

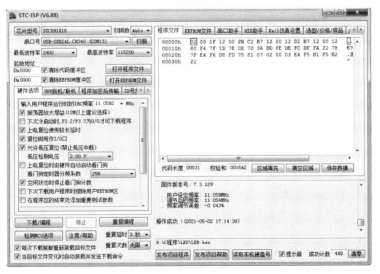

图 1-11   程序下载软件 STC-ISP 界面

选择串口号，打开程序文件，选择时钟频率，其他使用默认选项，单击【下载/编程】，给目标电路板上电，开始下载程序。

1.2　单片机基本知识

1.2.1　C 语言基本概念

语句是 C 语言程序的基本组成部分,语句按编译过程处理方法不同可分为预编译语句、编程语句和注释语句。预编译语句以"#"符号开头,编程语句以";"结尾,注释语句以"//"符号开头或放在"/*...*/"之中。在对整个程序进行编译之前,编译器先对程序中的预编译语句进行预处理,再将预处理的结果与整个 C 语言源程序一起进行编译,注释语句不参与编译。

编程语句的范围比较广泛,可以是某个表达式、某个操作、某个函数、选择结构、循环等,关键字是编程语句的重要组成部分。

（1）标准 C 关键字
① 数据类型关键字
- char——声明字符型变量或函数。
- double——声明双精度变量或函数。
- enum——声明枚举类型。
- float——声明浮点型变量或函数。
- int——声明整型变量或函数。
- long——声明长整型变量或函数。
- short——声明短整型变量或函数。
- signed——声明有符号类型变量或函数。
- struct——声明结构体变量或函数。
- union——声明联合数据类型。
- unsigned——声明无符号类型变量或函数。
- void——声明函数无返回值或无参数,声明无类型指针。

② 控制语句关键字　循环语句:
- for——一种循环语句。
- do——循环语句的循环体。
- while——循环语句的循环条件。
- break——跳出当前循环。
- continue——结束当前循环,开始下一轮循环。

条件语句:
- if——条件语句。
- else——条件语句否定分支（与 if 连用）。

➢ goto——无条件跳转语句。

开关语句：

➢ switch——用于开关语句。

➢ case——开关语句分支。

➢ default——开关语句中的"其他"分支。

返回语句：

➢ return——子程序返回语句（可以带参数，也可不带参数）。

③ 存储类型关键字

➢ auto——声明自动变量（默认值，不写出来）。

➢ extern——声明变量是在其他文件已声明（也可以看作引用变量）。

➢ register——声明寄存器变量。

➢ static——声明静态变量。

④ 其他关键字

➢ const——声明只读变量。

➢ sizeof——计算数据类型长度。

➢ typedef——用以给数据类型取别名（当然还有其他作用）。

➢ volatile——说明变量在程序执行中可被隐含地改变。

（2）C51 扩展关键字

➢ _at_——定义变量的绝对地址。

➢ code——程序代码存储区。

➢ data——直接寻址片内数据存储区（低 128 字节）。

➢ bdata——位寻址片内数据存储区（16 字节）。

➢ idata——间接寻址片内数据存储区（256 字节）。

➢ pdata——分页寻址外部数据存储区（256 字节）。

➢ xdata——可寻址片外或片内扩展数据存储区。

➢ bit——位变量定义。

➢ sfr——用于定义 8 位特殊功能寄存器。

➢ sfr16——用于定义 16 位特殊功能寄存器。

➢ sbit——用于定义可位寻址对象。

➢ small——用于将所有未指明存储区的变量均保存在 data 存储区。

➢ compact——用于将所有未指明存储区的变量均保存在 pdata 存储区。

➢ large——用于将所有未指明存储区的变量均保存在 xdata 存储区。

➢ interrupt——中断函数。

➢ using——定义函数时用来选择函数使用寄存器的分组。

C51 是用于单片机编程的 C 语言，其语法规则、程序结构和程序设计方法与标准 C 语言程序设计相同，不同之处是多出了 C51 扩展关键字，用于处理与硬件直接相关的数据类型、变量存储模式、输入输出处理、函数等方面应用。

1.2.2 单片机硬件基本原理

属于 51 单片机系列的 STC 系列单片机的内部结构图见图 1-12，可分成中央处理器（CPU）、存储器、控制单元、功能模块和外部接口四大部分。如果说 CPU 是单片机的大脑，那么控制单元的时钟就是单片机的心脏，CPU 在时钟驱动下执行程序存储器中的程序，利用功能模块和外部接口与外部交互，实现编程所要求的功能和任务。

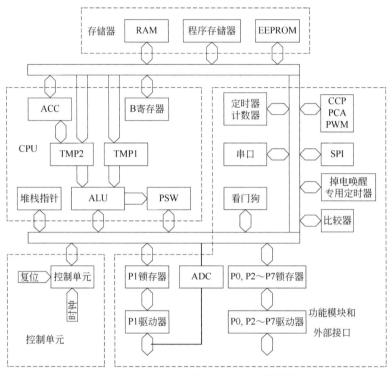

图 1-12 STC 系列单片机的内部结构图

存储器包含随机存取存储器（RAM）、程序存储器（Flash）和电擦除可编程只读存储器（EEPROM）。早期的单片机用外置的 ROM 作为程序存储器，现在多采用内置的 Flash 作为程序存储器，存储内容由程序下载软件写入，可掉电保存。如果把程序存储器比作计算机的硬盘，RAM 就是计算机的内存。用于程序运行时存储变量，掉电不保存。EEPROM 可掉电保存数据，又可以在程序运行过程中动态修改，可用来保存重要的记录数据和可修改的参数数据。

CPU 中 ALU（Arithmetic Logic Unit）是算术逻辑运算单元，能进行逻辑与、或、异或、循环、求补、清零等基本操作，还可以进行加、减、乘、除等基本运算。ACC（Accumulate）累加器 A，用来存放操作数或运算的中间结果。B 寄存器主要是在乘法和除法运算中使用。TMP1 和 TMP2 是暂存寄存器。堆栈指针在调用子程序和响应中断程序的过程中使用。PSW 是 Program Status Word 的缩写，是程序状态寄存器，各状态位定义如下：

➢ P——奇偶标志位：ACC 内容有奇数个 "1"，则 P 为 1，否则为 0。

➢ OV——溢出标志位：溢出时 OV=1，否则 OV=0。

➤ RS1、RS0——工作寄存器选择控制位：用户可通过指令改变 RS1、RS0 的状态，实现工作寄存器组的切换。

➤ F0——用户标志位：该位可由用户置 1 或清 0，用于实现某些测控功能。

➤ AC——辅助进位标志位：CPU 运算时，如果低半字节向高半字节有进位（或借位）时，AC 置 1，否则清 0。

➤ CY——进位标志位：CPU 运算时，如果运算结果的最高位有进位（或借位），CY 则置 1，否则清 0。

控制单元复位功能多采用内部复位，时钟可选外部时钟或内部时钟。内部时钟有多种频率可选择。使用内部时钟时抗干扰性能好，频率误差比外部时钟大。外部时钟一般使用有源晶振或无源晶振，有源晶振抗干扰性能优于无源晶振。

外部接口的基本功能是开关量的输入和输出，比较器、A/D 转换、串口、SPI 和 PWM 等功能也占用外部接口，通过设置特殊功能寄存器确定单片机引脚用于何种功能。单片机 STC8G1K08A 的引脚图见图 1-13，引脚说明见表 1-1。引脚 2——AVcc/Vcc 和 4——AGnd/Gnd 既是工作电源引脚，也是 A/D 转换电源引脚，其他引脚为功能引脚。其中 $\overline{\text{RST}}$ 是外部复位引脚；P3、P5 是标准 I/O 引脚；ADC0～ADC5 是 6 路 A/D 转换模拟量输入引脚，将模拟量转换为数字量；INT0～INT4 是 5 路外部中断输入引脚；TxD、RxD、TxD_2、RxD_2、TxD_3、RxD_3 是 3 组串口通信引脚，但都属于 1 个串口，只能选其中一组作为串口；SDA、SCL、SDA_2、SCL_2 是 2 组 I^2C 通信接口引脚，但都属于 1 个 I^2C 通信接口，使用时只能选择其中一组作为 I^2C 通信接口；MISO、MOSI、SCLK、SS 是 1 组 SPI 通信接口；CCP 是捕获输入、脉冲输出和 PWM 输出功能引脚；MCLKO 是主时钟分频输出引脚；ECI 是捕获的脉冲输入引脚；T0、T1 是计数器外部时钟输入引脚；T0CLKO、T1CLKO 是定时器分频输出引脚。

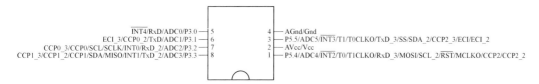

图 1-13　单片机 STC8G1K08A 的引脚图

表 1-1　单片机 STC8G1K08A 的引脚说明

引脚编号	名称	类型	说明
1	P5.4	I/O	标准 I/O 口
	$\overline{\text{RST}}$	I	复位引脚
	MCLKO	O	主时钟分频输出
	$\overline{\text{INT2}}$	I	外部中断 2
	T0	I	定时器 0 外部时钟输入
	T1CLKO	O	定时器 1 时钟分频输出
	RxD_3	I	串口 1 的接收脚
	MOSI	I/O	SPI 主机输出从机输入
	SCL_2	I/O	I^2C 的时钟线

引脚编号	名称	类型	说明
1	ADC4	I	ADC 模拟量输入通道 4
	CCP2、CCP2_2	I/O	PCA 的捕获输入、脉冲输出和 PWM 输出
2	Vcc	Vcc	电源脚
	AVcc	Vcc	ADC 电源脚
3	P5.5	I/O	标准 I/O 口
	$\overline{INT3}$	I	外部中断 3
	T1	I	定时器 1 外部时钟输入
	T0CLKO	O	定时器 0 时钟分频输出
	TxD_3	O	串口 1 的发送脚
	SS	I	SPI 从机选择脚
	SDA_2	I/O	I^2C 的数据线
	ADC5	I	ADC 模拟量输入通道 5
	ECI、ECI_2	I	PCA 的外部脉冲输入
	CCP2_3	I/O	PCA 的捕获输入、脉冲输出和 PWM 输出
4	Gnd	Gnd	电源地
	AGnd	Gnd	ADC 电源地
5	P3.0	I/O	标准 I/O 口
	RxD	I	串口 1 的接收脚
	$\overline{INT4}$	I	外部中断 4
	ADC0	I	ADC 模拟量输入通道 0
6	P3.1	I/O	标准 I/O 口
	TxD	O	串口 1 的发送脚
	ADC1	I	ADC 模拟量输入通道 1
	ECI_3	I	PCA 的外部脉冲输入
	CCP0_2	I/O	PCA 的捕获输入、脉冲输出和 PWM 输出
7	P3.2	I/O	标准 I/O 口
	INT0	I	外部中断 0
	SCLK	I/O	SPI 的时钟脚
	SCL	I/O	I^2C 的时钟线
	RxD_2	I	串口 1 的接收脚
	ADC2	I	ADC 模拟量输入通道 2
	CCP0、CCP0_3	I/O	PCA 的捕获输入、脉冲输出和 PWM 输出
8	P3.3	I/O	标准 I/O 口
	INT1	I	外部中断 1
	MISO	I/O	SPI 主机输入从机输出
	SDA	I/O	I^2C 的数据线
	TxD_2	O	串口 1 的发送脚
	ADC3	I	ADC 模拟量输入通道 3
	CCP1、CCP1_2、CCP1_3	I/O	PCA 的捕获输入、脉冲输出和 PWM 输出

51单片机编程——原理·接口·制作实例

1.2.3 软、硬件接口-特殊功能寄存器

特殊功能寄存器是用来对单片机内各功能模块进行管理、控制、监视的控制寄存器和状态寄存器，是一个特殊功能的 RAM 区。STC8 系列单片机特殊功能寄存器列表见表 1-2，其中地址能被 8 整除的可进行位寻址，不能被 8 整除的只能按字节赋值；表中包含扩展的特殊功能寄存器，可用于内部端口上拉电阻、施密特触发器、I^2C 和 PWM 等功能的设置；最具特色的是 16 位乘除法相关寄存器，由于 8 位的 51 单片机是没有 16 位乘除法指令的，STC8 系列单片机的 16 位乘除法是通过对乘除法寄存器读写操作来实现的。表 1-2 中复位值一栏中 n 表示初始值与 ISP 下载时的硬件选项有关，x 表示不存在该位，初始值不确定。

表 1-2　STC8 系列单片机特殊功能寄存器列表

符号	描述	地址	复位值
P0	P0 端口	80H	1111,1111
SP	堆栈指针	81H	0000,0111
DPL	数据指针（低字节）	82H	0000,0000
DPH	数据指针（高字节）	83H	0000,0000
S4CON	串口 4 控制寄存器	84H	0000,0000
S4BUF	串口 4 数据寄存器	85H	0000,0000
PCON	电源控制寄存器	87H	0011,0000
TCON	定时器控制寄存器	88H	0000,0000
TMOD	定时器模式寄存器	89H	0000,0000
TL0	定时器 0 低 8 位寄存器	8AH	0000,0000
TL1	定时器 1 低 8 位寄存器	8BH	0000,0000
TH0	定时器 0 高 8 位寄存器	8CH	0000,0000
TH1	定时器 1 高 8 位寄存器	8DH	0000,0000
AUXR	辅助寄存器	8EH	0000,0001
INTCLKO	中断与时钟输出控制	8FH	x000,x000
P1	P1 端口	90H	1111,1111
P1M1	P1 口配置寄存器 1	91H	1111,1111
P1M0	P1 口配置寄存器 0	92H	0000,0000
P0M1	P0 口配置寄存器 1	93H	1111,1111
P0M0	P0 口配置寄存器 0	94H	0000,0000
P2M1	P2 口配置寄存器 1	95H	1111,1111
P2M0	P2 口配置寄存器 0	96H	0000,0000
SCON	串口 1 控制寄存器	98H	0000,0000
SBUF	串口 1 数据寄存器	99H	0000,0000
S2CON	串口 2 控制寄存器	9AH	0x00,0000
S2BUF	串口 2 数据寄存器	9BH	0000,0000
IRCBAND	IRC 频段选择检测	9DH	xxxx,xxxn
LIRTRIM	IRC 频率微调寄存器	9EH	xxxx,xxxn
IRTRIM	IRC 频率调整寄存器	9FH	nnnn,nnnn
P2	P2 端口	A0H	1111,1111

符号	描述	地址	复位值
BUS-SPEED	总线速度控制寄存器	A1H	00xx,x000
P_SW1	外设端口切换寄存器 1	A2H	nn00,000x
IE	中断允许寄存器	A8H	0000,0000
SADDR	串口 1 从机地址寄存器	A9H	0000,0000
WKTCL	掉电唤醒定时器低字节	AAH	1111,1111
WKTCH	掉电唤醒定时器高字节	ABH	0111,1111
S3CON	串口 3 控制寄存器	ACH	0000,0000
S3BUF	串口 3 数据寄存器	ADH	0000,0000
TA	DPTR 时序控制寄存器	AEH	0000,0000
IE2	中断允许寄存器	AFH	x000,0000
P3	P3 端口	B0H	1111,1111
P3M1	P3 口配置寄存器 1	B1H	1111,1100
P3M0	P3 口配置寄存器 0	B2H	0000,0000
P4M1	P4 口配置寄存器 1	B3H	1111,1111
P4M0	P4 口配置寄存器 0	B4H	0000,0000
IP2	中断优先级控制寄存器 2	B5H	0000,0000
IP2H	高中断优先级控制寄存器 2	B6H	0000,0000
IPH	高中断优先级控制寄存器	B7H	0000,0000
IP	中断优先级控制寄存器	B8H	0000,0000
SADEN	串口 1 从机地址屏蔽寄存器	B9H	0000,0000
P_SW2	外设端口切换寄存器 2	BAH	0x00,0000
ADC_CONTR	ADC 控制寄存器	BCH	000x,0000
ADC_RES	ADC 转换结果高位寄存器	BDH	0000,0000
ADC_RESL	ADC 转换结果低位寄存器	BEH	0000,0000
P4	P4 端口	C0H	1111,1111
WDT_CONTR	看门狗控制寄存器	C1H	0xn0,nnnn
IAP_DATA	IAP 数据寄存器	C2H	1111,1111
IAP_ADDRH	IAP 高地址寄存器	C3H	0000,0000
IAP_ADDRL	IAP 低地址寄存器	C4H	0000,0000
IAP_CMD	IAP 命令寄存器	C5H	xxxx,xx00
IAP_TRIG	IAP 触发寄存器	C6H	0000,0000
IAP_CONTR	IAP 控制寄存器	C7H	0000,xxxx
P5	P5 端口	C8H	xx11,1111
P5M1	P5 口配置寄存器 1	C9H	xx11,1111
P5M0	P5 口配置寄存器 0	CAH	xx00,0000
SPSTAT	SPI 状态寄存器	CDH	00xx,xxxx
SPCTL	SPI 控制寄存器	CEH	0000,0100
SPDAT	SPI 数据寄存器	CFH	0000,0000
PSW	程序状态寄存器	D0H	0000,0000
T4T3M	定时器 4/3 控制寄存器	D1H	0000,0000
T4H	定时器 4 高 8 位寄存器	D2H	0000,0000

符号	描述	地址	复位值
T4L	定时器 4 低 8 位寄存器	D3H	0000,0000
T3H	定时器 3 高 8 位寄存器	D4H	0000,0000
T3L	定时器 3 低 8 位寄存器	D5H	0000,0000
T2H	定时器 2 高 8 位寄存器	D6H	0000,0000
T2L	定时器 2 低 8 位寄存器	D7H	0000,0000
CCON	PCA 控制寄存器	D8H	00xx,x000
CMOD	PCA 模式寄存器	D9H	0xxx,0000
CCAPM0	PCA 模块 0 模式控制寄存器	DAH	x000,0000
CCAPM1	PCA 模块 1 模式控制寄存器	DBH	x000,0000
CCAPM2	PCA 模块 2 模式控制寄存器	DCH	x000,0000
ADCCFG	ADC 配置寄存器	DEH	xx0x,0000
IP3	中断优先级控制寄存器 3	DFH	0000,0000
ACC	累加器	E0H	0000,0000
DPS	DPTR 指针选择器	E3H	0000,0xx0
DPL1	第二组数据指针低字节	E4H	0000,0000
DPH1	第二组数据指针高字节	E5H	0000,0000
CMPCR1	比较器控制寄存器 1	E6H	0000,0000
CMPCR2	比较器控制寄存器 2	E7H	0000,0000
CL	PCA 计数器低字节	E9H	0000,0000
CCAP0L	PCA 模块 0 低字节	EAH	0000,0000
CCAP1L	PCA 模块 1 低字节	EBH	0000,0000
CCAP2L	PCA 模块 2 低字节	ECH	0000,0000
IP3H	高中断优先级控制寄存器 3	EEH	0000,0000
AUXINTIF	扩展外部中断标志寄存器	EFH	x000,xxx0
B	B 寄存器	F0H	0000,0000
PWMSET	增强型 PWM 全局配置	F1H	0000,0000
PCA_PWM0	PCA0 的 PWM 模式寄存器	F2H	0000,0000
PCA_PWM1	PCA1 的 PWM 模式寄存器	F3H	0000,0000
PCA_PWM2	PCA2 的 PWM 模式寄存器	F4H	0000,0000
IAP_TPS	IAP 等待时间控制器	F5H	xx00,0000
PWMCFG01	增强型 PWM 配置寄存器	F6H	0000,0000
PWMCFG23	增强型 PWM 配置寄存器	F7H	0000,0000
CH	PCA 计数器高字节	F9H	0000,0000
CCAP0H	PCA 模块 0 高字节	FAH	0000,0000
CCAP1H	PCA 模块 1 高字节	FBH	0000,0000
CCAP2H	PCA 模块 2 高字节	FCH	0000,0000
PWMCFG45	增强型 PWM 配置寄存器	FEH	0000,0000
RSTCFG	复位配置寄存器	FFH	xnxn,xxnn

特殊功能寄存器操作代码示例如下：

```
#include <STC8H.h>        //头文件
```

```
void main(void)
{
    unsigned char m, n;
    P0=0xFF;                        //写 P0 端口
    m=P0;                           //读 P0 端口
    if (S3CON & 0x01)               //S3RI 为 1，串口 3 收到数据
    {
        S3CON &= ~0x01;             //令 S3RI=0，清标志位
        n = S3BUF;                  //读串口 3 数据
    }
}
```

特殊寄存器的符号会在头文件中定义关联地址，编程时直接使用符号即可。向 P0 端口写入 0xFF，P0 端口对应的 8 个引脚都输出高电平，当 P0 端口设置为准双向时，其外部引脚是可以通过按键接地变为低电平的，此时读取 P0 端口并不一定还等于 0xFF，例如 P0^0 接地时，m=0xFE。S3CON 是串口 3 的控制寄存器，不支持位寻址，只能通过逻辑操作判断位的状态和改变位的状态。

1.3 单片机学习进阶

1.3.1 单片机学习的几个阶段

（1）入门

选择单片机并能搭建单片机学习环境，能编写和运行较简单的端口操作程序就算是入门了。单片机学习要有数字电路基础、模拟电路基础和编程基础，有基础入门会比较轻松，基础较弱或没有基础的也不用先学基础知识，直接入门学习单片机，遇到问题现补也是可以的。

入门学习就是全面了解单片机编程的流程，会使用编程软件编写简单程序，编译后能下载到单片机并运行程序，不必拘泥于全面掌握编程软件的使用，也不必拘泥于全面掌握单片机技术手册内容，有些问题是可以先绕过去的，到下一阶段再返回来解决。学习单片机的过程其实就是不断反复、不断深入的过程，如果钻到牛角尖里不出来，就没法学习下去。

（2）初级

学会使用编程软件的调试功能，全面掌握 C51 编程知识，熟读单片机技术手册，配合相关范例程序进行练习，掌握单片机内部各功能模块的运用。

初级阶段学习的重点是熟练运用单片机功能模块，如时钟、复位与系统电源管理，存储器分配和 EEPROM 读写，中断、定时器、比较器、A/D 转换和 PWM 等功能的应用，串口通信、I^2C 通信和 SPI 通信的应用。在学习板上可进行部分基础功能的练习，复杂功能需要制作或购买电路模块配合学习板进行练习。

（3）中级

掌握一款电路图设计软件，结合数字电路、模拟电路知识，能按要求设计出单片机应

用电路，画出 PCB 板图外委加工，然后完成编程、调试工作。

中级阶段就不是"玩"单片机了，进入专业化阶段，硬件上要掌握单片机外部接口元器件的使用，编程上要熟练掌握子程序、中断程序的应用，能完成单片机相关产品电路设计和软件编程工作。

中级阶段单片机应用方向会按行业性质细分，如智能家居、工业自动控制、医用设备、物联网等，要求掌握相关行业知识。单片机只是一个工具，单纯地学习单片机可以当作爱好，但无法当作职业，理想的状态是深入理解某个行业发展方向和需求，然后利用单片机知识进行技术创新，做出优秀的产品。

（4）高级

8 位单片机毕竟资源有限，有些产品不得不使用 32 位处理器，这就得进入高级阶段。强大的处理能力、相对充足的内存可以运行复杂的算法程序，解决复杂的问题。16 位处理器属于中间过渡产品，建议不要去接触，直接进入 32 位处理器。

8 位单片机也可以加入操作系统构成嵌入式系统，操作系统的开发和移植难度较大，一旦建立了操作系统，利用操作系统再编程就变得容易了。操作系统在 8 位单片机上实际应用较少，缺点是占用资源较多、实时性稍差，更多地应用在 32 位处理器构成的核心板上。

1.3.2 单片机项目开发流程

（1）项目评估

首先对接功能需求，然后制定初步技术方案，估算材料成本、加工费用、人工费用等各种费用和预期利润，内部项目需要走过会审批、落实资金等流程，外部项目需要进行报价、签订合同等流程。

（2）项目准备

细化功能需求，制定项目实施方案，包括人员分工、进度计划和技术方案等，确定主要电子元器件选型、人机接口方式，有通信功能的确定通信方式和通信协议。单片机选型要考虑内部 RAM 和 Flash 容量是否够用，还要考虑内部功能和封装方式，其他元器件和模块的参数和性能要能满足整体功能需求，确定电源供电方式和电压等级，电源容量要有余量。

（3）软、硬件设计

依据技术方案设计电路原理图，然后结合外壳结构设计 PCB 图，要考虑外部接插件、人机界面与外壳开孔的配合，还要考虑电路板安装固定方式以及通风散热、电磁兼容等问题。软件编程可同时进行，等 PCB 外委加工样板完成后就可以上电下载程序进行测试，根据测试结果不断修改 PCB 图和优化程序，当达到功能要求时完成软、硬件设计。

（4）项目收尾

样品进行整体组装、调试和试运行，编制产品说明和项目总结、验收等资料，试运行正常后就可以进行批量生产。

第2章

51 单片机 C 语言编程

C 语言编程必须掌握数的进制、数据基本类型、数据构造类型、运算符、选择语句和循环语句等基础知识。KeilC 软件应用重点掌握程序的基本构成、常用的内部函数库以及程序的调试方法。本章中常用算法内容初学者可先了解，等用到时再结合实例深入学习。

2.1 编程基础

2.1.1 数的进制

（1）进制的概念

数的 n 进制简单说就是"逢 n 进 1，借 1 当 n"。例如日常生活中用十进制，逢 10 进 1。单片机 C 语言编程常用二进制和十六进制，二进制是逢 2 进 1，十六进制是逢 16 进 1。单片机的工作机制是二进制，数的位只能是 0 或 1，为了编程方便用十六进制按字节表达数据。

（2）进制间转换

多位 n 进制数可以转成相应的十进制数，用符号表示的数量乘以相应位的权值，相应位的权值通常是 n 的相应几次幂，例如：

$\mathbf{0b}1101 = 1\times2^3+1\times2^2+0\times2^1+1\times2^0 = 8+4+0+1 = 13$　　（**0b** 表示二进制）

$\mathbf{0x}A3 = 10\times16^1+3\times16^0 = 160+3 = 163$　　（**0x** 表示十六进制）

表 2-1 是不同进制间的基本对应关系，最好能记住，方便进制间的转换。

表 2-1　不同进制间的基本对应关系

十六进制	二进制	十进制转换	十进制结果
0	0000	0	0
1	0001	1	1
2	0010	2	2
3	0011	2+1	3
4	0100	4	4
5	0101	4+1	5
6	0110	4+2	6

十六进制	二进制	十进制转换	十进制结果
7	0111	4+2+1	7
8	1000	8	8
9	1001	8+1	9
A	1010	8+2	10
B	1011	8+2+1	11
C	1100	8+4	12
D	1101	8+4+1	13
E	1110	8+4+2	14
F	1111	8+4+2+1	15

二进制和十六进制之间转换时，二进制从低到高 4 位一组进行转换，例如：

0b1011010011 = **0b**10'1101'0011 = **0x**2D3

0xA001 = **0b**1010'0000'0000'0001 = **0b**1010000000000001

十进制转换为十六进制，需要的话再转为二进制，以 4 位十六进制为例，从高到低各位的权值分别为 4096、256、16、1，将 2345 转为十六进制数值：

2345÷4096 = 0 余 2345

2345÷256 = 9 余 41

41÷16 = 2 余 9

9÷1 = 9

2345 = **0x**0929 = **0b**1001'0010'1001

2.1.2 常量和变量

编程中用到的数据分为常量和变量。常量一般不占内存，直接编译到代码中。变量要分配内存，其数值由程序指令控制刷新。

（1）常量

常量是指在程序执行过程中其值不能改变的量。常量有直接常量和符号常量两种形式，直接常量是指在代码中以直接明显的形式给出的数，符号常量用标示符代表一个常量，在使用前先通过宏定义语句定义。

① 直接常量分为整型常量、浮点型常量、字符常量和字符串常量，例如：

➢ 整型常量：123、123L、−56、0x12。

➢ 浮点型常量：0.123、34.5。

➢ 字符型常量：'a'、'1'、'F'。

➢ 字符串型常量："1234"、"ABCD"。

整型常量中，123 后面加一个字母 L，这个数在存储器中按长整型存放，在存储器中占四个字节。字符型常量与字符串型常量的区别：一个字符常量在存储器中只用一个字节存放，而一个字符串常量在存储器中存放时不仅双引号内的字符每个都占一个字节，而且系统会自动地在后面加一个转义字符"\0"作为字符串结束符。

ASCII 字符中多数是可以显示的字符，也有不可显示的控制字符，不可显示的控制字符须在前面加上反斜杠"\"组成转义字符。常用转义字符见表 2-2。

表 2-2　常用转义字符

转义字符	含义	数值
\0	空字符（null）	0x20
\n	换行符（LF）	0x0A
\r	回车符（CR）	0x0D
\t	水平制表符（HT）	0x09
\b	退格符（BS）	0x08
\f	换页符（FF）	0x0C
\'	单引号	0x27
\"	双引号	0x22
\\	反斜杠	0x5C

② 符号常量定义的一般形式为：

```
#define  符号    数值
```

符号常量定义示例如下：

```
#define PAI  3.14159      //#define  符号    数值
#define ADR  12           //通信地址
```

使用符号常量的好处在于程序的可读性好，并且容易修改。例如定义通信地址符号常量为 ADR 以后，在后面的程序代码中遇到 ADR 能知道这是通信地址，遇到 12 可能一时想不起这是什么数据，如果修改通信地址的值，只需修改定义，代码中可能多处用到通信地址，不需要一一去修改。

（2）变量

变量是在程序运行过程中其值可以改变的量。变量在使用前必须进行定义，指出变量的数据类型和存储模式。定义的格式如下：

```
数据类型说明符  [存储器类型]  变量名1[=初值],变量名2[=初值],……;
```

变量定义注意事项：

➤ 允许一个类型说明符之后定义多个该类型的变量。

➤ 变量定义一般放在函数体的开头，先定义后使用。

➤ 变量定义时可以赋初值，变量定义语句以分号结尾。

➤ 变量名应遵循命名规则。

变量名命名规则：

➤ 必须以字母或下划线 "_" 开头，不能以数字开头。

➤ 名字可以包含字母、数字或下划线 "_"，不能使用其他符号。

➤ 不能使用关键字或保留字对变量命名。

➤ 变量名区分大小写。

（3）变量的存储

STC8G 系列单片机内除了集成 256 字节的内部 RAM 外，还集成了内部的扩展 RAM，定义变量时存储器类型可分为：

① data——内部 RAM 低 128 字节。

② idata——内部 RAM 高 128 字节。

③ xdata——扩展 RAM（容量与单片机型号有关，1K 的有 1024 字节）。

④ code——程序存储区。

如果不指定存储器类型，会默认放到内部 RAM 低 128 字节，当变量字节数过多，编译程序时会报错"auto segment too large"或"ADDRESS SPACE OVERFLOW"，此时应将使用不频繁的变量定义为 idata 或 xdata 存储类型，保留少量频繁使用的变量为 data 存储类型，data 区域内存访问速度会快些。

定义为 code 存储类型的变量在程序运行时不能再改变，定义的时候直接赋给初值，一般用于存放字库或查表数值等数据，不占用内部 RAM。

2.1.3 数据的基本类型

数据的基本类型见表 2-3，大的类别分位、整数和浮点数 3 类。其中 sfr、sfr16 用于声明特殊功能寄存器，可以看作整数；sbit 在头文件中用于声明特殊功能寄存器的位，在程序中常用于声明端口的 I/O 位。

表 2-3　数据的基本类型

类型	说明	字节	数值范围	分类
bit	位或逻辑变量	1/8	0～1	位
sbit	常用于声明端口 I/O 位	1/8	0～1	
char	字节，8 位整数	1	−128～127	整数
unsigned char	字节，8 位无符号整数	1	0～255	
sfr	特殊功能寄存器	1		
int	16 位整数	2	−32768～32767	
unsigned int	16 位无符号整数	2	0～65535	
short	16 位整数	2	−32768～32767	
unsigned short	16 位无符号整数	2	0～65535	
sfr16	16 位特殊功能寄存器	2		
long	32 位长整数	4		
unsigned long	32 位无符号长整数	4		
float	单精度浮点数	4		浮点数
double	双精度浮点数	8		

整数按位数不同分为字节型、整数型和长整数型，在 8 位单片机中 int 和 short 的位数是一样的，都属于整数型。整数按有无符号又可分为无符号整数和有符号整数，无符号整数的所有位都表示数值，有符号整数的最高位为符号位，同样长度的正整数和无符号整数的数值范围是不同的。负整数用二进制补码表示：将负整数对应的正整数按位取反再加 1。例如：

```
unsigned char m=211;       //m 的二进制值为 0b11010011
char n=-45;                //n 的二进制值为 0b11010011
```

m 和 n 的二进制值是相同的，数据类型不同。十进制转换时，有符号字节型数据的值超过 127 即为负值，其值等于该值减去 256，上例中 211-256=-45，2 字节整数则是减去 65536。

2.1.4 数据的构造类型

（1）数组
一维数组定义的形式如下：

> 数据类型说明符 [存储器类型]　数组名[元素个数][={初值,初值,……}]

一维数组定义示例如下：

```
unsigned char xdata reg[200];
unsigned char buf[]={0x21,0xA3,0x52,0x69,0xC0};
unsigned char code asctable[17]={"0123456789ABCDEF"};
```

大容量的数组定义到扩展 RAM 区，直接赋初值的数组可以不标元素个数。字符串也可以看作是由字符组成的数组，既可以对字符数组的元素逐个进行访问，也可以对整个数组按字符串的方式进行处理。需要注意的是字符数组的元素个数等于字符数加 1，最后一位不显示，是结束符"\0"。

二维数组定义的形式如下：

> 数据类型说明符 [存储器类型]　数组名[元素个数1][元素个数2][={初值,初值,……}]

二维数组定义示例如下：

```
unsigned char F1[3][6];
unsigned char F2[3][6] =
{        //赋初值方式1
    0x00, 0x00, 0x00, 0x00, 0x00, 0x00,
    0x00, 0x00, 0x00, 0x2f, 0x00, 0x00,
    0x00, 0x00, 0x07, 0x00, 0x07, 0x00,
};
unsigned char F3[][6] =
{        //赋初值方式2
    {0x00, 0x14, 0x7f, 0x14, 0x7f, 0x14},
    {0x00, 0x24, 0x2a, 0x7f, 0x2a, 0x12}
};
```

定义数组时可以不赋初值，二维数组赋初值有两种方式，方式 2 对数据的分组情况容易理解些。多维数组赋初值时可以不标首维的元素个数，以后各维的元素个数必须标。

数组定义的时候下标是元素个数，访问数组时，数组的下标表示的是元素的位置，编号从 0 至元素个数减 1，例如：定义数组 a[2]，使用时有 a[0]、a[1]两个数据。

（2）指针
指针类型数据在 C 语言程序中使用十分普遍，正确地使用指针类型数据，可以有效地表示复杂的数据结构。指针变量的定义与一般变量的定义类似，定义的一般形式为：

> 数据类型说明符　[存储器类型]　*指针变量名;

指针变量是存放另一变量地址的特殊变量，指针变量只能存放地址，指针变量常与数组和字符串配合使用。

指针变量常与字符串配合使用示例如下：

```
unsigned char *p;
```

```
unsigned char m;
unsigned char rbuf[]={"123ok678"};
p=strstr(rbuf,"ok");
m=*(p+2);
```

上面这段程序的功能是在字符串 rbuf 中查找字符串 ok，如果找不到则 p=0，如果找到则 p 等于字符串中 ok 的存储地址，*(p+2)表示存储地址加 2 后的新地址中存储的数据，程序执行完后 m='6'=0x36。

指针变量常与数组配合使用示例如下：

```
#include <STC8H.h>
#include <string.h>
unsigned char len;
unsigned char n;
unsigned char Max(char *s)          //取最大值函数
{
    unsigned char i,j;
    len = strlen(s);
    j=0;
    for (i=0;i<len;i++)
    {
        //if(s[i]>j) j=s[i];
        if(s[i]>j) j=*(s+i);
    }
    return j;
}
void main(void)                     //主函数
{
    unsigned char dat[]={21,34,65,10,48};
    while(1)
    {
        n=Max(dat);
    }
}
```

上面这段程序中取最大值函数的参数定义为指针，主函数引用时赋值是数组，指针和数组的关系为：*(s+i) = s[i]。指针的概念较抽象，不容易理解，和数组关联起来就容易理解了。

（3）结构

结构是一种组合数据类型，它是将与某种对象相关的若干个不同类型的变量结合在一起而形成的一种数据的集合体。

结构类型和结构变量分开定义的格式如下：

```
struct  结构名
{结构元素表};
struct  结构名  结构变量名1,结构变量名2,……;
```

定义结构类型的同时定义结构变量的格式如下：

```
struct  结构名
```

{结构元素表} 结构变量名1,结构变量名2,……;

结构的定义、赋值和引用举例如下：

```
struct stu                    //定义结构，学生
{
    unsigned char *name;      //姓名
    unsigned char age;        //年龄
    unsigned int score;       //考试总分数
};
struct stu stu1,stu2;         //声明学生1、学生2
xdata struct stu stun[30];    //声明学生数组
unsigned int n;
stu1.name="Name1";            //学生1赋值
stu1.age=12;
stu1.score=650;
stun[0].name="Name0";         //学生数组[0]赋值
stun[0].age=10;
stun[0].score=630;
n=stu2.score;                 //引用学生2分数
```

结构中的成员可以是基本数据类型，也可以是指针或数组，还可以是另一结构类型变量。结构类型定义时不分配内存，结构变量在定义时分配内存，容量较大时分配到扩展内存中。在C51中允许将具有相同结构类型的一组结构变量定义成结构数组。

（4）联合

联合就是把不同类型的数据组合在一起使用，但它与结构又不一样；结构中定义的各个变量在内存中占用不同的内存单元，在位置上是分开的；而联合中定义的各个变量在内存中都从同一个地址开始存放，即采用所谓的"覆盖技术"。

分别定义联合类型和联合变量，格式如下：

```
union   联合类型名
{成员列表};
union   联合类型名   变量列表;
```

定义联合类型的同时定义联合变量，格式如下：

```
union   联合类型名
{成员列表}变量列表;
```

联合常用来转换数据，将浮点数转换为字节数组示例如下：

```
union fs                   //定义联合类型fs
{
    float f;               //浮点数f
    unsigned char s[4];    //字节数组s[4]
} a;                       //直接声明联合变量a
a.f = 3.24;                //给f赋值，s[]中值就是f所占4字节内存中的值
```

（5）枚举

枚举数据类型是一个有名字的某些整型常量的集合。这些整型常量是该类型变量可取的所有的合法值。枚举定义时应当列出该类型变量的所有可取值。

分别定义枚举类型和枚举变量，格式如下：

```
enum  枚举名  {枚举值列表};
enum  枚举名  枚举变量列表;
```

定义枚举类型的同时定义枚举变量，格式如下：

```
enum  枚举名  {枚举值列表}枚举变量列表;
```

枚举运用举例如下：

```
enum week{Sun,Mon,Tue,Wed,Thu,Fri,Sat} md;
md = Tue;
```

枚举值默认按列表顺序从 0 开始，逐个在前一项基础上加 1，上面例子中 md=2。枚举数据类型的主要作用是增强程序的可读性。

2.1.5 运算符

（1）赋值运算符

C 语言中使用 "=" 作为赋值运算符，赋值语句格式：

```
变量=表达式;
```

赋值操作就是将等号右侧表达式的值分配给等号左边的变量，不是等号两边相等的意思。

（2）算术运算符

C 语言中支持的算术运算符见表 2-4，对于整数除法，其结果为保留商值，舍弃余数部分，整数取模运算也是整数除法，取余数部分，舍弃商值。

表 2-4　算术运算符

运算符	说明	优先级
+	加法	低
−	减法	低
*	乘法	中
/	除法	中
%	取余数（取模）	中
++	递增	高
—	递减	高
+	取正	高
−	取负	高

算术运算符的优先级分 3 级，单目运算最高，加减法最低，同级别的从前到后依次运算。

算术运算举例如下：

```
unsigned char m,n1,n2;
```

```
m=3;
n1=2+2*++m;
n2=2+2*m++;
```

计算结果：m=4，n1=2+2*4=10，n2=2+2*3=8。++m 是 m 先递增再运算，m++是先运算后递增。

（3）关系运算符

C 语言中有 6 种关系运算符：

① >——大于。

② <——小于。

③ >=——大于等于。

④ <=——小于等于。

⑤ ==——等于。

⑥ !=——不等于。

用关系运算符将两个表达式连接起来形成的式子称为关系表达式。当满足关系时，表达式的值为 1，不满足时表达式的值为 0。关系表达式通常用来作为判别条件构造分支或循环程序。

（4）逻辑运算符

C 语言中逻辑运算符见表 2-5。关系运算符用于反映两个表达式之间的大小关系，当有多个关系运算时，需要用逻辑运算符表达关系运算之间的逻辑关系。用逻辑运算符将关系表达式或逻辑量连接起来的式子就是逻辑表达式。

表 2-5　逻辑运算符

运算符	说明	示例
‖	逻辑或	0‖0 = 0，0‖1 = 1，1‖0 = 1，1‖1 = 1
&&	逻辑与	0 && 0 = 0，0 && 1 = 0，1 && 0 = 0，1 && 1 = 1
!	逻辑非	～0 = 1，～1 = 0

（5）位运算符

C 语言中位运算符见表 2-6。与运算常用来将指定位变为 0，还可以用来判断某位是否为 1。或运算则常用来将指定位变为 1。

表 2-6　位运算符

运算符	说明	示例	结果
&	按位与	a=0x07，a=a & 0x02	0x02
		按位或	a=0x07，a=a	0x02	0x07
^	按位异或	a=0x07，a=a ^ 0x02	0x05
～	按位取反	a=0x07，～a	0xF8
<<	左移	a=0x07，a<<2	0x1C
>>	右移	a=0x07，a>>1	0x03

（6）复合赋值运算符

C语言中复合赋值运算符见表2-7。在赋值运算符"="的前面加上其他运算符，组成复合赋值运算符，表示变量经过运算后再把结果赋值给变量。

表2-7 复合赋值运算符

运算符	说明	示例	结果
+=	加法赋值	a=12, a+=3	15
-=	减法赋值	a=12, a-=3	9
*=	乘法赋值	a=12, a*=3	36
/=	除法赋值	a=12, a/=3	4
%=	取模赋值	a=12, a%=3	0
&=	逻辑与赋值	a=12, a&=3	0
|=	逻辑或赋值	a=12, a|=3	15
^=	逻辑异或赋值	a=12, a^=3	15
>>=	右移位赋值	a=12, a>>=3	1
<<=	左移位赋值	a=12, a<<=3	96

（7）逗号运算符

在C语言中，逗号","是一个特殊的运算符，可以用它将两个或两个以上的表达式连接起来，称为逗号表达式。逗号表达式的一般格式为：

```
表达式1,表达式2,……,表达式n;
变量 = (表达式1,表达式2,……,表达式n);
```

程序执行时对逗号表达式的处理：按从左至右的顺序依次计算出各个表达式的值，而整个逗号表达式的值是最右边的表达式（表达式n）的值。逗号运算举例如下：

```
unsigned int m,n;
n=(m=3,m++,2*m+1);    //语句执行完后，m=4, n=9
```

（8）条件运算符

条件运算符"?:"是C51语言中唯一的一个三目运算符，它要求有三个运算对象，用它可以将三个表达式连接在一起构成一个条件表达式。条件表达式的一般格式为：

```
逻辑表达式?表达式1:表达式2
```

其功能是先计算逻辑表达式的值，当逻辑表达式的值为真（非0值）时，将计算的表达式1的值作为整个条件表达式的值；当逻辑表达式的值为假（0值）时，将计算的表达式2的值作为整个条件表达式的值。条件运算举例如下：

```
unsigned int m,a,b;
a=5,b=8;
m=(a>b)?a:b;    //m=8
```

（9）强制类型转换符

强制类型转换符可以将一种数据类型转换成另一种数据类型，转换格式为：

```
(类型关键字)数据
```

强制类型转换举例如下：

```
unsigned int m,a,b;
long n1,n2;
float f1,f2;
m=100;
f1=100/200;          //f1=0，整数除法
f2=(float)100/200;   //f2=0.5，浮点数除法
n1=m*10000;          //n1=16960(0x4240)，计算结果按 int 取值，舍去高位数值
n2=(long)m*10000;    //n2=1000000(0xF4240)
```

数值计算要注意数据类型的转换，否则会出现意外的结果。

（10）sizeof 运算符

sizeof 运算符的功能为求取数据类型、变量和表达式的字节个数，举例如下：

```
unsigned int m,n1,n2;
char s[]="hello!";
unsigned char dat[10];
m=sizeof(int);      //m=2
m=sizeof(n1);       //m=2
m=sizeof(n1+n2);    //m=2
n1=sizeof(s);       //n1=7
n2=sizeof(dat);     //n2=10
```

2.1.6 条件语句

在 C 语言中，条件语句又称分支语句，有 3 种常见格式。

① 格式 1：

```
if(条件表达式) 语句;
```

如果满足条件则执行语句，否则跳过语句往下执行。

② 格式 2：

```
if(条件表达式)
{
    语句组 1;
}
else
{
    语句组 2;
}
```

如果满足条件则执行语句组 1，否则执行语句组 2。

③ 格式 3：

```
if(条件表达式 1)
{
    语句组 1;
}
else if(条件表达式 2)
{
```

```
        语句组 2;
}
......
else if(条件表达式 n)
{
        语句组 n;
}
else
{
        语句组 n+1;
}
```

else if 语句可以有多个，最后的 else 语句可以没有。

2.1.7　开关语句

开关语句也是判断语句的一种，功能类似于 else if 语句，比条件语句结构更加清晰。开关语句格式如下：

```
switch(表达式)
{
        case 常数表达式 1：
                语句组 1;
                break;
        ......
        case 常数表达式 n：
                语句组 n;
                break;
        default:
                语句组 n+1;
}
```

break 为跳出开关语句，不再执行开关语句内后面其他语句。default 分支可以不用。

2.1.8　循环语句

（1）while 语句
while 语句格式 1：

```
While(条件表达式);
```

当条件表达式的值为 1 时，该语句一直执行，直到条件表达式的值变为 0，才会执行下面的语句，此处表达式的值变化可以是由中断程序引起的或是由条件表达式中的数值计算产生的。

while 语句格式 2：

```
While(条件表达式)
{
        语句组;
}
```

当条件表达式的值为 1 时，循环执行语句组，直到条件表达式的值变为 0，才会执行下面的语句，此处表达式的值变化一般是由语句组中的数值计算产生的。

（2）do-while 语句

do-while 语句格式：

```
Do
{
    语句组;
}
While(条件表达式);
```

do-while 语句与 while 语句的主要区别是执行语句组和判断的前后顺序不同，do-while 语句先执行后判断，while 语句先判断后执行。

（3）for 语句

for 语句格式 1：

```
for(表达式 1;表达式 2;表达式 3) 语句;
```

for 语句格式 2：

```
for(表达式 1;表达式 2;表达式 3)
{
    语句组;
}
```

表达式 1 的作用是给循环变量赋初值表达式 2 的作用是判断语句,如满足条件则循环,否则跳出循环。表达式 3 的作用是改变循环变量的值。

（4）goto 语句

goto 语句是跳转语句，跳转到指定标号位置。goto 语句本身是无条件跳转，常和条件语句组合使用。在 C 语言中，goto 语句只能从内层循环跳出，不能跳入内层循环。

goto 语句格式 1：

```
标号:
……
goto 标号;
```

标号在 goto 语句前面，可构成循环。

goto 语句格式 2：

```
goto 标号;
……
标号:
```

标号在 goto 语句后面，可跳出循环或跳过语句。

（5）break 语句和 continue 语句

break 语句和 continue 语句的共同点是都用在循环语句中，不同之处在于 break 是退出当前循环体往下执行，而 continue 语句只是不执行当前循环体中 continue 后面的语句，会回到当前循环体开始的地方执行下一轮循环。

2.1.9　注释语句

C 程序中，为了帮助理解和记忆，经常要对函数和一些语句进行注释，这些注释不参与程序编译。注释语句有单行注释和多行注释两种格式。

（1）单行注释

在一行程序中，在"//"后面的内容，被解释为注释，换行就不是本行注释了。

（2）多行注释

以"/*"为开头，用"*/"结尾，即/*...*/中间的内容被解释为注释，常用于多行注释，单行使用也可以。

2.2　KeilC 软件应用

2.2.1　基本 C 程序结构

基本 C 程序由预编译、全局变量定义、子函数、主函数和中断函数构成，其中主函数是必须有的，其他部分如不需要可省略。基本 C 程序结构示意如下：

```
#include<STC8H.h>              //预编译
unsigned char reg[20];         //全局变量
函数类型  函数名(参数)          //子函数
{
    unsigned char i;           //局部变量
    函数体...
}
...                            //其他子函数
void main(void)                //主函数
{
    unsigned char n;           //局部变量
    函数体...                   //初始化
    While(1)
    {
        函数体...               //循环执行
    }
}
void 中断程序名称(void) interrupt 中断号
{
    unsigned char n;           //局部变量
    函数体...
}
```

（1）预编译

C 语言中在对整个程序进行编译之前先对程序中的编译控制进行预处理，再与 C 语言源程序一起进行编译，生成目标代码。预编译主要包括文件包含和宏定义。

① 文件包含　文件包含指令的格式示例如下：

```
#include "STC8H.h"        //单片机头文件
#include "math.h"         //数学公式函数库
#include <string.h>       //字符串处理函数库
```

该指令将指定文件名的文件(*.h)包含到项目来，参与程序的编译，文件名不分大小写，用双引号或尖括号标记，用尖括号标记的文件优先在系统默认路径（如"C:\Keil\C51\INC"）查找头文件，查找不到去当前程序所在路径查找，都查不到会报错。包含进来的单片机头文件内容主要是定义单片机特殊功能寄存器的地址，函数库是 KeilC 自带函数库或是自己编写的函数库。

② 宏定义　宏定义的指令为#define，简单形式是符号常量定义，复杂形式是带参数的宏定义，宏定义的格式示例如下：

```
#define PI 3.14159              //定义常量 PI
#define MAX(x,y) ((x>y)?x:y)    //定义带参数的宏
```

（2）变量

变量分全局变量和局部变量，全局变量也称公共变量，在主函数和子函数中都可以使用，局部变量只能在函数内部使用。命名变量时局部变量不可以和全局变量重名，但是可以和其他子函数的局部变量重名。

变量按存储方式可分为自动变量（auto）、外部变量（extern）、静态变量（static）和寄存器变量（register）。声明变量时如果没有指定存储类型则默认为自动变量，函数的局部变量一般都是自动变量，函数执行时分配存储地址，执行完释放存储地址。外部变量常用于复杂结构的 C 程序，程序含多个 C 文件，这些文件共用变量时，会在一个 C 程序定义为全局变量，然后在其他 C 程序中声明为外部变量，外部变量用于程序间传递参数。当函数内部的局部变量在函数结束时不想释放存储地址时可以定义为静态变量，全局变量相当于静态变量，不用定义为静态变量。为了提高程序执行效率，C 语言中可以将使用频率高的变量定位为寄存器变量，分配给指定的寄存器。

（3）子函数

C 语言中函数的格式如下：

```
函数类型 函数名称(数据类型 参数1,数据类型 参数2,…,数据类型 参数n)
{
    局部变量定义;
    语句组;
}
```

函数类型同变量类型，是函数返回值的数据类型，没有返回值时使用关键字 void，有返回值时语句组中要有 "return 表达式;" 语句，将表达式数值赋给函数返回值。

函数参数要指定数据类型，也可以不定义参数，使用关键字 void 表示参数为空，不定义参数时不代表没有参数，可以使用全局变量作为参数，返回值也可以使用全局变量。

（4）主函数

主函数也是函数的一种，返回类型为空（void），参数为空（void）。主函数函数体分初始化语句组和循环执行语句组，初始化语句组上电后只执行一次，用于初始化变量、端口和内部功能模块等操作，然后进入循环执行程序组，循环执行完某条指令时如果有中断

程序需要处理，则先处理中断程序，中断程序执行完后继续执行循环语句组程序。

（5）中断函数

中断服务函数的函数名没有什么作用，重点在关键字 interrupt 后面的中断号 n，中断号决定了中断服务函数响应哪种中断。中断函数没有返回值，需要的参数只有中断号。中断函数的执行不需要调用，但需要先使能中断，当发生中断时自动执行中断程序。中断程序中也可以调用子函数，该子函数应该不能被主函数或其他子函数调用，如果确实需要调用同一子函数，也要重新定义一个同样功能但函数名称不同的子函数。

基本 C 程序结构示例，即第 1 章中的单片机学习板 LED 闪烁控制程序源码如下：

```
/*********************************************************
程序功能：单片机学习板 LED 闪烁控制
编写日期：2021 年 5 月 1 日
*********************************************************/
#include <STC8H.h>              //包含头文件
sbit LED=P3^7;                  //定义输出引脚
//*******************************************************
// 函数：void GPIO_Init (void)
// 说明：初始化端口子函数
// PxM1.n,PxM0.n   =00--->Standard,    01--->push-pull
//                 =10--->pure input,  11--->open drain
//*******************************************************
void GPIO_Init (void)
{
    P3M1 = 0x00;   P3M0 = 0x00;   //设置 P3 为准双向口
}
//*******************************************************
// 函数：void Delay500ms()
// 说明：延时子函数，固定 0.5s
//*******************************************************
void Delay500ms()
{
    unsigned char i, j, k;
    i = 29;
    j = 14;
    k = 54;
    do
    {
        do
        {
            while (--k);
        } while (--j);
    } while (--i);
}
//*******************************************************
// 主函数
//*******************************************************
void main(void)
{
    GPIO_Init ();                   //调用端口初始化子函数
```

```
    while (1)
    {
        LED=0;                    //灯亮
        Delay500ms();             //调用延时子函数
        LED=1;                    //灯灭
        Delay500ms();             //调用延时子函数
    }
}
```

2.2.2 复杂C程序结构

当程序功能较多、代码量较大时，可以考虑将C程序中的子函数分出去，按类别组成新的C程序，例如I²C接口驱动、SPI接口驱动、通信协议解析等程序，这样做的优点是不仅程序结构清晰，而且这些接口程序在新的项目中稍加修改就可使用，程序的移植性好。

一个项目中的多个C程序，一般主函数和中断函数放在主C程序中，其他辅助C程序只是子函数的集合，每个辅助C程序要新建一个配套的头文件，声明对应C程序内的子函数。每个C程序要调用其他C程序中的子函数，要先声明该子函数或包含该子函数所在的头文件，然后才能调用该子函数。

某复杂C程序结构示意图见图2-1，在工程结构区中可以看到工程中共有3个C程序，main.c是主C程序，dm9000.c是网络芯片DM9000的驱动程序，tcp_ip.c是TCP/IP协议栈程序，主程序中包含dm9000.h和tcp_ip.h两个头文件，就可以调用这两个C程序中的子函数。文件编辑区显示的是tcp_ip.h头文件，可以看到头文件的格式。

C51编程注意事项：
➤ 变量默认定义为data，容量不足时不常用的变量定义为xdata，提高程序运行速度。
➤ 固定的数据表使用程序存储器code，节省数据存储器的使用。
➤ 能用无符号的数据类型不使用有符号数据类型，提高运行速度。
➤ 尽量使用短一些的变量，减少数据存储器占用量，提高运行速度。
➤ 编写程序时，如果无法确定运算符优先级，那么多使用括号。

图2-1　某复杂C程序结构示意图

2.2.3 Keil C51 常用函数库

Keil C51 有丰富的可直接调用的函数库，如较常用的数学函数库和字符串函数库，灵活使用函数库中的已有函数可使程序代码简单、结构清晰，并且易于调试和维护。每个函数库都在相应的头文件中给出函数原型声明，用户如果需要使用函数库中的某个函数，必须在源程序的开始处用预处理命令"#include 函数库"将该函数所在的头文件包含进来。

数学函数库见表 2-8，字符串函数库见表 2-9，本征函数库见表 2-10，字符判断转换函数库见表 2-11，输入输出函数库见表 2-12，类型转换及内存分配函数库见表 2-13。

表 2-8　数学函数<math.h>

函数	说明
int abs(int val)	val 的绝对值
char cabs(char val)	val 的绝对值
float fabs(float val)	val 的绝对值
long labs(long val)	val 的绝对值
float exp(float x)	e 的 x 次幂
float log(float x)	x 的自然对数
float log10(float x)	x 以 10 为底的对数
float sqrt(float x)	x 的正平方根
float cos(float x)	x 的余弦值
float sin(float x)	x 的正弦值
float tan(float x)	x 的正切值
float acos(float x)	x 的反余弦值
float asin(float x)	x 的反正弦值
float atan(float x)	x 的反正切值
float atan2(float y, float x)	y/x 的反正切值
float cosh(float x)	x 的双曲余弦值
float sinh(float x)	x 的双曲正弦值
float tanh(float x)	x 的双曲正切值
float ceil(float x)	不小于 x 的最小整数值
float floor(float x)	不大于 x 的最大整数值
float fmod(float x, float y)	x/y 的浮点余数
float modf(float x, float *ip)	将浮点数 x 分成整数和小数部分，返回小数部分，整数部分保存在 ip 中
float pow(float x, float y)	x 的 y 次幂

表 2-9　字符串函数<string.h>

函数	说明
void *memchr(void *s1, char val, int len)	顺序搜索字符串 s1 的前 len 个字符，以找出字符 val，成功时返回 s1 中指向 val 的指针，失败时返回 NULL
char memcmp(void *s1, void *s2, int len)	逐个字符比较串 s1 和 s2 的前 len 个字符，成功时返回 0，如果串 s1 大于或小于 s2，则相应地返回一个正数或一个负数
void *memcpy(void *dest, void *src , int len)	从 src 所指向的内存中复制 len 个字符到 dest 中，返回指向 dest 中最后一个字符的指针

函数	说明
void *memccpy(void *dest, void *src, char val, int len)	复制 src 中 len 个元素到 dest 中。如果实际复制了 len 个字符，则返回 NULL。复制过程在复制完字符 val 后停止，此时返回指向 dest 中下一个元素的指针
void *memmove(void *dest, void *src, int len)	它的工作方式与 memcpy 相同，但复制的区域可以交叠
void memset(void *s, char val, int len)	用 val 来填充指针 s 中的 len 个单元
void *strcat(char *s1, char *s2)	将串 s2 复制到 s1 的尾部，返回指向 s1 中的第一个字符的指针
char *strncat(char *s1, char *s2, int n)	复制串 s2 中 n 个字符到 s1 的尾部，如果 s2 比 n 短，则只复制 s2（包括串结束符）
char strcmp(char *s1, char *s2)	比较串 s1 和 s2，如果相等则返回 0；如果 s1<s2，则返回一个负数；如果 s1>s2，则返回一个正数
char strncmp(char *s1, char *s2, int n)	比较串 s1 和 s2 中的前 n 个字符。返回值同上
char *strcpy(char *s1, char *s2)	将串 s2（包括结束符）复制到 s1 中，返回指向 s1 中第一个字符的指针
char *strncpy(char *s1, char *s2, int n)	与 strcpy 相似，但它只复制 n 个字符。如果 s2 的长度小于 n，则 s1 串以 0 补齐到长度 n
int strlen(char *s1)	返回串 s1 中的字符个数，不包括结尾的空字符
char *strstr(const char *s1, char *s2)	搜索字符串 s2 中第一次出现在 s1 中的位置，并返回一个指向第一次出现位置开始处的指针。如果字符串 s1 中不包括字符串 s2，则返回一个空指针
char *strchr(char *s1, char c)	搜索 s1 串中第一个出现的字符 c，如果成功则返回指向该字符的指针，否则返回 NULL
int strpos(char *s1, char c)	与 strchr 类似，但返回的是字符 c 在串 s1 中第一次出现的位置值，没有找到则返回-1。s1 串首字符的位置是 0
char *strrchr(char *s1, char c)	搜索 s1 串中最后一个出现的字符 c，如果成功则返回指向该字符的指针，否则返回 NULL
int strrpos(char *s1, char c)	与 strrchr 相似，但返回值是字符 c 在 s1 串中最后一次出现的位置值，没有找到则返回-1
int strspn(char *s1, char *set)	搜索 s1 串中第一个不包括在 setr 串中的字符，返回值是 s1 中包括在 set 里的字符个数。如果 s1 中的所有字符都包括在 set 里面，则返回 s1 的长度（不包括结束符）。如果 set 是空串，则返回 0
int strcspn(char *s1, char *set)	与 strspn 相似，但它搜索的是 s1 串中的第一个包含在 set 里的字符
char *strpbrk(char *s1, char *set)	与 strspn 相似，但返回指向搜索到的字符的指针，而不是个数；如果未找到，则返回 NULL
char *strrpbrk(char *s1, char *set)	与 strpbrk 相似，但它返回 s1 中指向找到的 set 字符集中最后一个字符的指针

表 2-10　本征函数<intrins.h>

函数	说明
unsigned char _crol_(unsigned char val,unsigned char n)	将字符型数据 val 循环左移 n 位
unsigned int _irol_(unsigned int val,unsigned char n)	将整型数据 val 循环左移 n 位
unsigned long _lrol_(unsigned long val,unsigned char n)	将长整型数据 val 循环左移 n 位
unsigned char _cror_(unsigned char val,unsigned char n)	将字符型数据 val 循环右移 n 位
unsigned int _iror_(unsigned int val,unsigned char n)	将整型数据 val 循环右移 n 位
unsigned long _lror_(unsigned long val,unsigned char n)	将长整型数据 val 循环右移 n 位
bit _testbit_(bit x)	相当于 JBC bit 指令
unsigned char _chkfloat_(float ual)	测试并返回浮点数状态
void _nop_(void)	产生一个 NOP 指令

表 2-11　字符判断转换函数<ctype.h>

函数	说明
bit isalpha(char c)	检查参数字符是否为英文字母，是则返回 1，否则返回 0
bit isalnum(char c)	检查参数字符是否为英文字母或数字字符，是则返回 1，否则返回 0
bit iscntrl(char c)	检查参数字符是否为控制字符（值在 0x00～0x1f 之间或等于 0x7f），是则返回 1，否则返回 0
bit isdigit(char c)	检查参数字符是否为十进制数字 0～9，是则返回 1，否则返回 0
bit isgraph(char c)	检查参数字符是否为可打印字符(不包括空格)，值域 0x21～0x7e，是则返回 1，否则返回 0
bit isprint(char c)	检查参数字符是否为可打印字符（包括空格），值域 0x21～0x7e，是则返回 1，否则返回 0
bit ispunct(char c)	检查参数字符是否为标点、空格或格式字符，是则返回 1，否则返回 0
bit islower(char c)	检查参数字符是否为小写英文字母，是则返回 1，否则返回 0
bit isupper(char c)	检查参数字符是否为大写英文字母，是则返回 1，否则返回 0
bit isspace(char c)	检查参数字符是否为空格、制表符、回车、换行、垂直制表符和送纸（值为 0x09～0x0d，或为 0x20），是则返回 1，否则返回 0
bit isxdigit(char c)	检查参数字符是否为十六进制数字字符，是则返回 1，否则返回 0
char toint(char c)	将 ASCII 字符的 0～9，a～f（大小写无关）转换为十六进制数字
char tolower(char c)	将大写字符转换成小写形式，如果字符参数不在 A～Z 之间，则该函数不起作用
char _tolower(char c)	将字符参数 c 与常数 0x20 逐位相或，从而将大写字符转换成小写字符
char toupper(char c)	将小写字符转换成大写形式，如果字符参数不在 a～z 之间，则该函数不起作用
char _toupper(char c)	将字符参数 c 与常数 0xdf 逐位相与，从而将小写字符转换成大写字符
char toascii(char c)	将任何字符参数值缩小到有效的 ASCII 范围内，即将 c 与 0x7f 相与，去掉第 7 位以上的位

表 2-12　输入输出函数<stdio.h>

函数	说明
char _getkey(void)	返回读入的一个字符
char getchar(void)	使用 _getkey 从串口读入字符，并将读入的字符马上传给 putchar 函数输出，其他与 _getkey 函数相同
char *gets(char *s,int n)	该函数通过 getchar 从串口读入一个长度为 n 的字符串并存由 s 指向的数组。输入时一旦检测到换行符就结束字符输入。输入成功时返回传入的参数指针，失败时返回 NULL
char ungetchar(char c)	将输入字符回送到输入缓冲区，因此下次 gets 或 getchar 可用该字符。成功时返回 char 型值，失败时返回 EOF，不能处理多个字符
char putchar(char c)	串行口输出字符
int printf(const char *fmstr[,argument]...)	以第一个参数指向字符串制定的格式通过 8051 串行口输出数值和字符串，返回值为实际输出的字符数
int sprintf(char *s,const char *fmstr[,argument]...)	与 printf 功能相似，但数据是通过一个指针 s 送入内存缓冲区，并以 ASCII 码的形式存储
int puts(const char *s)	利用 putchar 函数将字符串和换行符写入串行口，错误时返回 EOF，否则返回 0

函数	说明
int scanf(const char *fmstr[,argument]...)	在格式控制串的控制下，利用 getchar 函数从串行口读入数据，每遇到一个符合格式控制串 fmstr 规定的值，就将它按顺序存入由参数指针 argument 指向的存储单元。其中每个参数都是指针，函数返回所发现并转换的输入项数，错误则返回 EOF
int sscanf(char *s,const char *fmstr[,argument]...)	与 scanf 的输入方式相似，但字符串的输入不是通过串行口，而是通过指针 s 指向的数据缓冲区
void vprintf(const char *s, char *fmstr,char *argptr)	将格式化字符串和数据值输出到由指针 s 指向的内存缓冲区内。类似于 sprintf，但接收一个指向变量表的指针，而不是变量表。返回值为实际写入到输出字符串中的字符数

表 2-13　类型转换及内存分配函数<stdlib.h>

函数	说明
float atof(char *s1)	将字符串 s1 转换成浮点数值并返回，输入串中必须包含与浮点值规定相符的数。该函数在遇到第一个不能构成数字的字符时，停止对输入字符串的读操作
long atoll(char *s1)	将字符串 s1 转换成一个长整型数值并返回，输入串中必须包含与长整型数格式相符的字符串。该函数在遇到第一个不能构成数字的字符时，停止对输入字符串的读操作
int atoi(char *s1)	将字符串 s1 转换成整型数并返回，输入串中必须包含与整型数格式相符的字符串。该函数在遇到第一个不能构成数字的字符时，停止对输入字符串读操作
void *calloc(unsigned int n, unsigned int size)	为 n 个元素的数组分配内存空间，数组中每个元素的大小为 size，所分配的内存区域用 0 初始化。返回值为已分配的内存单元起始地址，如不成功则返回 0
void free(void xdata *p)	释放指针 p 所指向的存储区域。如果 p 为 NULL，则该函数无效，p 必须是以前用 calloc、malloc 或 realloc 函数分配的存储器区域。调用 free 函数后，被释放的存储器区域就可以参加以后的分配
void init_mempool(void xdata *p, unsigned int size)	对可被函数 calloc、free、malloc 或 realloc 管理的存储器区域进行初始化，指针 p 表示存储区的首地址，size 表示存储区的大小
void *malloc(unsigned int size)	在内存中分配一个 size 字节大小的存储器空间，返回值为一个 size 大小对象所分配的内存指针。如果返回 NULL，则无足够的内存空间可用
void *realloc(void xdata *p, unsigned int size)	用于调整先前分配的存储器区域大小。参数 p 指示该存储区域的起始地址，参数 size 表示新分配存储区域的大小。原存储器区域的内容被复制到新存储器区域中。如果新区域较大，多出的区域将不做初始化。realloc 返回指向新存储区的指针，如果返回 NULL，则无足够大的内存可用，这时将保持原存储区不变
int rand( )	返回一个在 0～32767 之间的伪随机数，对 rand 的相继调用将产生相同序列的随机数
void srand(int n)	用来将随机数发生器初始化成一个已知（或期望）值
unsigned long strtod (const char *s, char **ptr)	将字符串 s 转换为一个浮点型数据并返回，字符串前面的空格、/、tab 符被忽略
long strtol (const char *s, char **ptr, unsigned char base)	将字符串 s 转换为一个 long 型数据并返回，字符串前面的空格、/、tab 符被忽略
long strtoul (const char *s, char **ptr, unsigned char base)	将字符串 s 转换为一个 unsigned long 型数据并返回，溢出时则返回 ULONG_MAX。字符串前面的空格、/、tab 符被忽略

2.2.4 程序调试

（1）代码调试

利用 KeilC 的【Debug】功能可以对编写好的程序进行调试；在学习
的过程中，对某个运算或是某个函数都可以编个程序进行测试，验证自己
的理解是否正确，例如为掌握"sizeof 运算符"和函数"int strlen(char *s1)"的应用和区别，
就可以编一个测试程序，如图 2-2 所示，将运算符和函数的值分别赋给 m 和 n，观察 m 和
n 的值等于多少，与自己算的进行比较，就知道自己对该知识点的掌握情况。

KeiC 软件程序
调试方法

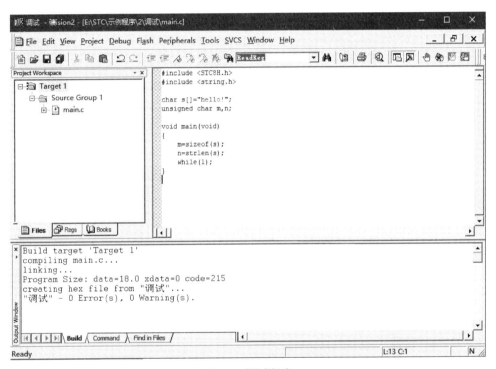

图 2-2　测试程序

先编译程序，没有错误才能进入程序调试状态。单击【Debug】菜单下的【Start/Stop
Debug Session】进入测试程序的调试界面（见图 2-3），打开查看窗口，在【Watch#1】
中编辑要查看的变量 m 和 n。其初始值都是 0，运行程序后 m=7、n=6，说明"hello!"
的字符串长度是 6，但分配给它的内存是 7 字节，除了看到的字符外，还包括结尾的空
字符。

对于较大的程序可以在程序中设置断点进行分段调试，设置断点的方法是双击要设置
断点处的代码，代码前面出现红点标记，说明断点设置成功，调试过程中程序运行到断点
会暂停，方便观察变量变化情况。

（2）外部接口调试

KeilC 的外部接口调试菜单界面见图 2-4，在 Debug 状态下打开【Peripherals】菜单，
菜单项有复位、中断、I/O 端口、串口和定时器功能的调试。

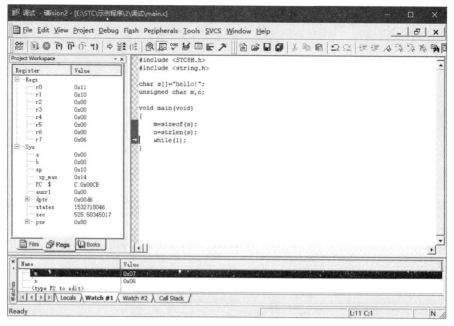

图 2-3　测试程序的调试界面

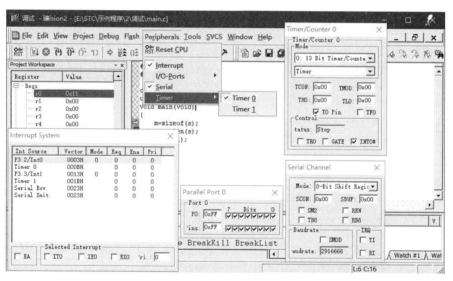

图 2-4　外部接口调试菜单界面

2.3　常用算法

2.3.1　通信数据校验

在通信的过程中，发送方会以约定的校验方式将校验数据和要传输的数据一起传送，接收方收到数据后重新对数据进行校验计算，然后对比校验结果是否一致，如果不一致则该帧数据无效。单片机串口通信根据通信协议采用对应的校验算法，常用的有 MODBUS 通信规约的 CRC 校验、电能表 DLT645 通信规约的 CS 校验和西门子变频器 USS 通信协议的 BCC 校验。

（1）MODBUS 通信规约的 CRC 校验

```
//=============================================================
// 函数: int CCRC(unsigned char *m,unsigned char n)
// 参数: *m——数组首地址指针, n——需校验字节数
// 返回: CCRC——校验结果, 低字节 CCRC&0xFF, 高字节 CCRC>>8
//=============================================================
unsigned int CCRC(unsigned char *m,unsigned char n)
{
    unsigned int CRC;          //校验码
    unsigned char i;
    unsigned char j;
    CRC=0xFFFF;                //CRC 预置 0xFFFF
    for (i=0;i<n;i++)          //按字节进行校验计算
    {
        CRC^=*m;               //CRC 与校验字节异或运算
        for (j=0;j<8;j++)      //每个字节按位校验计算
        {
            if ((CRC & 1)==1)
            {
                CRC>>=1;
                CRC^=0xA001;   //CRC 最低位为 1 时, 与 0xA001 异或运算
            }
            else CRC>>=1;
        }
        m++;
    }
    return(CRC); //返回校验结果
}
```

CRC 校验占两个字节，校验结果使用时低字节在前，高字节在后，校验步骤如下：

① 预置一个 16 位 CRC 寄存器 0xFFFF。

② 把待校验数据第一个字节与 CRC 进行异或运算，结果放入 CRC 寄存器。

③ CRC 寄存器向右移一位，用 0 填补最高位，检查移出位。

④ 若向右移出的数位是 0，则返回步骤③；若向右（标记位）移出的数位是 1，则 CRC 寄存器与 0xA001 进行异或运算。

⑤ 重复步骤③和④，直至移出 8 位。

⑥ 重复步骤②～⑤，进行待校验数据下一字节处理。

⑦ 所有字节处理完毕，最后得到的 CRC 寄存器内容即 CRC 码。

（2）电能表 DLT645 通信规约的 CS 校验

```
//=============================================================
// 函数: char CCS(unsigned char *m,unsigned char n)
// 参数: *m——数组首地址指针, n——需校验字节数
// 返回: CCS——校验结果
//=============================================================
```

```
unsigned char CCS(unsigned char *m,unsigned char n)
{
    unsigned char i;
    unsigned char CS;          //校验码
    CS=0;                      //CS 预置 0
    for (i=0;i<n;i++)          //按字节进行校验计算
    {
        CS=CS+*m;              //累加运算
        m++;
    }
    return(CS);  //返回校验结果
}
```

CS 校验对所有待校验字节数据累加，仅保留低 8 位作为校验码。

（3）西门子变频器 USS 通信协议的 BCC 校验

```
//========================================================
// 函数: char CBCC(unsigned char *m,unsigned char n)
// 参数: *m——数组首地址指针, n——需校验字节数
// 返回: CBCC——校验结果
//========================================================
unsigned char CBCC(unsigned char *m,unsigned char n)
{
    unsigned char i;
    unsigned char BCC;         //校验码
    BCC=*m;                    //BCC 预置首字节
    for (i=1;i<n;i++)          //按字节进行校验计算
    {
        m++;
        BCC=BCC^*m;            //异或运算
    }
    return(BCC); //返回校验结果
}
```

BCC 校验对所有待校验字节进行异或运算，仅保留低 8 位作为校验码。

2.3.2　频谱分析 FFT

　　FFT（Fast Fourier Transform）即快速傅里叶变换，其典型用途是时域-频域变换，用来分析信号的频率组成成分。

```
#include<math.h>                          //包含数学函数库，用到三角函数
#define PI 3.14159                        //定义圆周率值
#define FFT_N 256                         //FFT 变换的点数
struct compx {float real,imag;};          //定义一个复数结构
struct compx xdata s[FFT_N];              //FFT 输入和输出
//========================================================
// 函数: struct compx EE(struct compx a,struct compx b)
// 参数: a,b——复数
// 返回: EE——复数 a,b 的乘积，结果仍是复数
//========================================================
struct compx EE(struct compx a,struct compx b)
```

```
{
    struct compx c;
    c.real=a.real*b.real-a.imag*b.imag;
    c.imag=a.real*b.imag+a.imag*b.real;
    return(c);
}
//========================================================
// 函数: void FFT(struct compx *xin)
// 参数: *xin——复数数组首地址指针
// 返回: xin时域-频域变换后仍存回xin
//========================================================
void FFT(struct compx *xin)
{
    int f,m,i,k,n,j=0;
    struct compx u,w,t;
    int le,lei,ip
    for(i=0;i<FFT_N-1;i++)           //变址运算，把自然顺序变成倒位序
    {
        if(i<j) //如果i<j,即进行变址
        {
            t=xin[j];
            xin[j]=xin[i];
            xin[i]=t;
        }
        k=FFT_N/2; //求j的下一个倒位序
        while(k<=j)
        {
            j=j-k;
            k=k/2;
        }
        j=j+k;
    }
    f=FFT_N;
    for(n=1;(f=f/2)!=1;n++);         //计算蝶形级数n
    for(m=1;m<=n;m++)                //蝶形结运算
    {
        le=2<<(m-1);
        lei=le/2;
        u.real=1.0;
        u.imag=0.0;
        w.real=cos(PI/lei);
        w.imag=-sin(PI/lei);
        for(j=0;j<=lei-1;j++)
        {
            for(i=j;i<=FFT_N-1;i=i+le)
            {
                ip=i+lei;
                t=EE(xin[ip],u);
                xin[ip].real=xin[i].real-t.real;
                xin[ip].imag=xin[i].imag-t.imag;
                xin[i].real=xin[i].real+t.real;
```

```
                        xin[i].imag=xin[i].imag+t.imag;
                    }
                    u=EE(u,w);
                }
            }
        }
```

程序中要使用 FFT 函数，先要包含数学函数库，FFT 函数计算过程需用到数学函数库中的三角函数。选取 FFT 变换的点数 FFT_N，即采样点数，一般选择为 2 的 n 次方值，采样点数越多，频率分辨率越高，计算量也大。采样频率要大于信号中最高频率的 2 倍，否则变换结果不准确，如果信号中高频信号没用，则可以先通过滤波将高频信号滤除再采样分析。

设采样频率为 Fs，采样点数为 FFT_N，采样值放入 s[FFT_N]，FFT 变换后结果存入 s[FFT_N/2]，对于第 n（0≤n<FFT_N/2）点：

① 该点频率：

```
n*Fs/FFT_N
```

② 该点幅值：

```
sqrt(s[n].real*s[n].real+s[n].imag*s[n].imag)/(FFT_N/2)
```

③ 该点角度：

```
atan2(s[n].imag, s[n].real)
```

2.3.3 自动控制 PID

在单回路控制系统中，PID 控制系统将采样值与给定值比较后产生的偏差进行比例、积分、微分运算，并输出控制信号，使得采样值越来越接近设定值，达到自动控制的目的。比例作用 P 只与偏差成正比，积分作用 I 是偏差对时间的积累，微分作用 D 是偏差的变化率。

比例控制能对误差迅速反应，从而减少稳态误差。当期望值有一个变化时，系统过程值将产生一个稳态误差。但是，比例控制不能消除稳态误差。比例放大系数的加大，会引起系统的不稳定。

在积分控制中，控制器的输出与输入误差信号的积分成正比关系。为了减小稳态误差，在控制器中加入积分项，积分项对误差的作用取决于时间的积分，随着时间的增加，积分项会增大。这样，即使误差很小，积分项也会随着时间的增加而加大，它推动控制器的输出增大使稳态误差进一步减少，直到等于零。

在微分控制中，控制器的输出与输入误差信号的微分（即误差的变化率）成正比关系。由于自动控制系统有较大的惯性，在调节过程中可能出现过冲甚至振荡。解决办法是引入微分(D)控制，即使在误差很大的时候，抑制误差的作用也很大；在误差接近零时，抑制误差的作用也应该是零。

```
int Set_AD;        //设定值
int Kp,Ki,Kd;      //PID 参数：Kp——比例常数，Ki——积分常数，Kd——微分常数
int Err,SErr,FErr; //误差，总误差，上次误差
```

```
//=======================================================
// 函数: void PID_init(void)
// 功能: 初始化 PID 参数
//=======================================================
void PID_init(void)
{
    Set_AD=100;
    Kp=300;
    Ki=100;
    Kd=100;
    SErr=0;
    FErr=0;
}
//=======================================================
// 函数: int PID(int Now_AD)
// 参数: Now_AD——当前采样值
// 返回: PID——PID 计算值
//=======================================================
int PID(int Now_AD)
{
    int result;
    Err=Now_AD-Set_AD;      //误差计算
    SErr=SErr+Err;          //总误差
    //PID 计算, 结果除以 100, 相当于 PID 参数带 2 位小数
    result=(Kp*Err+Ki*SErr+Kd*(Err-FErr))/100;
    FErr=Err;
    if(result<10) result=0;   //对占空比进行限幅处理
    if(result>1000) result=1000;
    return result;
}
```

第3章

STC8 单片机硬件结构

本章介绍单片机硬件结构及其工作原理，内容包括时钟、中断、存储器、I/O 口、定时器/计数器、比较器、ADC 模数转换和 PWM 定时器。通过实例程序掌握如何通过特殊寄存器驱动单片机硬件，实现输入检测、输出控制和通信等功能。

3.1 时钟

3.1.1 时钟控制

STC 单片机系统时钟结构图见图 3-1，时钟控制分时钟源选择、时钟分频、时钟输出 3 部分。

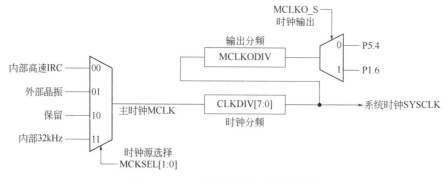

图 3-1　STC 单片机系统时钟结构图

（1）时钟源选择

通过设置系统时钟选择寄存器 CKSEL 的低 2 位（MCKSEL[1:0]）可选择时钟为内部高速 IRC、外部晶振或内部 32kHz，单片机多数情况需要高速运行，不会选用内部 32kHz，优先选用默认的内部高速 IRC，优点是抗干扰特性好、功耗低，缺点是频率误差和频率温漂比外部晶振稍大，只有在对频率精度要求较高的场合才使用外部晶振。

外部晶振接线示意图见图 3-2，外部晶振按接线方式分无源晶振和外部时钟输入两种方式。无源晶振方式需要配 2 个电容器 C1 和 C2，容量为 20~47pF，常选 22pF 或 30pF

的瓷片电容，单片机在这种接线下会额外增加 5～8mA 的功耗。外部时钟输入较常用的方式是接有源晶振的输出端，有源晶振的抗干扰特性比无源晶振要强，在使用外部晶振时优先选用有源晶振的接线方式，需要注意的是这种方式下引脚 P1.6/XTALO 即使空着也不能用作 I/O 引脚。

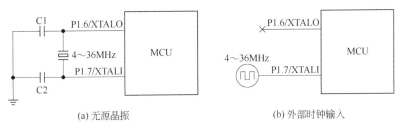

图 3-2 外部晶振接线示意图

在使用内部高速 IRC 时，引脚 P1.6/XTALO 和 P1.7/XTALI 可以用作 I/O 引脚，内部高速 IRC 频率选择见图 3-3，在程序下载界面的硬件选项中选择"输入用户程序运行时的 IRC 频率"。

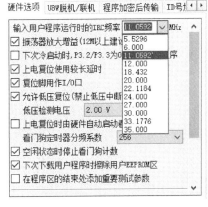

图 3-3 内部高速 IRC 频率选择

（2）时钟分频

程序下载软件会根据用户选择的频率自动设置 4 个相关的寄存器：IRCBAND（IRC 频段选择）、LIRTRIM（IRC 频率微调寄存器）、IRTRIM（IRC 频率调整寄存器）和 CLKDIV（时钟分频寄存器）。用户不能随意修改这 4 个寄存器，除非用户想自己设置一个可供选择频率之外的频率。

（3）时钟输出

主时钟经时钟分频后变为系统时钟供单片机工作，同时也可以输出给外部的其他元器件，通过设置主时钟输出控制寄存器 MCLKOCR 可以控制是否输出时钟、输出到哪个引脚和频率的分频输出。

主时钟输出控制寄存器 MCLKOCR 的说明见图 3-4，最高位 MCLKO_S 选择输出引脚，低 7 位为主时钟输出分频系数，当为 0 时不输出时钟。

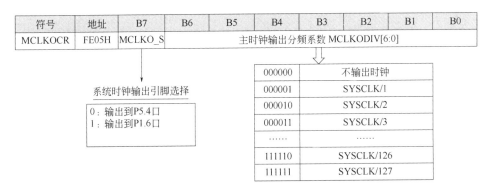

图 3-4 主时钟输出控制寄存器 MCLKOCR 说明

3.1.2 系统复位

STC8 系列单片机的复位分为硬件复位和软件复位两种。

硬件复位主要包括：

➤ 上电复位（POR），单片机固有，复位值约 1.7V。

➤ 低压复位（LVD_RESET），可选，在程序下载界面的硬件选项中选择是否允许低压复位以及设定低压检测电压。

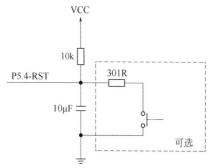

➤ 复位脚复位，外接复位电路复位，在程序下载界面的硬件选项中不勾选"复位脚用作 I/O 口"，默认是用内部复位（上电复位和低压复位）的。

低电平上电复位参考电路见图 3-5，一般是不推荐外部复位的，电路设计不合理时，有外部干扰导致单片机异常复位的可能，降低单片机电路的可靠性。

软件复位通过 IAP 控制寄存器（IAP_CONTR）复位，程序代码中将 IAP 控制寄存器的 B5 位 SWRST

图 3-5　低电平上电复位参考电路

置 1 时，单片机将复位。软件复位代码如下：

```
IAP_CONTR=0x20;        //单片机软件复位
```

3.1.3 看门狗复位

使能单片机的看门狗功能后，程序要定期执行喂狗指令，一旦单片机受到干扰造成程序跑飞，将不能定期执行喂狗指令，看门狗会强制复位单片机，重新从头开始执行用户程序。

看门狗控制寄存器 WDT_CONTR 的说明见图 3-6，其中看门狗使能位、看门狗定时器清零位只在置 1 时有效，看门狗一旦使能是无法退出的。

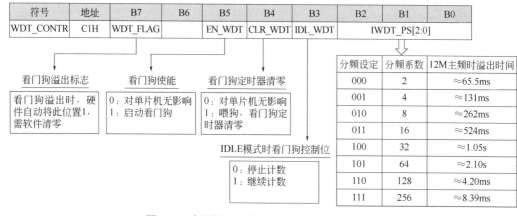

图 3-6　看门狗控制寄存器 WDT_CONTR 说明

51单片机编程——原理·接口·制作实例

看门狗使能和分频设定有两种方式：一是在程序中初始化看门狗控制寄存器时设定，二是下载程序时在下载界面的硬件选项中设定。看门狗溢出时间与分频系数和系统时钟有关，其计算公式如下：

$$看门狗溢出时间 = \frac{12 \times 32768 \times 2^{(WDT\_PS+1)}}{SYSCLK}$$

看门狗喂狗时间间隔要小于看门狗溢出时间，看门狗应用代码示例如下：

```
WDT_CONTR = 0x25;              //使能看门狗,溢出时间约为2s
while (1)
{
    if(t1>1000)                //1000ms 计时
    {
        t1=0;
        WDT_CONTR |= 0x10;     //每间隔1s清看门狗
        ......
    }
}
```

3.1.4 省电模式

如果设备由电池供电就要考虑如何省电的问题，应在电池容量一定的情况下尽量延长设备工作时间，经常采用的方式有手动开机自动关机和自动开、关机。

（1）手动开机自动关机

手持设备常采用类似图 3-7 所示的手动开机自动关机电源电路，关机状态时按下"开/关机"按键，Q1 的基极经 R2、VD1 和按键接地，Q1 导通给电路供电，单片机上电后输出开机保持信号，经 R3 控制 Q2 导通，替代按键接地，此时释放按键也会保持开机状态。开机状态下单片机工作过程中会有人机界面操作，当长时间没有操作时可以断开开机保持，输出自动关机，开机状态下单片机也可以检测"开/关机"按键操作，编程实现长按按键进入关机状态。

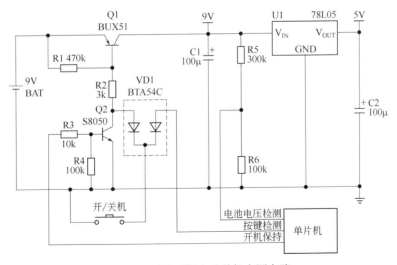

图 3-7 手动开机自动关机电源电路

（2）自动开、关机

不需要操作、自动工作的设备需要能自动开、关机，自动开、关机电路示意图见图3-8，单片机始终带电，工作时控制 Q1 导通给外部电路供电，停机时切断外部供电，单片机自身进入休眠状态，重新进入工作模式需要通过中断唤醒或通过掉电唤醒定时器定时唤醒。

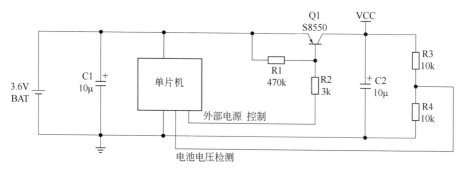

图 3-8　自动开、关机电路示意图

STC8 系列单片机进入休眠状态有空闲模式和掉电模式两种模式。其中空闲模式下只有 CPU 停止工作，其他外设依然在运行；掉电模式则是 CPU 和其他外设均停止工作，掉电模式消耗电流最小。单片机的空闲模式或掉电模式由电源控制寄存器 PCON 控制，电源控制寄存器 PCON 的说明见图 3-9（a）。将 PD 置 1 则进入掉电模式，将 IDL 置 1 则进入空闲模式。一旦进入掉电模式或空闲模式，CPU 停止执行程序，等待唤醒后再继续执行程序。

掉电唤醒定时器计数寄存器的说明见图 3-9（b），该寄存器占 2 个字节，最高位为掉电唤醒定时器使能位，余下 15 位为计数位，决定定时时间，掉电唤醒定时器定时时间计算

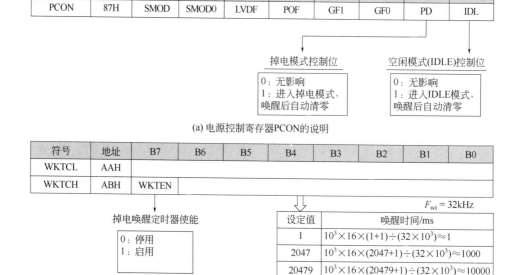

图 3-9　电源控制寄存器 PCON 和掉电唤醒定时器计数寄存器的说明

公式如下：

$$掉电唤醒定时器定时时间 = \frac{16 \times 10^3 \times (\text{WKTC}+1)}{32768}(\text{ms})$$

式中，32768 为掉电唤醒定时器的时钟频率，误差较大，设定的时间会与实际时间有偏差，如需较高精度，可读取单片机内部出厂时的时钟频率重新计算。

程序中将掉电唤醒定时器使能位 WKTEN 置 1 后，单片机进入掉电模式，掉电唤醒专用定时器开始计数。当计数值与设定值相等时，掉电唤醒专用定时器将单片机唤醒，程序从上次进入掉电模式语句的下一条语句开始往下执行。最长定时时间约 16s，如果超过16s 可以用连续多次进入掉电模式来实现。掉电唤醒（休眠 30min 工作一次）程序代码示例如下：

```
#include "stc8.h"              //头文件
#include <intrins.h>
#define _Nop() _nop_(),_nop_()   //定义空指令
void Sleep(void)
{
    ......                      //掉电模式前关闭外设和输出
}
void main(void)
{
    unsigned char tn;          //计数值
    WKTCL=0xFF;                //使能掉电唤醒定时器
    WKTCH=0xCF;                //定时周期10s
    while(1)
    {
        ......                  //工作程序代码
        Sleep();               //掉电模式前关闭外设和输出
        tn=180;                //循环掉电180次，合计30min
        while(tn>0)
        {
            _Nop();            //空指令
            PCON=0x02;         //进入掉电模式
            _Nop();            //掉电模式指令前后建议加空指令
            tn--;
        }
    }
}
```

<hr>

3.2　中断

3.2.1　中断基础知识

（1）中断概念

当 CPU 在按顺序执行程序时发生紧急事件请求，CPU 暂停当前程序的执行，转而去

执行这个紧急事件的程序，执行完后回到原来暂停的地方继续执行原程序，这样的过程称为中断。实现中断功能的部件称为中断系统，紧急事件请求称为中断源。

（2）中断允许

常用的中断源有外部中断、定时器中断、串口中断和 ADC 中断等。系统默认情况是禁止所有中断源的，要想使用某个中断源，需先打开相应的中断允许位并打开总中断允许位（EA），以使 CPU 响应对应的中断申请。合理利用中断可提高单片机控制系统的实时性和工作效率。

（3）中断优先级

通过优先级设置寄存器可设置中断源的优先级。当 CPU 正在执行一个中断源中断程序的时候，发生另外一个中断源请求，如果该中断源优先级不比当前中断源优先级高，则 CPU 会先处理完当前中断程序，再去处理该中断源的中断程序，如果该中断源优先级更高，则 CPU 会暂停当前中断程序，转而去执行优先级更高的中断源的中断程序，执行完后再回到低优先级中断程序继续运行，这样的过程称为中断嵌套。

3.2.2 STC8 系列单片机中断列表

STC8 系列单片机中断列表见表 3-1。中断源表示的是中断类型符号，中断向量是中断程序的入口地址，KeilC 编程中只需中断号，编译时会自动转换为中断向量，中断号与中断向量的关系为：中断向量=8×中断号+3。部分中断源优先级不可设置，优先级为最低 0。中断标志位为 1 时表示产生该中断，有的中断标志位需要手动清零，有的响应中断后硬件自动清零，具体情况查看单片机技术手册。

表 3-1 STC8 系列单片机中断列表

中断源	中断向量	中断号	优先级设置	优先级	中断标志位	中断允许位
INT0	0003H	0	PX0，PX0H	0/1/2/3	IE0	EX0
Timer0	000BH	1	PT0，PT0H	0/1/2/3	TF0	ET0
INT1	0013H	2	PX1，PX1H	0/1/2/3	IE1	EX1
Timer1	001BH	3	PT1，PT1H	0/1/2/3	TF1	ET1
UART1	0023H	4	PS，PSH	0/1/2/3	RI TI	ES
ADC	002BH	5	PADC，PADCH	0/1/2/3	ADC_FLAG	EADC
LVD	0033H	6	PLVD，PLVDH	0/1/2/3	LVDF	ELVD
PCA	003BH	7	PPCA，PPCAH	0/1/2/3	CF	ECF
					CF0	ECF0
					CF1	ECF1
					CF2	ECF2
					CF3	ECF3
UART2	0043H	8	PS2，PS2H	0/1/2/3	S2RI S2TI	ES2
SPI	004BH	9	PSPI，PSPIH	0/1/2/3	SPIF	ESPI
INT2	0053H	10		0	INT2IF	EX2
INT3	005BH	11		0	INT3IF	EX3
Timer2	0063H	12		0	T2F1	ET2

中断源	中断向量	中断号	优先级设置	优先级	中断标志位	中断允许位
INT4	0083H	16	PX4，PX4H	0/1/2/3	INT4IF	EX4
UART3	008BH	17	PS3，PS3H	0/1/2/3	S3RI　S3TI	ES3
UART4	0093H	18	PS4，PS4H	0/1/2/3	S4RI　S4TI	ES4
Timer3	009BH	19		0	T3F1	ET3
Timer4	00A3H	20		0	T4F1	ET4
CMP	00ABH	21	PCMP，PCMPH	0/1/2/3	CMPIF	PIE　NIE
I2C	00C3H	24	PI2C，PI2CH	0/1/2/3	MSIF	EMSI
					STAIF	ESTAI
					RXIF	ERXI
					TXIF	ETXI
					STOIF	ESTOI
USB	00CBH	25	PUSB，PUSBH	0/1/2/3	USB Events	EUSB
PWMA	00D3H	26	PPWMA，PPWMAH	0/1/2/3	PWMA_SR	PWMA_IER
PWMB	00DBH	27	PPWMB，PPWMBH	0/1/2/3	PWMB_SR	PWMB_IER
TKSU	011BH	35	PTKSU，PTKSUH	0/1/2/3	TKIF	ETKSUI
RTC	0123H	36	PRTC，PRTCH	0/1/2/3	ALAIF	EALAI
					DAYIF	EDAYI
					HOURIF	EHOURI
					MINIF	EMINI
					SECIF	ESECI
					SEC2IF	ESEC2I
					SEC8IF	ESEC8I
					SEC32IF	ESEC32I
P0 中断	012BH	37		0	P0INTF	P0INTE
P1 中断	0133H	38		0	P1INTF	P1INTE
P2 中断	013BH	39		0	P2INTF	P2INTE
P3 中断	0143H	40		0	P3INTF	P3INTE
P4 中断	014BH	41		0	P4INTF	P4INTE
P5 中断	0153H	42		0	P5INTF	P5INTE
P6 中断	015BH	43		0	P6INTF	P6INTE
P7 中断	0163H	44		0	P7INTF	P7INTE

STC8 系列单片机中断源数量较多，中断号有的已超过 KeilC 的中断上限 31，这种情况下可借用保留中断号 13，新建汇编文件加入到项目，把实际中断号的入口地址处加入跳转指令跳转到中断号 13 对应的中断程序入口地址。

3.2.3　中断相关寄存器

（1）中断使能寄存器

常用中断使能寄存器见表 3-2，寄存器中的每个位代表一种中断，置 1 时使能对应中断，置 0 时禁止对应中断。

表 3-2 常用中断使能寄存器

符号	B7	B6	B5	B4	B3	B2	B1	B0
IE	EA	ELVD	EADC	ES	ET1	EX1	ET0	EX0
IE2	EUSB	ET4	ET3	ES4	ES3	ET2	ESPI	ES2
INTCLKO	—	EX4	EX3	EX2	—			

中断使能位代码的意义如下：

EA——总中断允许控制位；

ELVD——低压检测中断允许位；

EADC——A/D 转换中断允许位；

ES——串口 1 中断允许位；

ET1——定时/计数器 T1 的溢出中断允许位；

EX1——外部中断 1 中断允许位；

ET0——定时/计数器 T0 的溢出中断允许位；

EX0——外部中断 0 中断允许位；

EUSB——USB 中断允许位（STC8H8K 有 USB 中断）；

ET4——定时/计数器 T4 的溢出中断允许位；

ET3——定时/计数器 T3 的溢出中断允许位；

ES4——串口 4 中断允许位；

ES3——串口 3 中断允许位；

ET2——定时/计数器 T2 的溢出中断允许位；

ESPI——SPI 中断允许位；

ES2——串口 2 中断允许位；

EX2——外部中断 2 中断允许位；

EX3——外部中断 3 中断允许位；

EX4——外部中断 4 中断允许位。

（2）中断请求寄存器

常用中断请求寄存器见表 3-3。发生某种中断时，对应的中断标志位变为 1，定时器中断和外部中断的标志位在响应中断后自动清零，串口中断等其他中断的标志位则需要软件清零。

表 3-3 常用中断请求寄存器

符号	B7	B6	B5	B4	B3	B2	B1	B0
TCON	TF1	TR1	TF0	TR0	IE1	IT1	IE0	IT0
AUXINTIF	—	INT4IF	INT3IF	INT2IF	—	T4IF	T3IF	T2IF
SCON	SM0/FE	SM1	SM2	REN	TB8	RB8	TI	RI
S2CON	S2SM0	—	S2SM2	S2REN	S2TB8	S2RB8	S2TI	S2RI
S3CON	S3SM0	S3ST3	S3SM2	S3REN	S3TB8	S3RB8	S3TI	S3RI
S4CON	S4SM0	S4ST4	S4SM2	S4REN	S4TB8	S4RB8	S4TI	S4RI

中断标志位代码的意义如下：

TF1——定时器 1 的溢出中断标志，硬件自动清零；

TF0——定时器 0 的溢出中断标志，硬件自动清零；

IE1——外部中断 1 中断标志，硬件自动清零；

IE0——外部中断 0 中断标志，硬件自动清零；

INT4IF——外部中断 4 中断标志，硬件自动清零；

INT3IF——外部中断 3 中断标志，硬件自动清零；

INT2IF——外部中断 2 中断标志，硬件自动清零；

T4IF——定时器 4 的溢出中断标志，硬件自动清零；

T3IF——定时器 3 的溢出中断标志，硬件自动清零；

T2IF——定时器 2 的溢出中断标志，硬件自动清零；

TI——串口 1 发送完成中断标志，需要软件清零；

RI——串口 1 接收完成中断标志，需要软件清零；

S2TI——串口 2 发送完成中断标志，需要软件清零；

S2RI——串口 2 接收完成中断标志，需要软件清零；

S3TI——串口 3 发送完成中断标志，需要软件清零；

S3RI——串口 3 接收完成中断标志，需要软件清零；

S4TI——串口 4 发送完成中断标志，需要软件清零；

S4RI——串口 4 接收完成中断标志，需要软件清零。

（3）中断优先级寄存器

常用中断优先级寄存器见表 3-4，每个中断的优先级占高低 2 个位，可设优先级别为 0～3，其中 0 为最低优先级，3 为最高优先级。

表 3-4　常用中断优先级寄存器

符号	B7	B6	B5	B4	B3	B2	B1	B0
IP	—	PLVD	PADC	PS	PT1	PX1	PT0	PX0
IPH	—	PLVDH	PADCH	PSH	PT1H	PX1H	PT0H	PX0H
IP2	—	PI2C	PCMP	PX4			PSPI	PS2
IP2H	—	PI2CH	PCMPH	PX4H	—	—	PSPIH	PS2H
IP3	—	—	—	—			PS4	PS3
IP3H	—	—	—	—			PS4H	PS3H

中断优先级位代码的意义如下：

PX0H,PX0——外部中断 0 中断优先级控制位；

PT0H,PT0——定时器 0 中断优先级控制位；

PX1H,PX1——外部中断 1 中断优先级控制位；

PT1H,PT1——定时器 1 中断优先级控制位；

PSH,PS——串口 1 中断优先级控制位；

PADCH,PADC——ADC 中断优先级控制位；

PLVDH,PLVD——低压检测中断优先级控制位；

PS2H,PS2——串口 2 中断优先级控制位；

PS3H,PS3——串口 3 中断优先级控制位；

PS4H,PS4——串口 4 中断优先级控制位；

PX4H,PX4——外部中断 4 中断优先级控制位；

PCMPH,PCMP——比较器中断优先级控制位；

PI2CH,PI2C——I^2C 中断优先级控制位。

3.3　存储器

3.3.1　程序存储器

程序存储器用于存放用户程序、数据以及表格等信息。STC8H1K08 系列单片机程序存储器结构示意图见图 3-10，内部集成 12K 字节的 Flash 程序存储器（ROM）。

单片机上电（复位）后，从程序复位入口地址 0000H 单元开始执行程序，接下来的地址是不同中断源的中断向量入口地址。KeilC 编译程序时会统筹安排主程序、子程序和中断程序的存放位置，然后在入口地址处存放一条无条件转移指令，指向对应程序存放位置，不使用的中断源，其入口地址可能会被程序占用。

3.3.2　数据存储器

（1）内部 RAM

内部 RAM 结构示意图见图 3-11，内部 RAM 共 256 字节，可分为 data 区和 idata 区 2 个部分，低 128 字节为 data 区，高 128 字节为 idata 区。idata 区与特殊功能寄存器区（SFRs）共用相同的逻辑地址，都使用 80H～FFH，但在物理上是分别独立的；在汇编语言中使用时通过不同寻址方式加以区分，idata 区只能间接寻址，SFRs 区只能直接寻址；在 C 语言中通过声明区分，直接寻址不用声明，间接寻址声明为 idata，程序编译时根据声明采用不同寻址方式。

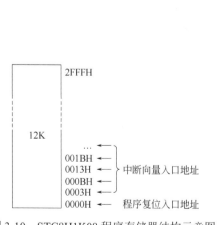

图 3-10　STC8H1K08 程序存储器结构示意图

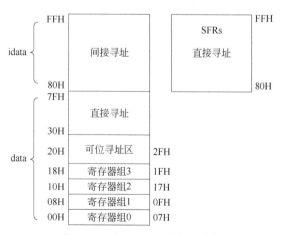

图 3-11　内部 RAM 结构示意图

data 区也称通用 RAM 区，可细分为工作寄存器组区（00H～1FH）、可位寻址区（20H～2FH）、用户 RAM 区和堆栈区。C 语言编程中不用考虑具体分区，编译时会自动分配。

（2）内部扩展 RAM

STC8H 系列单片机片内除了集成 256 字节的内部 RAM 外，还集成了内部的扩展 RAM，C 语言中内部扩展 RAM 中的变量需声明为 pdata 或 xdata，pdata 是 xdata 的低 256 字节。

3.3.3 EEPROM

EEPROM 可用于保存一些需要在应用过程中修改并且掉电不丢失的参数数据，例如串口服务器的串口参数、IP 地址等参数。EEPROM 可分为若干个扇区，每个扇区包含 512 字节。

EEPROM 的操作特点是：擦除操作以扇区为单位，擦除操作是将扇区内每个字节都置为 FFH；写操作以字节为单位，写操作无法写 1，所以写字节时要保证所在扇区是擦除过的，只写字节中的 0，保留字节中的 1，就完成字节的写操作。如果 1 个扇区内使用了多个字节，要改变其中部分字节，需要将有用的数据都读取到 RAM 中进行更改，擦除扇区后将数据重新写回 EEPROM。

（1）EEPROM 主要参数

- ➢ 擦写次数：10 万次以上。
- ➢ 擦除 1 扇区时间：4～6ms。
- ➢ 写 1 字节时间：30～40μs。
- ➢ 容量：与单片机型号有关，部分单片机支持在一定范围内调节设定。

（2）EEPROM 相关寄存器

EEPROM 相关寄存器见表 3-5，操作 EEPROM 前先将控制寄存器的 IAP_CONTR 的使能位 IAPEN 置 1。数据寄存器用于存放从 EEPROM 读出的数据或待写入 EEPROM 的数据。地址寄存器占 2 字节，是 EEPROM 读、写和擦除的目标地址寄存器。命令寄存器只使用低 2 位，其值为 1 时是读 EEPROM 命令，为 2 时是写 EEPROM 命令，为 3 时是擦除 EEPROM 命令。设置完地址寄存器、数据寄存器和命令寄存器后，需向触发寄存器依次写入 5AH、A5H，相应的命令才会生效，CPU 会进入 IDLE 等待状态等待命令执行完毕，然后返回正常状态。

表 3-5　EEPROM 相关寄存器

符号	描述	位地址与符号							
		B7	B6	B5	B4	B3	B2	B1	B0
IAP_DATA	数据寄存器								
IAP_ADDRH	高地址寄存器								
IAP_ADDRL	低地址寄存器								
IAP_CMD	命令寄存器	—	—	—	—	—	—	CMD[1:0]	
IAP_TRIG	触发寄存器								*
IAP_CONTR	控制寄存器	IAPEN	SWBS	SWRST	CMD_FAIL	—	—	—	—
IAP_TPS	等待时间寄存器	—	—	IAP_TPS[5:0]					

擦除等待时间寄存器设定值为以 MHz 为单位的工作频率值，例如工作频率为 11.0592MHz 时，则需将 IAP_TPS 设置为 11。

（3）EEPROM 操作

编写 EEPROM 操作函数程序如下：

```
//=====================================================
// EEPROM 操作函数
// 读写操作以字节为单位，写操作前要擦除
// 擦除操作以扇区(512byte)为单位
//=====================================================
#include <STC8H.h>
#include <intrins.h>            //用其中的空操作指令
#define TPS_Fosc 12             //时钟(擦除等待参数)
#define WT_30M          0x80
#define WT_24M          0x81
#define WT_20M          0x82
#define WT_12M          0x83
#define WT_6M           0x84


//=====================================================
// 函数: void IapIdle()
// 说明:关闭 IAP
//=====================================================
void IapIdle()
{
    IAP_CONTR = 0;             //关闭 IAP 功能
    IAP_CMD = 0;               //清除命令寄存器
    IAP_TRIG = 0;              //清除触发寄存器
    IAP_ADDRH = 0x80;          //将地址设置到非 IAP 区域
    IAP_ADDRL = 0;
    EA=1;
}


//=====================================================
// 函数: void IapRead(int addr,char *buf,int n)
// 说明: 从地址 addr 开始读取，共 n 字节数据，保存到 buf 中
//=====================================================
void IapRead(int addr,char *buf,int n)
{
    unsigned int i;
    EA=0;
    IAP_CONTR = WT_12M;        //使能 IAP
    IAP_TPS = TPS_Fosc;        //设置擦除等待参数
    IAP_CMD = 1;               //设置 IAP 读命令
    for(i=0;i<n;i++)
    {
        IAP_ADDRL = addr;       //设置 IAP 低地址
        IAP_ADDRH = addr >> 8;  //设置 IAP 高地址
        IAP_TRIG = 0x5A;        //写触发命令(0x5a)
        IAP_TRIG = 0xA5;        //写触发命令(0xa5)
        _nop_();
        buf[i] = IAP_DATA;      //读 IAP 数据
        addr++;
    }
```

```
        IapIdle();                          //关闭 IAP 功能
}
//=========================================================
// 函数: void IapProgram(char *buf,int addr,int n)
// 说明: 将 buf 中的 n 字节数据写入 EEPROM 中，从地址 addr 开始写入
//=========================================================
void IapProgram(char *buf,int addr,int n)
{
    unsigned int i;
    EA=0;
    IAP_CONTR = WT_12M;                 //使能 IAP
    IAP_TPS = TPS_Fosc;                 //设置擦除等待参数
    IAP_CMD = 2;                        //设置 IAP 写命令
    for(i=0;i<n;i++)
    {
        IAP_ADDRL = addr;               //设置 IAP 低地址
        IAP_ADDRH = addr >> 8;          //设置 IAP 高地址
        IAP_DATA = buf[i];              //写 IAP 数据
        IAP_TRIG = 0x5A;                //写触发命令(0x5a)
        IAP_TRIG = 0xA5;                //写触发命令(0xa5)
        _nop_();
        addr++;
    }
    IapIdle();                          //关闭 IAP 功能
}
//=========================================================
// 函数: void IapErase(int addr)
// 说明: 擦除 EEPROM 区域地址 addr 的数据
//=========================================================
void IapErase(int addr)
{
    EA=0;
    IAP_CONTR = WT_12M;                 //使能 IAP
    IAP_TPS = TPS_Fosc;                 //设置擦除等待参数
    IAP_CMD = 3;                        //设置 IAP 擦除命令
    IAP_ADDRL = addr;                   //设置 IAP 低地址
    IAP_ADDRH = addr >> 8;              //设置 IAP 高地址
    IAP_TRIG = 0x5A;                    //写触发命令(0x5a)
    IAP_TRIG = 0xA5;                    //写触发命令(0xa5)
    _nop_();
}
```

3.4　I/O 口

3.4.1　I/O 口结构

I/O 口结构图见 3-12，I/O 口有 4 种工作模式：准双向、推挽输出、高阻输入和开漏输

出。根据 I/O 口引脚在电路中的作用确定工作模式，然后在程序中设定端口配置寄存器选择工作模式。

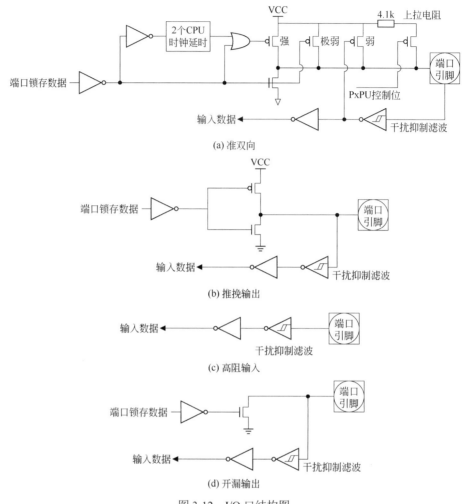

图 3-12　I/O 口结构图

（1）准双向

准双向是最常用的一种工作模式，既能输出，又能输入。特点是输出为 1 时为弱上拉，允许外部将其拉低，输出为 0 时驱动能力很强；输入检测时需先输出 1，如果输出 0，会将外部输入的高电平也拉低，起不到检测外部输入电平的作用。

STC8 系列单片机准双向口有 4 个上拉晶体管。其中强上拉只在输出由 0 变 1 时工作 2 个时钟，用于克服外部线路的电容充电效应，快速拉高引脚电平；极弱上拉是输出为 1 时的上拉；弱上拉在输出为 1 且外部没有将其拉低时才有作用，外部输入低电平时，弱上拉会失去作用。上拉电阻是否接入由对应的上拉电阻控制寄存器控制，与输出控制无关。投入上拉电阻后能加强上拉驱动能力，省去外部上拉电阻，一般用于通信功能（串口、SPI、I^2C 等）引脚，可提高抗干扰能力，缺点是会产生额外的损耗。

输入带有施密特触发输入和干扰抑制滤波电路，主要用于数字信号的输入。

（2）推挽输出

推挽输出与准双向模式不同之处在于只有 1 个强上拉晶体管，输出为 1 时提供持续的强上拉，一般用于需要更大驱动电流的情况。

（3）高阻输入

高阻输入又称仅为输入，常用于 ADC 功能引脚检测模拟量输入信号。

（4）开漏输出

开漏输出关闭所有上拉晶体管，开漏输出一般用于单纯的下拉驱动，特别是驱动元件工作电压与单片机电压不同的情况。例如不论是 3.3V 电源的单片机驱动 5V 电源的负载，还是 5V 电源的单片机驱动 3.3V 电源的负载，开漏输出都没问题。准双向模式或推挽输出模式在输出高电平时会因为电源电位差产生不能完全关闭输出的情况。

3.4.2 I/O 口模式配置

I/O 口配置寄存器每个端口有 2 个，分别是 PxM1、PxM0（x 为端口号），通过按位组合配置对应位的工作模式，端口配置组合方式见表 3-6。上电复位默认模式为高阻输入（P3.0 和 P3.1 为准双向）。

表 3-6 端口配置组合方式

PxM1	PxM0	I/O 口工作模式	说明
0	0	准双向	灌电流可达 20mA，弱上拉（电流为 150～270μA）
0	1	推挽输出	灌电流可达 20mA，上拉电流可达 20mA
1	0	高阻输入	上电复位默认模式，无输出，电流也不能流入
1	1	开漏输出	灌电流可达 20mA，加外部上拉电阻才可输出高电平

以 P0 口为例，令 P0M1=0xF0、P0M0=0xCC，则 P0 配置结果见表 3-7，8 个引脚每 2 个一组分别配置为开漏输出、高阻输入、推挽输出和准双向工作模式。

表 3-7 P0 配置结果

寄存器	B7	B6	B5	B4	B3	B2	B1	B0
P0M1	1	1	1	1	0	0	0	0
P0M0	1	1	0	0	1	1	0	0
P0	开漏输出	开漏输出	高阻输入	高阻输入	推挽输出	推挽输出	准双向	准双向

每个端口对应 1 个上拉电阻控制寄存器 PxPU（x 为端口号），如果要使能 P0.0 和 P0.1 的内部上拉电阻，则需令 P0PU=0x03。

3.4.3 流水灯控制实例

用本书配套的单片机学习板演示流水灯控制实例，短接学习板上的 P3.4、P3.5、P3.6、P3.7 引脚，用于连接 4 个输出 LED，编写程序如下：

```
#include <STC8H.h>            //包含头文件
//*****************************************************************
// 函数: void GPIO_Init (void)
```

```
// 说明: 初始化端口
// PxM1.n,PxM0.n    =00--->Standard,    01--->push-pull
//                  =10--->pure input, 11--->open drain
//*****************************************************************
void GPIO_Init (void)
{
    P3M1 = 0x00;   P3M0 = 0x00;    //设置 P3 为准双向口
}
//*****************************************************************
// 函数: void Delay500ms()
// 说明: 延时子函数, 固定 0.5s
//*****************************************************************
void Delay500ms()
{
    unsigned char i, j, k;
    i = 29;
    j = 14;
    k = 54;
    do
    {
        do
        {
            while (--k);
        } while (--j);
    } while (--i);
}
//*****************************************************************
// 主函数
//*****************************************************************
void main(void)
{
    unsigned char i,n;
    GPIO_Init ();              //端口初始化
    while (1)
    {
        n=0xEF;                //单灯循环
        //n=0x67;              //双灯循环
        //n=0x11;              //三灯循环
        for(i=0;i<4;i++)
        {
            P3=n;              //输出
            n<<=1;             //移位
            Delay500ms();      //延时
        }
    }
}
```

程序中子函数 GPIO_Init ( )的作用是初始化端口，设置 P3 端口的 8 位都为准双向；子函数 Delay500ms( )的作用是延时 0.5s。主程序中反复循环使 P3 输出 4 种状态，达到流水灯的效果。

3.5.1 定时器/计数器工作模式

STC8H 系列单片机内部设置 5 个 16 位定时器/计数器，分别是定时器 T0、T1、T2、T3 和 T4，每个定时器都有计数和定时两种工作方式，定时器 0 有 4 种工作模式：

➢ 模式 0——16 位自动重装载模式。

➢ 模式 1——16 位不可重装载模式。

➢ 模式 2——8 位自动重装载模式。

➢ 模式 3——不可屏蔽中断的 16 位自动重装载模式。

定时器 1 有模式 0～2 共 3 种工作模式，定时器 2、定时器 3 和定时器 4 则只支持模式 0（16 位自动重装载模式），但增加了 8 位预分频寄存器，可实现更长时间周期的定时。

(1) 定时器 0、1 模式 0

以定时器 0 为例，定时器 0 在模式 0 下工作原理见图 3-13。定时器使用前先给计数寄存器赋初值，该初值同时自动保存到计数初值寄存器，运行控制 TR0 置 1 后计数寄存器的数值会随着计数脉冲增加；当计数寄存器溢出后将定时器 0 的中断标志位 TF0 置 1，同时将计数初值寄存器写入计数寄存器，开始下个周期的计数。如果输出使能置 1，定时器 0 输出引脚电平会随着每次计数寄存器溢出翻转输出。

工作方式为定时器时，计数脉冲来源是系统时钟不分频或 12 分频；工作方式是计数器时，计数脉冲来源是外部引脚的脉冲信号。默认中断控制 GATE 为 0 时，用 TR0 控制定时器运行；当中断控制 GATE 为 1 且 TR0 为 1 时，用外部 INT0 控制定时器 0。

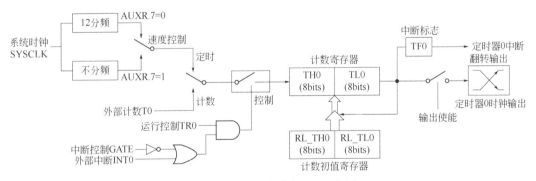

图 3-13 定时器 0 在模式 0 下工作原理

定时器 0 工作在 1T 模式（不分频）时：

$$定时时间=(65535-[TH0,TL0])/SYSCLK$$

$$输出频率=SYSCLK/[(65535-[TH0,TL0])\times2]$$

定时器 0 工作在 12T 模式（12 分频）时：

$$定时时间=12×(65535−[TH0,TL0])/SYSCLK$$

$$输出频率=SYSCLK/[(65535−[TH0,TL0])×2×12]$$

计数器方式下，外部脉冲频率为 T0_Pin_CLK 时：

$$输出频率=T0\_Pin\_CLK/[(65535−[TH0,TL0])×2]$$

12T 模式与 1T 模式相比，12T 模式定时范围是 1T 模式的 12 倍，适合长时间定时情况；1T 模式定时范围小，但定时精度高。

（2）定时器 0、1 模式 1

以定时器 0 为例，定时器 0 在模式 1 下工作原理见图 3-14，与模式 0 相比，缺少了计数初值寄存器，为不可重装载模式，每次计数寄存器溢出后需要重新赋值，否则会从 0 开始计数。

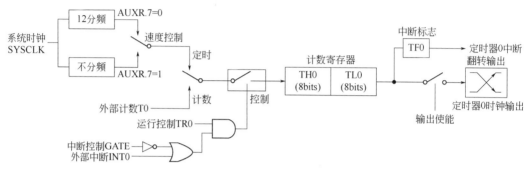

图 3-14　定时器 0 在模式 1 下工作原理

（3）定时器 0、1 模式 2

以定时器 0 为例，定时器 0 在模式 2 下工作原理见图 3-15，与模式 0 相比主要是定时寄存器位数变为 8 位，定时范围小，用 TH0 当计数初值寄存器。

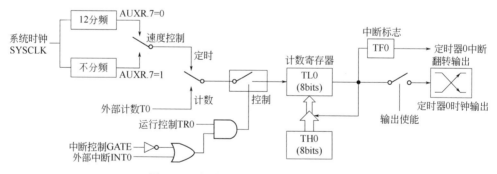

图 3-15　定时器 0 在模式 2 下工作原理

定时器 0 工作在 1T 模式（不分频）时：

$$定时时间=(256−TH0)/SYSCLK$$

$$输出频率=SYSCLK/[(256−TH0)×2]$$

定时器 0 工作在 12T 模式（12 分频）时：

$$定时时间=12×(256−TH0)/SYSCLK$$

$$输出频率=SYSCLK/[(256−TH0)×2×12]$$

计数器方式下，外部脉冲频率为 T0_Pin_CLK 时：

$$输出频率=T0\_Pin\_CLK/[(256-TH0)\times2]$$

（4）定时器 0 模式 3

定时器 0 模式 3 为不可屏蔽中断的 16 位自动重装载模式，与模式 0 基本相同，只是不可屏蔽中断，中断优先级最高，高于其他所有中断的优先级，并且不可关闭；可用作操作系统的系统节拍定时器，或者系统监控定时器。

（5）定时器 2、3 和 4

以定时器 2 为例，定时器 2 工作原理见图 3-16，与定时器 0 模式 0 相比多了预分频，少了外部中断控制定时器功能，其他原理相同。

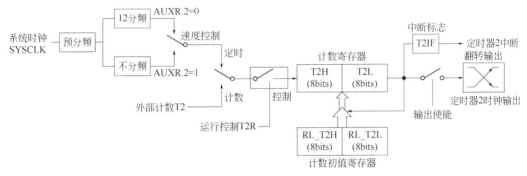

图 3-16　定时器 2 工作原理

定时器 2、3 和 4 默认预分频为 1，即不分频，此时定时时间计算与定时器 0 的模式 0 相同，当设置预分频数值后，以定时器 2 为例的定时时间计算公式如下。

定时器 2 工作在 1T 模式（不分频）时：

$$定时时间=预分频值\times(65535-[T2H,T2L])/SYSCLK$$

定时器 2 工作在 12T 模式（12 分频）时：

$$定时时间=12\times预分频值\times(65535-[T2H,T2L])/SYSCLK$$

实际使用定时器时，先确定定时时间，然后再根据公式确定预分频值和计数寄存器初值，或是直接利用 STC 程序下载软件自带定时器计算器工具自动计算，生成已配置好相关寄存器的 C 代码，复制到程序中直接使用。定时器计算器工具界面见图 3-17，使用时选择系统频率，设定定时长度，选择定时器、定时器模式和定时器时钟，代码窗口会自动刷新相关寄存器的设置值。

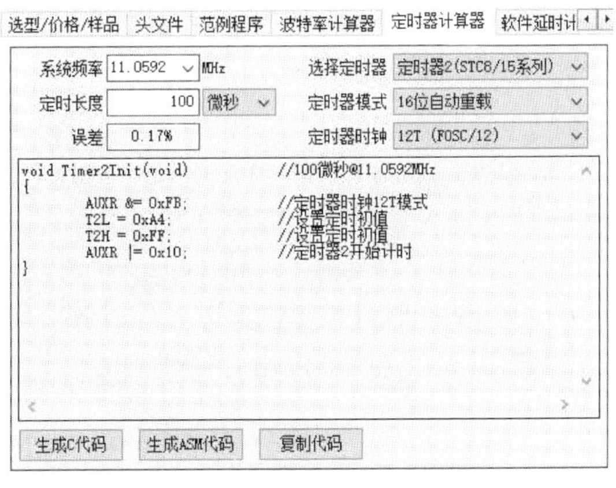

3.5.2　定时器相关寄存器配置

（1）定时器 0/1 控制寄存器

定时器 0/1 控制寄存器 TCON 说明见表 3-8。寄存器前 4 位是定时器 0/1 中断标志位和

图 3-17　定时器计算器工具界面

运行控制位，后 4 位是外部中断标志位和触发方式控制位。

表 3-8　定时器 0/1 控制寄存器 TCON 说明

TCON	符号	说明
B7	TF1	T1 溢出中断标志。T1 溢出时硬件将 TF1 置 1，响应中断后自动清零
B6	TR1	T1 运行控制位。TR1 置 1 后 T1 开始运行；置 0 后停止，禁止 T1 计数
B5	TF0	T0 溢出中断标志。T0 溢出时硬件将 TF0 置 1，响应中断后自动清零
B4	TR0	T0 运行控制位。TR0 置 1 后 T0 开始运行；置 0 后停止，禁止 T0 计数
B3	IE1	外部中断 1 请求源标志。发生外部中断 1 时置 1，响应中断后自动清零
B2	IT1	外部中断 1 触发控制位。IT1=0 时上升沿或下降沿均可触发，IT1=1 时下降沿触发
B1	IE0	外部中断 0 请求源标志。发生外部中断 0 时置 1，响应中断后自动清零
B0	IT0	外部中断 0 触发控制位。IT0=0 时上升沿或下降沿均可触发，IT0=1 时下降沿触发

（2）定时器 0/1 模式寄存器 TMOD

定时器 0/1 模式寄存器 TMOD 说明见表 3-9。GATE 用于使能用外部中断控制定时器运行，C/T 用于选择定时器或计数器，M1、M0 用于选择工作模式。注意定时器 1 不支持模式 3。

表 3-9　定时器 0/1 模式寄存器 TMOD 说明

TMOD	符号	说明
B7	T1_GATE	T1 中断控制。置 1 且 TR1=1 时，INT1 控制定时器 1 运行
B6	T1_C/T	T1 定时/计数切换。清 0 用作定时器，置 1 用作计数器
B5	T1_M1	工作模式选择[M1,M0]
B4	T1_M0	00——模式 0；01——模式 1；10——模式 2
B3	T0_GATE	T0 中断控制。置 1 且 TR0=1 时，INT0 控制定时器 0 运行
B2	T0_C/T	T0 定时/计数切换。清 0 用作定时器，置 1 用作计数器
B1	T0_M1	工作模式选择[M1,M0]：
B0	T0_M0	00——模式 0； 01——模式 1；10——模式 2；11——模式 3

（3）定时器 0/1 其他相关寄存器

定时器 0/1 其他相关寄存器见表 3-10，辅助寄存器 1 和中断、时钟输出控制寄存器有部分位与定时器 0/1 相关，计数寄存器在 16 位模式时可视作 16 位寄存器。

辅助寄存器 1 中 T0x12 是定时器 0 的速度控制位，T0x12=1 时不分频，T0x12=0 时 12 分频；T1x12 是定时器 1 的速度控制位，T1x12=1 时不分频，T1x12=0 时 12 分频。中断、时钟输出控制寄存器中 T0CLKO 控制定时器 0 时钟输出，T1CLKO 控制定时器 1 时钟输出：默认为 0，关闭时钟输出，此时对应引脚可作为普通 I/O 口使用；置 1 后使能时钟输出功能，对应引脚在定时器溢出时翻转输出电平。

表 3-10　定时器 0/1 其他相关寄存器

符号	描述	位地址与符号							
		B7	B6	B5	B4	B3	B2	B1	B0
AUXR	辅助寄存器 1	T0x12	T1x12		T2R	T2_C/T	T2x12	EXTRAM	S1ST2
INTCLKO	中断、时钟输出	—	EX4	EX3	EX2	—	T2CLKO	T1CLKO	T0CLKO

符号	描述	位地址与符号							
		B7	B6	B5	B4	B3	B2	B1	B0
TL0	定时器 0								
TH0	计数寄存器								
TL1	定时器 1								
TH1	计数寄存器								

（4）定时器 2 相关寄存器

定时器 2 相关寄存器见表 3-11，辅助寄存器 1 中 T2x12 是定时器 2 的速度控制位，T2x12=1 时不分频，T2x12=0 时 12 分频。中断、时钟输出控制寄存器中 T2CLKO 控制定时器 2 时钟输出：默认为 0，关闭时钟输出，此时对应引脚可作为普通 I/O 口使用；置 1 后使能时钟输出功能，对应引脚在定时器溢出时翻转输出电平。

定时器 2 的工作模式固定为 16 位重载模式，T2L 和 T2H 组合成一个 16 位寄存器，T2L 为低字节，T2H 为高字节，当[T2H,T2L]中的 16 位计数值溢出时，系统会自动将 16 位计数初值寄存器中的值装入[T2H,T2L]中。定时器 2 有预分频，定时器时钟计算如下：

$$\text{定时器 2 的时钟} = \text{系统时钟 SYSCLK}/(\text{TM2PS}+1)$$

预分频寄存器的值默认为 0，所以默认预分频值为 1，即不分频。

表 3-11 定时器 2 相关寄存器

符号	描述	位地址与符号							
		B7	B6	B5	B4	B3	B2	B1	B0
AUXR	辅助寄存器 1	T0x12	T1x12		T2R	T2_C/T	T2x12	EXTRAM	S1ST2
INTCLKO	中断、时钟输出	—	EX4	EX3	EX2	—	T2CLKO	T1CLKO	T0CLKO
T2L	定时器 2								
T2H	计数寄存器								
TM2PS	预分频寄存器								

（5）定时器 3/4 相关寄存器

定时器 3/4 相关寄存器见表 3-12。控制寄存器中 T3R、T4R 是定时器 3、4 的运行控制位，清零时停止计数，置 1 时开始计数。T3_C/T、T4_C/T 是定时器/计数器选择位，清零时是定时器，置 1 时是计数器。T3x12、T3x12 是速度控制位，清零时 12 分频，置 1 时不分频。T3CLKO、T4CLKO 是时钟输出控制位，默认为 0，关闭时钟输出，此时对应引脚可作为普通 I/O 口使用；置 1 后使能时钟输出功能，对应引脚在定时器溢出时翻转输出电平。

定时器 3/4 的工作模式固定为 16 位重载模式，预分频寄存器的值默认为 0，不分频。

表 3-12 定时器 3/4 相关寄存器

符号	描述	位地址与符号							
		B7	B6	B5	B4	B3	B2	B1	B0
T4T3M	T3/T4 控制寄存器	T4R	T4_C/T	T4x12	T4CLKO	T3R	T3_C/T	T3x12	T3CLKO
T3L	T3 计数寄存器								
T3H									

符号	描述	位地址与符号							
		B7	B6	B5	B4	B3	B2	B1	B0
T4L	T4 计数寄存器								
T4H									
TM3PS	T3 预分频寄存器								
TM4PS	T4 预分频寄存器								

3.5.3 LED 数码管驱动示例

（1）学习板上 LED 数码管资料

学习板上 LED 数码管的型号是 3631A，其结构图见 3-18。数码管共有 3 位，每位 8 个段，采用共阴极接线，有效引脚 11 个，其中有 8 个引脚对应 8 个段，3 个引脚对应 3 个共阴极。

数码管显示数字的条件是：要显示的段的引脚为高电平，共阴极为低电平。每次只能有 1 个要点亮数码管的共阴极为低电平，其他不显示的数码管共阴极为高电平，通过分时扫描的方式显示 3 个数字。

电路设计时在 8 个段的引脚串接限流电阻，使得其点亮时的工作电流约为 3～10mA，电流越大，亮度越高，电阻值≈(电源电压−LED 压降)/工作电流。例如：3631A 的压降约 1.8V，电源电压为 3.3V，工作电流按 5mA 考虑时，电阻值 $R≈(3.3-1.8)/0.005=300(\Omega)$。

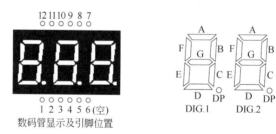

数码管显示及引脚位置

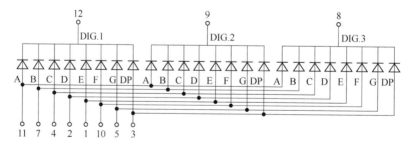

图 3-18　LED 数码管 3631A 结构图

（2）LED 数码管驱动方法

单片机采用分时扫描的方式驱动 3631A 数码管，用 P2 端口（推挽模式）串接限流电阻接数码管 8 个段，再用 3 个引脚分别接数码管的共阴极，具体接线图见第 1 章的图 1-4，驱动步骤如下：

① 连接共阴极的引脚都输出高电平，熄灭所有显示。

② P2 端口输出要显示的数字，点亮的段输出高电平，否则输出低电平。

③ 连接显示数码管共阴极的引脚输出低电平。

④ 延时 2～10ms，返回第①步，显示下一个数码管。

延时时间不宜过长，否则会有明显的闪烁感。根据 LED 数码管资料和电路图编写的 LED 数码管编码表见表 3-13。例如显示 1 时，B 和 C 段为高电平，其他为低电平，得到编码为 0x11；编码是不含小数点的，要显示小数点时，将编码值加上 0x20 即可。

表 3-13　LED 数码管编码表

| 显示数字 | E | D | DP | C | G | A | F | B | 编码 |
	P2.7	P2.6	P2.5	P2.4	P2.3	P2.2	P2.1	P2.0	
0	1	1	0	1	0	1	1	1	0xD7
1	0	0	0	1	0	0	0	1	0x11
2	1	1	0	0	1	1	0	1	0xCD
3	0	1	0	1	1	1	0	1	0x5D
4	0	0	0	1	1	0	1	1	0x1B
5	0	1	0	1	1	1	1	0	0x5E
6	1	1	0	1	1	1	1	0	0xDE
7	0	0	0	1	0	1	0	1	0x15
8	1	1	0	1	1	1	1	1	0xDF
9	0	1	0	1	1	1	1	1	0x5F
−	0	0	0	0	1	0	0	0	0x08
不显示	0	0	0	0	0	0	0	0	0x00

（3）驱动示例程序

短接单片机学习板上的 P0.0、P0.1、P0.2 引脚，用于连接 3 个 LED 数码管的共阴极，编写程序如下。

```
//LED 数码管显示数据测试程序
#include <STC8H.h>        //包含头文件
unsigned int dat;         //待显示数据
unsigned char Snum;       //发光管共阴极轮流导通计数
sbit C1=P0^0;             //共阴极 1
sbit C2=P0^1;             //共阴极 2
sbit C3=P0^2;             //共阴极 3
unsigned char code LED[]={0xD7,0x11,0xCD,0x5D,0x1B,     //编码表
                0x5E,0xDE,0x15,0xDF,0x5F,0x00};  //0~9,空
//**************************************************
// 函数: void GPIO_Init (void)
// 说明: 初始化端口
// PxM1.n,PxM0.n =00--->Standard,   01--->push-pull
//              =10--->pure input, 11--->open drain
//**************************************************
void GPIO_Init (void)
{
    P0M1 = 0x00;  P0M0 = 0x00;  //设置 P0 为准双向口
    P2M1 = 0x00;  P2M0 = 0xFF;  //设置 P2 为推挽
```

```
}
//*************************************************************
// 函数: void Timer0Init(void)
// 说明: 系统频率为11.0592MHz时, 定时周期为2.5ms
//*************************************************************
void Timer0Init(void)
{
    AUXR |= 0x80;          //定时器时钟1T模式
    TMOD &= 0xF0;          //设置定时器模式
    TL0 = 0x00;            //设置定时初值
    TH0 = 0x94;            //2500μs@11.0592MHz
    TF0 = 0;               //清除TF0标志
    ET0 = 1;               //使能定时器0中断
    TR0 = 1;               //定时器0开始计时
}
//*************************************************************
// 主函数
//*************************************************************
void main(void)
{
    GPIO_Init();           //初始化端口
    Timer0Init();          //初始化定时器0
    EA=1;                  //开总中断
    while(1)
    {
        dat=18;            //显示值
    }
}
//*************************************************************
// Timer0Int:定时中断子程序
// 定时周期2.5ms
//*************************************************************
void Timer0Int(void) interrupt 1
{
    Snum++;         //轮流显示计数
    C1=1;           //熄灭所有显示
    C2=1;
    C3=1;
    if(Snum==1)            //显示百位
    {
        P2=LED[dat/100];
        C1=0;
    }
    if(Snum==2)            //显示十位
    {
        P2=LED[(dat%100)/10];
        C2=0;
    }
    if(Snum>2)             //显示个位
    {
        Snum=0;
```

```
        P2=LED[dat%10];
        C3=0;
    }
}
```

3.6 比较器

3.6.1 比较器功能说明

对两路输入模拟量值进行比较，输出代表它们之间的大小关系的数字量，能够实现这种比较功能的电路称作比较器。比较器的两路输入为模拟信号，正极信号大于负极信号时输出 1，正极信号小于负极信号时输出 0。

STC8 系列单片机内部集成了一个比较器，其内部结构图见图 3-19。比较器的正极可选择引脚 P3.7 或 ADC 输入引脚，负极可选择引脚 P3.6 或内部参考电压（REFV=1.19V）。比较器的输出经过数字滤波和可选择的模拟滤波有 3 种输出方式：一是比较结果标志 CMPRES；二是引脚输出，引脚输出可控制是否输出，可选择输出引脚；三是中断标志，中断可使能上升沿中断、下降沿中断或都选择。

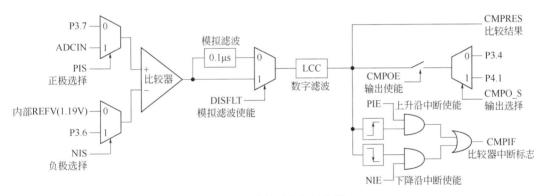

图 3-19　比较器内部结构图

3.6.2 比较器相关寄存器配置

比较器相关寄存器见表 3-14，寄存器中各位的功能如下。

CMPEN——比较器使能位，0 为关闭，1 为使能。

CMPIF——比较器中断标志位，发生比较器中断后变 1，需用户软件清零。

PIE——比较器上升沿中断使能位，0 为禁止，1 为使能。

NIE——比较器下降沿中断使能位，0 为禁止，1 为使能。

PIS——比较器正极选择位，0 为选引脚 P3.7，1 为选 ADC 引脚，具体引脚由 ADC 通道选择确定。

NIS——比较器负极选择位，0 为选内部参考电压，1 为选引脚 P3.6。

CMPOE——比较器输出使能位，0 表示禁止输出，1 表示输出到引脚 P3.4 或 P4.1，具体引脚由寄存器 P_SW2 的 CMPO_S 位控制。

CMPRES——比较器的比较结果，0 表示正极电压低于负极电压，1 表示正极电压大于负极电压。

INVCMPO——比较器输出结果控制位，为 0 时比较器正相输出，输出引脚电平和 CMPRES 一致，为 1 时比较器反相输出，输出引脚电平和 CMPRES 相反。

DISFLT——比较器数字滤波使能位，0 为使能，1 为关闭。

LCDTY[5:0]——数字滤波时间设置，其值为 n 时，实际滤波时间为 $n+2$ 个系统时钟。

表 3-14　比较器相关寄存器

符号	描述	位地址与符号							
		B7	B6	B5	B4	B3	B2	B1	B0
CMPCR1	比较器寄存器 1	CMPEN	CMPIF	PIE	NIE	PIS	NIS	CMPOE	CMPRES
CMPCR2	比较器寄存器 2	INVCMPO	DISFLT	LCDTY[5:0]					

3.6.3　比较器中断功能测试

比较器有中断功能，用于快速检测电压大于或小于某个值并立即做出响应的场合。例如可用比较器实现掉电检测，进而实现工作累时功能。思路是设备上电开始计时，停电时保存计时数据，下次上电时读取停电时的计时数据，在此基础上继续计时，实现工作累时功能。

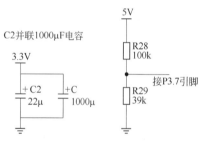
图 3-20　比较器测试外接元件图

测试利用单片机学习板外接部分元件，比较器测试外接元件图见图 3-20。在 5V 电源和地之间串接 2 个电阻，分别是 100kΩ 和 39kΩ，正常工作时分压出 1.4V 接比较器正极。当 5V 电源降到 4.2V 时，比较器正极电压变为 1.18V，低于负极电压 1.19V，产生中断后保存计时数据。为了留有充足的时间实现数据保存，在滤波电容 C2 两端并联 1000μF 电容，外部停电后利用电容实现单片机的延时停电。

测试程序利用 EEPROM 操作函数和 LED 数码管显示数据测试程序，按秒计时，用 LED 数码管显示计时，计时过程中断开外部电源后重新上电，能连续计时。主程序代码如下。

```
//比较器中断测试程序
#include <STC8H.h>              //包含单片机头文件
#include <EEPROM.h>             //包含EEPROM驱动头文件
unsigned int dat;               //计时数据
unsigned int ts;                //秒计时
unsigned char buf[2];           //读写缓冲区
unsigned char Snum;             //发光管共阴极轮流导通计数
sbit C1=P0^0;                   //共阴极1
sbit C2=P0^1;                   //共阴极2
sbit C3=P0^2;                   //共阴极3
unsigned char code LED[]={0xD7,0x11,0xCD,0x5D,0x1B,
                0x5E,0xDE,0x15,0xDF,0x5F};    //0～9
```

```
//*****************************************************************
// 函数: void GPIO_Init(void)
// 说明: 初始化端口
// PxM1.n,PxM0.n    =00--->Standard,    01--->push-pull
//                  =10--->pure input,  11--->open drain
//*****************************************************************
void GPIO_Init (void)
{
    P0M1 = 0x00;   P0M0 = 0x00;    //设置 P0 为准双向口
    P2M1 = 0x00;   P2M0 = 0xFF;    //设置 P2 为推挽
}
//*****************************************************************
// 函数: void Timer0Init(void)
// 说明: 系统频率为 11.0592MHz 时, 定时周期为 2.5ms
//*****************************************************************
void Timer0Init(void)
{
    AUXR |= 0x80;            //定时器时钟 1T 模式
    TMOD &= 0xF0;            //设置定时器模式
    TL0 = 0x00;             //设置定时初值
    TH0 = 0x94;             //2500μs@11.0592MHz
    TF0 = 0;                //清除 TF0 标志
    ET0 = 1;                //使能定时器 0 中断
    TR0 = 1;                //定时器 0 开始计时
}
//*****************************************************************
// 主函数
//*****************************************************************
void main(void)
{
    GPIO_Init();            //初始化端口
    Timer0Init();           //初始化定时器 0
    CMPCR1=0x90;            //使能比较器, 开下降沿中断
    CMPCR2=0x00;
    IapRead(0,buf,2);       //上电后读取上次停电时保存的数据
    dat=buf[0];
    dat<<=8;
    dat=dat+buf[1];
    EA=1;                   //开总中断
    while(1)
    {
    }
}
//*****************************************************************
// Timer0Int:定时中断子程序
// 定时周期2.5ms
//*****************************************************************
void Timer0Int(void) interrupt 1
{
    ts++;
    if(ts>400)
```

```
    {
        ts=0;
        dat++;                   //秒计数
        if(dat>999) dat=0;
    }
    Snum++;                      //轮流显示计数
    C1=1;                        //熄灭所有显示
    C2=1;
    C3=1;
    if(Snum==1)                  //显示百位
    {
        P2=LED[dat/100];
        C1=0;
    }
    if(Snum==2)                  //显示十位
    {
        P2=LED[(dat%100)/10];
        C2=0;
    }

    if(Snum>2)                   //显示个位
    {
        Snum=0;
        P2=LED[dat%10];
        C3=0;
    }
}
//************************************************************
// CMPInt:比较器中断子程序
// 电压降低时中断
//************************************************************
void CMPInt(void) interrupt 21
{
    CMPCR1=0x90;                 //清中断标志
    IapErase(0);                 //写入数据前先擦除
    buf[0]=dat>>8;               //数据高字节
    buf[1]=dat;                  //数据低字节
    IapProgram(buf,0,2);         //写入数据
}
```

3.7 ADC 模数转换

3.7.1 A/D 转换器

　　ADC 即模拟数字转换器（Analog-to-Digital Converter），也称 A/D 转换器。单片机内部的 A/D 转换器最主要的两个参数是转换位数和转换速度。转换位数越大，电压分辨率越高。例如参考电压为 3.3V 时，10 位 A/D 转换器的最大值为 $2^{10}-1=1023$，能分辨 3.3V/1024= 3.22mV

模拟量的变化；12 位 A/D 转换器的最大值为 $2^{12}-1=4095$，能分辨 3.3V/4096=0.8mV 模拟量的变化。转换速度越快，能处理模拟量信号的频率范围越高。

STC8H1K 系列单片机内部集成了一个 10 位高速 A/D 转换器，最大转换速度为每秒进行 50 万次 A/D 转换。虽然只有一个 A/D 转换器，但有多个引脚连接到该 A/D 转换器，能通过特殊寄存器控制对不同引脚输入信号进行 A/D 转换，实现多路 A/D 转换。

A/D 转换电压计算：A/D 转换电压=A/D 转换值×参考电压/$2^{转换位数}$。当参考电压为 3.3V、转换位数为 10 时：A/D 转换电压=A/D 转换值×3.3V/1024。

对转换精度要求不是特别高时，常将 VCC 接到参考电压端；对转换精度要求高时参考电压可接入电压基准源，其温度特性好，参考电压稳定，转换结果也稳定。

3.7.2 ADC 相关寄存器配置

ADC 控制寄存器 ADC_CONTR 说明见表 3-15。ADC_CONTR 控制 ADC 的电源、启动和通道选择。转换结束标志用来判断转换是否完成，只有完成后才能读取转换结果寄存器。转换结果寄存器占 2 字节，分别是 ADC_RES、ADC_RESL，其中 ADC_RES 是高字节，ADC_RESL 是低字节。

表 3-15　ADC 控制寄存器 ADC_CONTR 说明

ADC_CONTR	符号	说明
B7	ADC_POWER	ADC 电源控制位，置 1 打开 ADC 电源，清零关闭 ADC 电源
B6	ADC_START	ADC 转换启动控制位，置 1 开始转换，完成后自动清零
B5	ADC_FLAG	ADC 转换结束标志位，转换完成硬件置 1，需软件清零
B4	ADC_EPWMT	PWM 触发 ADC 功能使能位
B3		
B2	ADC_CHS[3:0]	ADC 模拟通道选择位，其值为 n 时选择通道为 ADCn
B1		
B0		

ADC 配置寄存器 ADCCFG 说明见表 3-16。ADC 转换结果寄存器占 16 位，而转换结果不足 16 位时，默认是左对齐的，多余的低位字节自动填 0；当 RESFMT 置 1 时转换结果右对齐，多余的高位字节自动填 0。ADC 工作时钟频率设置的是对系统时钟的分频值，设置值越大，转换速度越慢。

表 3-16　ADC 配置寄存器 ADCCFG 说明

ADCCFG	符号	说明
B7	—	
B6	—	
B5	RESFMT	ADC 转换结果格式控制位，0 为左对齐，1 为右对齐
B4	—	
B3		
B2	SPEED[3:0]	设置 ADC 工作时钟频率
B1		其值为 n 时：F_{adc}=SYSCLK/(n+1)
B0		

ADC 时序控制寄存器可设置 ADC 通道选择时间控制、ADC 通道保持时间控制和 ADC 模拟信号采样时间控制，一般不用设置，采用默认值。

3.7.3 直流电压测量示例

单片机学习板引出 ADC6 引脚，外接输入 DC 0～3.3V 电压，用数码管显示测得的电压。程序代码如下：

```
//ADC 测试程序
#include <STC8H.h>          //包含单片机头文件
unsigned int dat;           //电压值，含 2 位小数点
unsigned char Snum;         //发光管共阴极轮流导通计数
unsigned int tn;            //定时计数
sbit C1=P0^0;               //共阴极 1
sbit C2=P0^1;               //共阴极 2
sbit C3=P0^2;               //共阴极 3
unsigned char code LED[]={0xD7,0x11,0xCD,0x5D,0x1B,
                   0x5E,0xDE,0x15,0xDF,0x5F};    //0～9
//******************************************************************
// 函数: void  GPIO_Init(void)
// 说明: 初始化端口
// PxM1.n,PxM0.n    =00--->Standard,    01--->push-pull
//                  =10--->pure input,  11--->open drain
//******************************************************************
void GPIO_Init (void)
{
    P0M1 = 0x00;   P0M0 = 0x00;   //设置 P0 为准双向
    P1M1 = 0x40;   P1M0 = 0x00;   //设置 P1.6 为仅为输入
    P2M1 = 0x00;   P2M0 = 0xFF;   //设置 P2 为推挽
}
//******************************************************************
// 函数: void Timer0Init(void)
// 说明: 系统频率为 11.0592MHz 时, 定时周期为 2.5ms
//******************************************************************
void Timer0Init(void)
{
    AUXR |= 0x80;            //定时器时钟 1T 模式
    TMOD &= 0xF0;            //设置定时器模式
    TL0 = 0x00;             //设置定时初值
    TH0 = 0x94;             //2500μs@11.0592MHz
    TF0 = 0;                //清除 TF0 标志
    ET0 = 1;                //使能定时器 0 中断
    TR0 = 1;                //定时器 0 开始计时
}
//******************************************************************
// 主函数
//******************************************************************
void main(void)
```

```
{
    unsigned long m;        //
    GPIO_Init();            //初始化端口
    Timer0Init();           //初始化定时器0
    ADC_CONTR=0x86;         //打开ADC电源
    ADCCFG=0x28;            //转换结果右对齐
    EA=1;                   //开总中断
    while(1)
    {
        if(tn>200)          //每0.5s采集一次数据
        {
            tn=0;
            ADC_CONTR=0xC6;                 //启动转换，清完成标志
            while(!(ADC_CONTR&0x20))    //等转换完成
            m=256*ADC_RES+ADC_RESL;
            m=330*m/1024;
            dat=m;
        }
    }
}
//*************************************************************
// Timer0Int:定时中断子程序
// 定时周期2.5ms
//*************************************************************
void Timer0Int(void) interrupt 1
{
    Snum++;         //轮流显示计数
    tn++;
    C1=1;           //熄灭所有显示
    C2=1;
    C3=1;
    if(Snum==1)                 //显示百位
    {
        P2=LED[dat/100]+0x20; //显示小数点
        C1=0;
    }
    if(Snum==2)                 //显示十位
    {
        P2=LED[(dat%100)/10];
        C2=0;
    }

    if(Snum>2)                  //显示个位
    {
        Snum=0;
        P2=LED[dat%10];
        C3=0;
    }
}
```

3.8.1 PWM 功能简介

PWM（Pulse Width Modulation）是脉冲宽度调制缩写，在脉冲频率不变的基础上调节脉冲宽度，也就是说通过占空比的变化来调节输出电压。开关稳压电源、变频电源都是基于 PWM 功能实现的。

STC8H 系列的单片机内部集成 8 通道 16 位高级 PWM 定时器，分成两组周期可不同的 PWM，分别命名为 PWMA 和 PWMB，可分别单独设置。

PWM 适用于如下用途：

➤ 基本的定时。

➤ 测量输入信号的脉冲宽度（输入捕获）。

➤ 产生输出波形（输出比较，PWM 和单脉冲模式）。

STC8 系列单片机 PWM 功能较强大，寄存器配置也较复杂，不同细分系列的功能又有所不同，此处不再详述，通过下面的示例和后续章节中应用实例可掌握 PWM 功能的基本应用。

3.8.2 用 PWM 实现 16 位 DAC（数模转换）

STC8H 系列单片机的高级 PWM 定时器可输出 16 位的 PWM 波形，再经过两级低通滤波即可产生 16 位的 DAC 信号，通过调节 PWM 波形的高电平占空比即可改变输出电压的大小。

短接单片机学习板上 ADC 和 PWM 引脚，将 PWM 输出电压接入 ADC，用数码管显示 PWM 输出电压，短接 P3.4/KEY4 和 P3.5/KEY3 引脚，用 KEY3 增大输出电压，用 KEY4 减小输出电压，程序代码如下：

```
//用 PWM 实现 DAC 测试程序
#include <STC8H.h>        //包含单片机头文件
unsigned int dat;         //电压值，含 2 位小数点
unsigned char Uset;       //电压输出设定，0～100%
unsigned char Snum;       //发光管共阴极轮流导通计数
unsigned int tn;          //定时
sbit C1=P0^0;             //共阴极 1
sbit C2=P0^1;             //共阴极 2
sbit C3=P0^2;             //共阴极 3
sbit KEY3=P3^5;           //按键 3
sbit KEY4=P3^4;           //按键 4
unsigned char code LED[]={0xD7,0x11,0xCD,0x5D,0x1B,
                0x5E,0xDE,0x15,0xDF,0x5F};    //0～9
//****************************************************
// 函数: void  GPIO_Init(void)
```

```
// 说明：初始化端口
// PxM1.n,PxM0.n  =00--->Standard,    01--->push-pull
//                =10--->pure input,  11--->open drain
//*********************************************************
void GPIO_Init (void)
{
    P0M1 = 0x00;  P0M0 = 0x00;  //设置 P0 为准双向
    P1M1 = 0x40;  P1M0 = 0x80;  //设置 P1.6 为仅为输入，P1.7 推挽
    P2M1 = 0x00;  P2M0 = 0xFF;  //设置 P2 为推挽
    P3M1 = 0x00;  P3M0 = 0x00;  //设置 P3 为准双向
}
//*********************************************************
// 函数：void Timer0Init(void)
// 说明：系统频率为 11.0592MHz 时，定时周期为 2.5ms
//*********************************************************
void Timer0Init(void)
{
    AUXR |= 0x80;        //定时器时钟 1T 模式
    TMOD &= 0xF0;        //设置定时器模式
    TL0 = 0x00;          //设置定时初值
    TH0 = 0x94;          //2500µs@11.0592MHz
    TF0 = 0;             //清除 TF0 标志
    ET0 = 1;             //使能定时器 0 中断
    TR0 = 1;             //定时器 0 开始计时
}
//*********************************************************
// 主函数
//*********************************************************
void main(void)
{
    unsigned long m;
    GPIO_Init();          //初始化端口
    Timer0Init();         //初始化定时器 0
    ADC_CONTR=0x86;       //打开 ADC 电源
    ADCCFG=0x28;          //转换结果右对齐
    P_SW2 = 0x80;
    Uset=0;
    PWMA_ENO=0x80;        //输出使能 PWM4N
    PWMA_CCMR4=0x60;      //PWM1 模式
    PWMA_CCER2=0x40;      //输出极性
    PWMA_CCR4=0;          //占空比，输出电压=3.3V×CCR4/ARR
    PWMA_ARR=1000;        //PWM 频率=SYSCLK/(ARR+1)
    PWMA_BKR=0x80;        //使能输出
    PWMA_CR1=0x01;        //使能计数器
    EA=1;                 //开总中断
    while(1)
    {
        tn=0;
        while(tn<120);    //延时 300ms
        ADC_CONTR=0xC6;   //启动转换，清完成标志
        while(!(ADC_CONTR&0x20))  //等转换完成
```

```
        m=256*ADC_RES+ADC_RESL;
        m=330*m/1024;
        dat=m;
        if(!KEY3)              //增大输出电压
        {
            Uset++;
            if(Uset>100) Uset=100;
        }
        if(!KEY4)              //减小输出电压
        {
            Uset--;
            if(Uset>100) Uset=0;
        }
        m=10*Uset;
        PWMA_CCR4=m;           //改变占空比
    }
}
//************************************************************
// Timer0Int:定时中断子程序
// 定时周期2.5ms
//************************************************************
void Timer0Int(void) interrupt 1
{
    Snum++;          //轮流显示计数
    tn++;
    C1=1;            //熄灭所有显示
    C2=1;
    C3=1;
    if(Snum==1)                //显示百位
    {
        P2=LED[dat/100]+0x20;//显示小数点
        C1=0;
    }
    if(Snum==2)                //显示十位
    {
        P2=LED[(dat%100)/10];
        C2=0;
    }
    if(Snum>2)                 //显示个位
    {
        Snum=0;
        P2=LED[dat%10];
        C3=0;
    }
}
```

程序中每按一次按键占空比变化 10/1000=1%，电压变化约 3.3×0.01=0.033（V）。要想变化得更精细，可将 Uset 的范围改为 0~1000，那么电压变化为 1/1000。令 PWMA_ARR=10000，再将 Uset 的范围改为 0~10000，输出电压的分辨率将更高。

第4章

51 单片机通信接口

本章介绍单片机通信接口及其工作原理，STC8 系列单片机的通信接口有串口、I^2C 和 SPI 通信，它们都属于串行通信。其中串口属于异步通信，常用于转为设备间的 RS232 通信、RS485 通信或无线通信；I^2C 和 SPI 通信有时钟引脚，属于串行同步通信，特点是通信速率较高，常用于电路板上元器件间的通信。电子电路具有模块化趋势，不断出现各种功能的模块，简化电子电路的设计，可以像搭积木一样把单片机和各种功能模块组合起来，通过通信接口建立连接，协调各功能模块的运行，构成完整功能的电路。

4.1 串口通信

4.1.1 串口通信基本原理

（1）通信参数

单片机每个串口有输入和输出两个引脚，可以同时收发，互不影响，通信时引脚波形见图 4-1。先发送起始位（Start），然后是数据位（D0～D7），最后是停止位（Stop）。发送引脚不发送数据时是高电平，变低后是起始位。数据位先发送低位，后发送高位，停止位时变回高电平，准备发送下个字节数据。数据位分为 8 位和 9 位，9 位的最后 1 位是奇偶校验位（TB8）。

图 4-1 串口通信引脚波形

串口通信没有时钟同步信号，属于异步通信，接收端和发送端必须使用统一的通信参数才能保证正确解析接收到的数据，通信参数包括波特率、数据位数、停止位数和校验方式。波特率指的是每秒发送的位数，单位为 bps（bit per second），常用的波特率有 1200bps、2400bps、4800bps、9600bps、19200bps、38400bps 和 115200bps。位校验方式分无校验（no parity）、奇校验（odd parity）和偶检验（even parity）。无校验时只有 8 位数据位；奇校验时如果 8 位数据位中为 1 的位数总数是奇数，那么校验位就是 1，否则为 0；偶校验时如果 8 位数据位中为 1 的位数总数是偶数，那么校验位就是 1，否则为 0。

（2）工作原理

STC8H 系列单片机有多个串口，串口 1 的功能结构示意图见图 4-2。串口通信波特率由定时器控制，向发送数据寄存器赋值会触发数据发送，将数据按位发送出去，接收到的数据位经过移位寄存器存入接收数据寄存器，发送完数据和接收到数据都会触发中断。发送数据寄存器和接收数据寄存器是独立的两个寄存器，但在编程中使用相同的地址和符号。

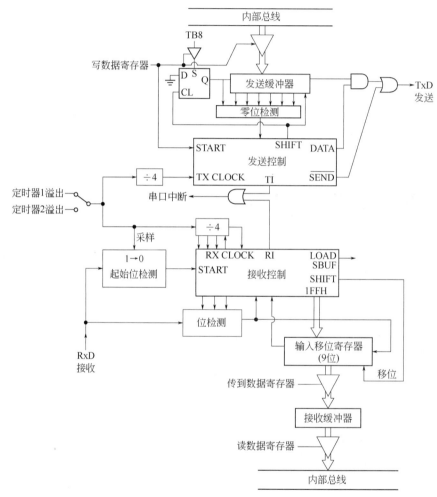

图 4-2 串口 1 的功能结构示意图

4.1.2 串口相关寄存器配置

（1）串口 1

串口 1 控制寄存器 SCON 说明见表 4-1。串口 1 有 4 种工作模式，其中模式 1 和模式 3 为常用模式，很少使用多机通信功能，不建议使用奇偶检验功能。使用奇偶检验功能需设置工作模式为模式 3，发送数据时先将奇偶校验结果写入 TB8，接收数据后可忽略校验位。如需校验，可将校验结果与 RB8 位比较，确定校验是否正确。

表 4-1　串口 1 控制寄存器 SCON 说明

SCON	位符号	说明
B7	SM0/FE	工作模式：00——模式 0，同步移位串行方式；01——模式 1，可变波特率 8 位数据方式；
B6	SM1	10——模式 2，固定波特率 9 位数据方式；11——模式 3，可变波特率 9 位数据方式
B5	SM2	允许模式 2 或模式 3 多机通信控制位
B4	REN	串口接收控制位：0——禁止串口接收数据；1——允许串口接收数据
B3	TB8	要发送的奇偶校验位
B2	RB8	接收到的奇偶校验位
B1	TI	发送完成中断标志，发送完硬件置 1，需软件清零
B0	RI	接收数据中断标志，收到数据后硬件置 1，需软件清零

串口 1 波特率发生器可以选择定时器 1 或定时器 2，由辅助寄存器 1（AUXR）的 S1ST2 位选择：0——选择定时器 1，1——选择定时器 2。当定时器速度为 1T 模式时，波特率计算公式：定时器重载值=65536−SYSCLK/(4×波特率)。

串口 1 引脚有 4 对可供切换，由外设端口切换控制寄存器 1（P_SW1）的 S1_S[1:0]位控制。串口 1 功能脚选择位说明见表 4-2。引脚 P3.0/P3.1 一般留给 ISP 下载程序用，外部串口通信通常选择其他引脚。

表 4-2　串口 1 功能脚选择位说明

S1_S[1:0]	RxD	TxD
00	P3.0	P3.1
01	P3.6	P3.7
10	P1.6	P1.7
11	P4.3	P4.4

（2）串口 2

串口 2 控制寄存器 S2CON 说明见表 4-3，串口 2 有 2 种工作模式，其他位和串口 1 功能相似，需要注意的是寄存器 S2CON 定义了位符号，但不可以位寻址。

表 4-3　串口 2 控制寄存器 S2CON 说明

S2CON	位符号	说明
B7	S2SM0	0——模式 0，可变波特率 8 位数据方式；1——模式 1，可变波特率 9 位数据方式
B6	—	
B5	S2SM2	允许串口 2 在模式 1 时多机通信控制位
B4	S2REN	串口接收控制位：0——禁止串口接收数据；1——允许串口接收数据
B3	S2TB8	要发送的奇偶校验位
B2	S2RB8	接收到的奇偶校验位
B1	S2TI	发送完成中断标志，发送完硬件置 1，需软件清零
B0	S2RI	接收数据中断标志，收到数据后硬件置 1，需软件清零

串口 2 波特率发生器只能选择定时器 2，通信波特率计算同串口 1。串口 2 引脚有 2 对可供切换，由外设端口切换控制寄存器 2（P_SW2）的 S2_S 位控制，其值为 0 时选择引

脚 P1.0/P1.1，为 1 时选择引脚 P4.6/P4.7。

（3）串口 3

串口 3 控制寄存器 S3CON 说明见表 4-4，和串口 2 控制寄存器类似，多了波特率发生器选择位。

表 4-4　串口 3 控制寄存器 S3CON 说明

S3CON	位符号	说明
B7	S3SM0	0——模式 0，可变波特率 8 位数据方式；1——模式 1，可变波特率 9 位数据方式
B6	S3ST3	波特率发生器选择：0——选择定时器 2；1——选择定时器 3
B5	S3SM2	允许串口 3 在模式 1 时多机通信控制位
B4	S3REN	串口接收控制位：0——禁止串口接收数据；1——允许串口接收数据
B3	S3TB8	要发送的奇偶校验位
B2	S3RB8	接收到的奇偶校验位
B1	S3TI	发送完成中断标志，发送完硬件置 1，需软件清零
B0	S3RI	接收数据中断标志，收到数据后硬件置 1，需软件清零

串口 3 波特率发生器可选择定时器 2 或定时器 3，通信波特率计算同串口 1。串口 3 引脚有 2 对可供切换，由外设端口切换控制寄存器 2（P_SW2）的 S3_S 位控制，其值为 0 时选择引脚 P0.0/P0.1，为 1 时选择引脚 P5.0/P5.1。

（4）串口 4

串口 4 控制寄存器 S4CON 说明见表 4-5，和串口 3 控制寄存器相似。

表 4-5　串口 4 控制寄存器 S4CON 说明

S4CON	位符号	说明
B7	S4SM0	0——模式 0，可变波特率 8 位数据方式；1——模式 1，可变波特率 9 位数据方式
B6	S4ST4	波特率发生器选择：0——选择定时器 2；1——选择定时器 3
B5	S4SM2	允许串口 3 在模式 1 时多机通信控制位
B4	S4REN	串口接收控制位：0——禁止串口接收数据；1——允许串口接收数据
B3	S4TB8	要发送的奇偶校验位
B2	S4RB8	接收到的奇偶校验位
B1	S4TI	发送完成中断标志，发送完硬件置 1，需软件清零
B0	S4RI	接收数据中断标志，收到数据后硬件置 1，需软件清零

串口 4 波特率发生器可选择定时器 2 或定时器 4，通信波特率计算同串口 1。串口 4 引脚有 2 对可供切换，由外设端口切换控制寄存器 2（P_SW2）的 S4_S 位控制，其值为 0 时选择引脚 P0.2/P0.3，为 1 时选择引脚 P5.2/P5.3。

4.1.3　串口通信示例

用学习板上的 USB 转串口连接串口 1 进行串口通信测试，收到接收数据后将其原样返回，程序代码如下：

```
//串口通信测试程序
#include <STC8H.h>        //包含单片机头文件
```

51单片机编程——原理·接口·制作实例

```c
unsigned char xdata tbuf[50],rbuf[50];  //串口数据缓冲区
bit rnew1;                  //接收新数据完成标志
bit ring1;                  //正在接收新数据标志
unsigned char rn1;          //接收数据字节数
unsigned char sn1;          //计划发送数据字节总数
unsigned char sp1;          //已发送数据字节数
unsigned char t1;           //通信计时
//******************************************************************
// 函数: void Timer_Uart_Init(void)
// 说明: 初始化定时器和串口
//       定时器 0 定时周期 1ms, 定时器 2 产生波特率 9600bps
//******************************************************************
void Timer_Uart_Init(void)
{
    AUXR |= 0x80;           //定时器时钟 1T 模式
    TMOD &= 0xF0;           //设置定时器模式
    TL0 = 0xCD;             //设置定时初值
    TH0 = 0xD4;             //1ms@11.0592MHz
    TF0 = 0;                //清除 TF0 标志
     ET0 = 1;               //使能定时器 0 中断
    TR0 = 1;                //定时器 0 开始计时
    //初始化串口1
    SCON = 0x50;            //8 位数据,可变波特率
    AUXR |= 0x01;           //串口 1 选择定时器 2 为波特率发生器
    AUXR |= 0x04;           //定时器 2 时钟为 Fosc,即 1T
    T2L = 0xE0;             //设定波特率为 9600bps
    T2H = 0xFE;
    ES  = 1;                //允许串口 1 中断
    REN = 1;                //允许串口 1 接收
    P_SW1 = 0x00;           //0x00: P3.0  P3.1。0x40: P3.6  P3.7
    AUXR |= 0x10;           //启动定时器 2
}
//******************************************************************
// 主函数
//******************************************************************
void main(void)
{
    unsigned char i;        //循环量
    Timer_Uart_Init();      //初始化定时器 0
    EA=1;                   //开总中断
    while(1)
    {
        if(rnew1)           //收到数据
        {
            rnew1=0;        //清接收新数据完成标志
            for(i=0;i<rn1;i++) tbuf[i]=rbuf[i];
            sn1=rn1;
            sp1=0;
            SBUF=tbuf[0];   //发送接收到的数据
        }
    }
```

```
}
//****************************************************************
// 函数: void Timer0Int(void) interrupt 1
// 说明: 定时器 0 中断子程序, 定时周期 1ms
//****************************************************************
void Timer0Int(void) interrupt 1
{
    if (ring1) t1++;        //串口 1 通信延时计数
    else t1=0;
    if(t1>10)               //超时 10ms 无数据判为帧结束
    {
        rnew1=1;            //接收新数据完成标志置 1
        ring1=0;
        rn1++;              //修正接收数据字节数
    }
}
//****************************************************************
// 函数: void UART1_int (void) interrupt 4
// 说明: UART1 中断函数
//****************************************************************
void UART1_int (void) interrupt 4
{
    if(RI)                  //收到数据
    {
        RI = 0;             //清接收数据标志位
        t1=0;               //清延时计数
        if(!ring1)          //数据帧的首字节
        {
            ring1=1;        //正在接收数据标志置位
            rn1=0;          //接收字节数清零
            rbuf[0]=SBUF;   //接收首字节数据
        }
        else
        {
            rn1++;          //接收数据字节数加 1
            if(rn1<50) rbuf[rn1]=SBUF;     //超出接收缓冲区容量数据将被舍弃
        }
    }
    if(TI)                  //发送数据完成
    {
        TI=0;               //清发送完成中断标志
        sp1++;              //发送数据计数加 1
        if(sp1<sn1)  SBUF = tbuf[sp1];    //未发送完数据, 继续发送
    }
}
```

串口 1 的引脚 P3.0/P3.1 默认为准双向模式, 不需要初始化端口可直接使用。初始化定时器 0, 用于判断串口 1 接收数据是否完成, 判据为每次收到数据后超过 10ms 没有再接收到数据。这个延时时间需要参考串口波特率设定, 一般可设置为 3～10 字节的传输时间。对于波特率 9600bps, 每字节发送时间约 1ms, 延时时间可设为 10ms; 对于波特率 1200bps,

每字节发送时间约 10ms，延时时间设为 30～100ms 较为合适。

主程序中只负责检测是否收到新数据帧，如果收到就按原数据返回。数据接收和发送主要由串口中断程序完成，主程序发送数据时只发送第 1 个字节，其余字节由中断程序发送。这种串口通信方式主要用于周期性定时通信，优点是占用主程序时间少，缺点是须保证数据收发周期要大于数据收发用时，避免上一帧数据没发送完又启动新的数据发送。

串口发送、接收数据设缓冲区，缓冲区大小按具体应用考虑，要大于可能的最大接收和发送字节数，缓冲区较大时应定义到扩展存储区。上述程序中缓冲区设为 50 字节，如果一帧数据超出 50 字节，超出部分会被舍弃。

4.2 I²C 通信

4.2.1 I²C 通信基本原理

I²C 总线是一种高速同步通信总线，使用 SDA（串行数据线）和 SCL（串行时钟线）两线进行同步通信，每组总线上可以挂载多个器件，通过器件地址区分不同器件；理论上可通过地址仲裁实现多主通信，实际应用中多采用一主多从方式，主机发送同步时钟信号，对指定从机进行读写操作。支持 I²C 总线器件的 SDA 和 SCL 引脚为集电极开漏输出，高电平由外部上拉电阻（常选用 4.7kΩ 电阻）实现。

STC8 系列单片机内部集成 I²C 串行总线控制器，并且可以将 SCL 和 SDA 切换到不同的 I/O 口上，将一组 I²C 总线当作多组进行分时复用。STC8 系列单片机的 I²C 总线可以设为主机模式或从机模式，不支持地址仲裁功能。

4.2.2 I²C 总线相关寄存器配置

（1）I²C 总线相关寄存器概述

I²C 总线相关寄存器见表 4-6，单片机使用 I²C 总线前先初始化配置寄存器，然后通过控制寄存器控制总线数据的读写操作。

表 4-6 I²C 总线相关寄存器

符号	描述	位地址与符号							
		B7	B6	B5	B4	B3	B2	B1	B0
I2CCFG	I²C 配置寄存器	ENI2C	MSSL	MSSPEED[5:0]					
I2CMSCR	I²C 主机控制寄存器	EMSI	—	—	MSCMD[3:0]				
I2CMSST	I²C 主机状态寄存器	MSBUSY	MSIF	—	—	—	—	MSACKI	MSACKO
I2CSLCR	I²C 从机控制寄存器	—	ESTAI	ERXI	ETXI	ESTOI	—	—	SLRST
I2CSLST	I²C 从机状态寄存器	SLBUSY	STAIF	RXIF	TXIF	STOIF	TXING	SLACKI	SLACKO
I2CSLADR	I²C 从机地址寄存器	I2CSLADR[7:1]							MA
I2CTXD	I²C 数据发送寄存器								
I2CRXD	I²C 数据接收寄存器								
I2CMSAUX	I²C 主机辅助控制寄存器	—	—	—	—	—	—	—	WDTA

（2）I^2C 配置寄存器（I2CCFG）

ENI2C——I^2C 功能使能控制位，0 为关闭，1 为使能。

MSSL——I^2C 工作模式位，0 为从机，1 为主机。

MSSPEED[5:0]——I^2C 总线速度，计算公式：

$$MSSPEED=[SYSCLK/(总线速度\times 2)-4]/2$$

配置的总线速度只在主机模式有效，要求总线速度不能超过总线上其他器件的最高允许速度。

（3）I^2C 主机控制寄存器（I2CMSCR）

EMSI——中断使能控制位，0 为关闭中断，1 为允许中断。

MSCMD[3:0]——主机命令，主机命令解释如下。

① 0000：待机，无动作。

② 0001：起始命令。

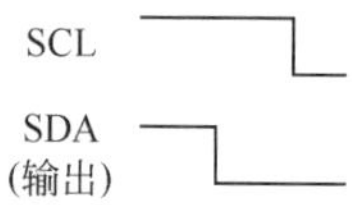

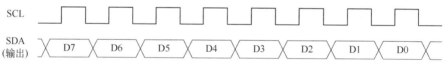

SCL
SDA
(输出)
图 4-3　起始命令时序图

发送 START 信号，起始命令时序图见图 4-3，I^2C 总线空闲时 SDA 和 SCL 都是高电平，SDA 先变为低电平，然后 SCL 变为低电平，发出起始命令。

③ 0010：发送数据命令。

发送数据命令时序图见图 4-4。SCL 引脚上产生 8 个时钟信号，同时将数据发送寄存器 I2CTXD 里的数据按位发送到 SDA 引脚上，高位在前。

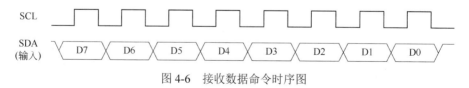

SCL
SDA
(输出)
D7
D6
D5
D4
D3
D2
D1
D0
图 4-4　发送数据命令时序图

④ 0011：接收 ACK 命令。

SCL
SDA
(输入)
ACK
图 4-5　接收 ACK 命令时序图

接收 ACK 命令时序图见图 4-5。SCL 引脚上产生 1 个时钟信号，从 SDA 引脚上读取从机的 ACK 数据保存到主机状态寄存器的 MSACKI 位上，此命令用于检查从机收到数据后的响应信号。

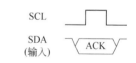

⑤ 0100：接收数据命令。

接收数据命令时序图见图 4-6。SDA 引脚输出高电平，SCL 引脚上产生 8 个时钟信号，依次从 SDA 引脚上读取从机的 SDA 数据，高位在前，读取后的数据保存在数据接收寄存器 I2CRXD 中。

SCL
SDA
(输入)
D7
D6
D5
D4
D3
D2
D1
D0
图 4-6　接收数据命令时序图

⑥ 0101：发送 ACK 命令。

发送 ACK 命令时序图见图 4-7。SCL 引脚上产生 1 个时钟信号，将主机状态寄存器的

MSACKO 位发送到 SDA 引脚，是对收到从机数据的一种响应。

⑦ 0110：停止命令。

停止命令时序图见图 4-8，SDA 引脚先输出低电平，SCL 引脚上拉后保持高电平，SDA 引脚再输出高电平。

图 4-7　发送 ACK 命令时序图　　　　　图 4-8　停止命令时序图

⑧ 组合命令。

1001：起始命令+发送数据命令+接收 ACK 命令。

1010：发送数据命令+接收 ACK 命令。

1011：接收数据命令+发送 ACK(0)命令。

1100：接收数据命令+发送 NAK(1)命令。

（4）I^2C 主机辅助控制寄存器（I2CMSAUX）

WDTA——主机模式时 I^2C 数据自动发送允许位，0 为禁止，1 为使能。

在自动发送使能情况下，向数据发送寄存器（I2CTXD）写入数据则会自动触发"1010"命令，即自动发送数据并接收 ACK 信号。

（5）I^2C 主机状态寄存器（I2CMSST）

MSBUSY——主机模式时 I^2C 控制器状态位，0 为空闲，1 为忙。

MSIF——主机模式下中断请求位，执行完命令后硬件置 1，软件清零。

MSACKI——主机模式时收到的 ACK 信号。

MSACKO——主机模式时准备发送的 ACK 信号。

（6）I^2C 从机控制寄存器（I2CSLCR）

ESTAI——从机模式时接收到 START 信号中断允许位，0 为禁止，1 为使能。

ERXI——从机模式时接收到 1 字节数据后中断允许位，0 为禁止，1 为使能。

ETXI——从机模式时发送完成 1 字节数据后中断允许位，0 为禁止，1 为使能。

ESTOI——从机模式时接收到 STOP 信号中断允许位，0 为禁止，1 为使能。

SLRST——复位从机模式。

（7）I^2C 从机状态寄存器（I2CSLST）

SLBUSY——从机模式时 I^2C 控制器状态位，0 为空闲，1 为忙（占用）。

STAIF——从机模式时接收到 START 信号后的中断标志位，硬件置 1，软件清零。

RXIF——从机模式时接收到 1 字节数据后的中断标志位，硬件置 1，软件清零。

TXIF——从机模式时发送完 1 字节数据后的中断标志位，硬件置 1，软件清零。

STOIF——从机模式时接收到 STOP 信号后的中断标志位，硬件置 1，软件清零。

SLACKI——从机模式时收到的 ACK 信号。

SLACKO——从机模式时准备发送的 ACK 信号。

（8）I^2C 从机地址寄存器（I2CSLADR）

MA——从机设备地址比较控制，默认为 0，只响应与从机地址相同的通信，置 1 时忽略地址，响应所有通信。

I2CSLADR[7:1]——从机设备地址。

I^2C 通信首字节时序图见图 4-9，主机发送起始信号后发送的第 1 个字节数据会包含要通信从机的设备地址和读写控制位，只有设备地址相同的从机响应主机通信。

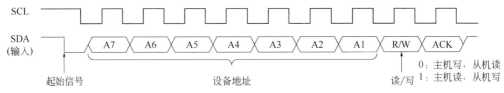

图 4-9　I^2C 通信首字节时序图

（9）I^2C 功能引脚切换

I^2C 功能引脚选择位说明见表 4-7，I^2C 功能引脚有 4 对可供切换，由外设端口切换控制寄存器 2（P_SW2）的 I2C_S[1:0]位控制。

表 4-7　I^2C 功能引脚选择位说明

I2C_S[1:0]	SCL	SDA
00	P1.5	P1.4
01	P2.5	P2.4
10	P7.7	P7.6
11	P3.2	P3.3

4.2.3　LM75A 测温实例

LM75A 是一款 I^2C 总线接口的数字温度传感器，电源电压范围为 2.8～5.5V，测温范围为-55～+125℃，分辨率为 0.125℃；同一总线最多可接 8 个器件，总线地址内部连线预设高 4 位为 "1001"，低 3 位由引脚 A2～A0 外接电平定义，同一总线上 A2～A0 地址不能重复。LM75A 内部有 4 个寄存器，其中温度寄存器的地址为 0，温度寄存器的高 11 位有效，低 5 位忽略，最高位是符号位，如果只要整数温度值，保留高 8 位数据即可。

读取 LM75A 温度寄存器时序图见图 4-10，读取步骤：

① 主机发送起始命令。

② 主机发送器件地址。

③ LM75A 响应器件地址正确。

④ 主机发送寄存器地址。

⑤ LM75A 响应收到寄存器地址。

⑥ 主机重新发送起始命令。

⑦ 主机发送器件地址，读取数据。

⑧ LM75A 响应器件地址正确。

⑨ LM75A 返回温度寄存器高字节。

⑩ 主机用低电平响应收到数据，表示继续读取数据。

⑪ LM75A 返回温度寄存器低字节。

⑫ 主机用高电平响应收到数据，表示完成数据读取。

⑬ 主机发送结束命令。

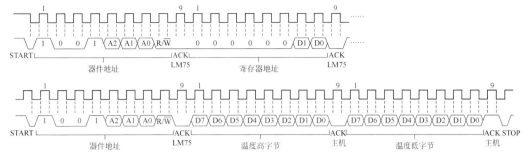

图 4-10　读取 LM75A 温度寄存器时序图

利用学习板上 LM75A 练习 I²C 通信，LM75A 内部自动每 100ms 转换一次温度，程序每 500ms 采集一次温度并显示到数码管上。主程序代码如下：

```
//LM75A 测试程序
#include <STC8H.h>          //包含单片机头文件
#include "STC8_I2C.h"       //包含 I²C 函数头文件
unsigned char dat;          //待显示数据
bit tf;                     //温度负值标志
unsigned char tm[2];        //温度数据
unsigned char Snum;         //发光管共阴极轮流导通计数
unsigned char tn;           //定时计数
sbit C1=P0^0;               //共阴极 1
sbit C2=P0^1;               //共阴极 2
sbit C3=P0^2;               //共阴极 3
unsigned char code LED[]={0xD7,0x11,0xCD,0x5D,0x1B,
        0x5E,0xDE,0x15,0xDF,0x5F,0x08,0x00}; //0～9,-,空
//*************************************************************
// 函数：void  GPIO_Init(void)
// 说明：初始化端口
// PxM1.n,PxM0.n     =00--->Standard,    01--->push-pull
//                   =10--->pure input, 11--->open drain
//*************************************************************
void GPIO_Init (void)
{
    P0M1 = 0x00;   P0M0 = 0x00;   //设置 P0 为准双向口
    P2M1 = 0x00;   P2M0 = 0xFF;   //设置 P2 为推挽
    P3M1 = 0x00;   P3M0 = 0x00;   //设置 P3 为准双向
}
//*************************************************************
// 函数：void Timer0Init(void)
// 说明：系统频率为 11.0592MHz 时，定时周期为 2.5ms
//*************************************************************
void Timer0Init(void)
{
    AUXR |= 0x80;               //定时器时钟 1T 模式
    TMOD &= 0xF0;               //设置定时器模式
    TL0 = 0x00;                 //设置定时初值
```

```
    TH0 = 0x94;            //2500μs@11.0592MHz
    TF0 = 0;               //清除 TF0 标志
    ET0 = 1;               //使能定时器 0 中断
    TR0 = 1;               //定时器 0 开始计时
}
//********************************************************************
// 主函数
//********************************************************************
void main(void)
{
    GPIO_Init();           //初始化端口
    Timer0Init();          //初始化定时器 0
    I2C_Init();
    EA=1;                  //开总中断
    while(1)
    {
        if(tn>200)         //定时时间：200×2.5=500(ms)
        {
            tn=0;
            IRcvStr(0x90,0x00,tm,2);  //读取温度值
            if(tm[0]>127) //负值
            {
                dat=256-tm[0];
                tf=1;
            }
            else           //正值
            {
                dat=tm[0];
                tf=0;
            }
        }
    }
}
//********************************************************************
// Timer0Int:定时中断子程序
// 定时周期 2.5ms，显示温度值，不显示无效的 0，能显示负值
//********************************************************************
void Timer0Int(void) interrupt 1
{
    tn++;          //定时计数
    Snum++;        //轮流显示计数
    C1=1;          //熄灭所有显示
    C2=1;
    C3=1;
    if(Snum==1)
    {
        if(tf)
        {
            if(dat>9) P2=LED[10]; //显示负值
            else P2=LED[11];      //不显示
        }
```

```
        else
        {
            if(dat<100) P2=LED[11];          //不显示
            else P2=LED[dat/100];            //显示百位
        }
        C1=0;
    }
    if(Snum==2)
    {
        if(tf)
        {
            if(dat<10) P2=LED[10];           //显示负值
            else P2=LED[dat/10];             //显示十位
        }
        else
        {
            if(dat<10) P2=LED[11];           //不显示
            else P2=LED[(dat%100)/10];       //显示十位
        }
        C2=0;
    }
    if(Snum>2)                               //显示个位
    {
        Snum=0;
        P2=LED[dat%10];
        C3=0;
    }
}
```

支持 STC8 单片机的 I^2C 通信函数包程序如下：

```
//************************************************************
// 文件名：I2C.C        STC8 单片机 I²C 通信函数包
// 程序包移植注意：初始化程序选择了 I²C 通信引脚，设定了通信速率
//************************************************************
#include <STC8H.h>   //包含单片机头文件
bit ack;             //应答标志位
//************************************************************
// 函数：void  I2C_Init(void)
// 说明：初始化 I²C 寄存器
//************************************************************
void I2C_Init(void)
{
    P_SW2=0xB0;       //I²C 引脚选择，SCL 为 P3.2，SDA 为 P3.3
    I2CCFG=0xFC;      //使能 I²C，时钟频率 70kHz
}
//************************************************************
// 函数：void  Wait(void)
// 说明：I²C 状态查询，等待命令完成
//************************************************************
void Wait(void)
{
```

```
        while(!(I2CMSST&0x40));          //查询中断位
        if((I2CMSST&0x02)==0x02) ack=1;
        else ack=0;
        I2CMSST&=~0x40;                   //清中断位
    }
//********************************************************************
// 函数: void Start()
// 说明: 启动 I²C 总线
//********************************************************************
    void Start()
    {
        I2CMSCR=0x01;     //启动 I²C
        Wait();           //等待命令完成
    }
//********************************************************************
// 函数: void Stop()
// 说明: 结束总线函数
//********************************************************************
    void Stop()
    {
        I2CMSCR=0x06;     //停止 I²C
        Wait();           //等待命令完成
    }


//********************************************************************
// 函数: void SendByte(unsigned char c)
// 说明:字节数据发送函数，c 表示待发送数据
//********************************************************************
    void SendByte(unsigned char c)
    {
        I2CTXD=c;
        I2CMSCR=0x02;     //发送数据
        Wait();           //等待命令完成
        I2CMSCR=0x03;     //接收应答
        Wait();           //等待命令完成
    }
//********************************************************************
// 函数:unsigned char RcvByte()
// 说明:字节数据接收函数，返回接收到的数据
//********************************************************************
    unsigned char RcvByte()
    {
        unsigned char retc;
        I2CMSCR=0x04;     //接收数据
        Wait();           //等待命令完成
        retc=I2CRXD;
        return retc;      //返回接收数据
    }
//********************************************************************
// 函数: void AckO(bit a)
// 说明: 应答子函数。a: 0——应答，1——非应答
```

51
单
片
机
编
程
——
原
理
·
接
口
·
制
作
实
例

```
//*******************************************************
void AckO(bit a)
{
    if(a) I2CMSST|=0x01;        //发出非应答信号
    else I2CMSST&=0xFE;         //发出应答信号
    I2CMSCR=0x05;               //发送 ACK 命令
    Wait();                     //等待命令完成
}
//*******************************************************
// 函数: void ISendStr(unsigned char sla,unsigned char suba,
//                  unsigned char *s,unsigned char no)
// 说明: 向有子地址器件发送多字节数据函数
// 地址 sla，子地址 suba，发送内容是 s 指向的内容，发送 no 个字节
//*******************************************************
void ISendStr(unsigned char sla,unsigned char suba,unsigned char *s,unsigned
char no)
{
    unsigned char i;            //循环量
    Start();                    //启动总线
    SendByte(sla);              //发送器件地址，写数据
    SendByte(suba);             //写入器件子地址（寄存器地址）
    for(i=0;i<no;i++)
    {
        SendByte(*s);           //写入数据
        s++;
    }
    Stop();                     //结束总线
}


//*******************************************************
// 函数: void IRcvStr(unsigned char sla,unsigned char suba,
//                  unsigned char *s,unsigned char no)
// 说明: 向有子地址器件读取多字节数据函数
// 地址 sla，子地址 suba，读出的内容放入 s 指向的存储区，读 no 个字节
//*******************************************************
void IRcvStr(unsigned char sla,unsigned char suba,unsigned char *s,unsigned
char no)
{
    unsigned char i;            //循环量
    Start();                    //启动总线
    SendByte(sla);              //发送器件地址，写数据
    SendByte(suba);             //写入器件子地址（寄存器地址）
    Start();                    //重新启动总线
    SendByte(sla+1);            //发送器件地址，读数据
    for(i=0;i<no-1;i++)
    {
        *s=RcvByte();           //接收数据
        AckO(0);                //发送应答位
        s++;
    }
    *s=RcvByte();               //接收最后 1 字节数据
```

```
            AckO(1);                        //发送非应答位，表示数据接收完成
            Stop();                         //结束总线
}
```

I²C 软件包程序文件如下：

```
//*************************************************************
// 文件名：STC8_I2C.H        STC8 单片机 I²C 软件包头文件
//*************************************************************
#ifndef  STC8_I2C_H
#define  STC8_I2C_H
extern void I2C_Init();
extern void Start();
extern void Stop();
extern void SendByte(unsigned char c);
extern unsigned char RcvByte();
extern void ISendStr(unsigned char sla,unsigned char suba,unsigned char
*s,unsigned char no);
    extern void IRcvStr(unsigned char sla,unsigned char suba,unsigned char
*s,unsigned char no);
    #endif
```

4.3 SPI 通信

4.3.1 SPI 通信基本原理

（1）通信方式

STC8 系列单片机内部集成了高速串行通信 SPI 通信接口，该接口是一种全双工的高速同步通信总线。SPI 通信方式示意图见图 4-11，通常有 3 种通信方式：单主单从、互为主从和单主多从。

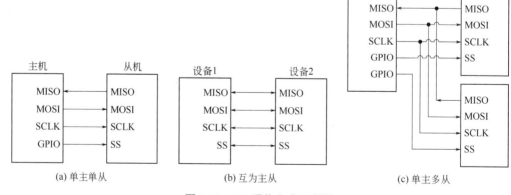

图 4-11　SPI 通信方式示意图

单主单从方式下主机输出同步时钟（SCLK）和片选信号（SS），MOSI 是主机输出从机输入数据线，MISO 是主机输入从机输出数据线，两个不同方向的数据线可实现双工通

信。互为主从模式下所有连接都是双向的，当其中一个设备需要启动传输时，先检测 SS 引脚为高电平，然后将自己的 SS 引脚设置为输出模式并输出低电平，拉低对方的 SS 引脚，使其进入从机模式，传输完成后再输出高电平。单主多从的特点是 SPI 总线上可以接多个从机，通过片选端来选择通信对象。

（2）工作模式

SPI 的时钟相位控制位 CPHA 可以让用户设定输入数据采样和输出数据改变时的时钟沿，时钟极性位 CPOL 可以让用户设定时钟极性。时钟相位控制位和时钟极性位的组合决定了 SPI 协议的 4 种工作模式，SPI 工作模式示意图见图 4-12。

① 模式 0。

CPOL=0，空闲时 SCLK 引脚低电平。

CPHA=0，时钟前沿采样，后沿改变输出数据。

② 模式 1。

CPOL=0，空闲时 SCLK 引脚低电平。

CPHA=1，时钟前沿改变输出数据，后沿采样。

③ 模式 2。

CPOL=1，空闲时 SCLK 引脚高电平。

CPHA=0，时钟前沿采样，后沿改变输出数据。

④ 模式 3。

CPOL=1，空闲时 SCLK 引脚高电平。

CPHA=1，时钟前沿改变输出数据，后沿采样。

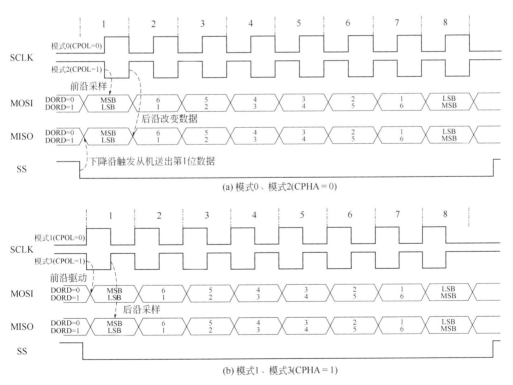

图 4-12　SPI 工作模式示意图

4.3.2 SPI 相关寄存器配置

SPI 状态寄存器（SPSTAT）说明见表 4-8，SPIF 是 SPI 中断标志位，WCOL 是 SPI 写冲突标志位，其他位没有使用。

表 4-8 SPI 状态寄存器（SPSTAT）说明

SPSTAT	位符号	说明
B7	SPIF	SPI 中断标志位，硬件自动置 1，软件写入 1 时清零
B6	WCOL	SPI 写冲突标志位，硬件自动置 1，软件写入 1 时清零
B5～B0	—	

SPI 控制寄存器（SPCTL）说明见表 4-9，控制 SPI 功能是否使能、是主机模式还是从机模式、选择工作模式及时钟频率。

表 4-9 SPI 控制寄存器（SPCTL）说明

SPCTL	位符号	说明
B7	SSIG	SS 引脚功能控制位，0——SS 引脚确定主机或从机，1——忽略 SS 引脚功能
B6	SPEN	SPI 使能控制位，0——关闭 SPI，1——使能 SPI
B5	DORD	SPI 数据发送顺序，0——高位（MSB）在前，1——低位（LSB）在前
B4	MSTR	主机/从机模式选择位（SSIG=1 时有效），0——从机，1——主机
B3	CPOL	SPI 时钟极性控制，0——SCLK 空闲时为低电平，1——SCLK 空闲时为高电平
B2	CPHA	SPI 时钟相位控制，0——主机前时钟沿采样，1——主机后时钟沿采样
B1 B0	SPR[1:0]	SCLK 频率：00——SYSCLK/4，01——SYSCLK/8，10——SYSCLK/16，11——SYSCLK/32

SPI 功能引脚选择位说明见表 4-10，SPI 功能引脚有 4 组可供切换，由外设端口切换控制寄存器 1（P_SW1）的 SPI_S[1:0] 位控制。

表 4-10 SPI 功能引脚选择位说明

SPI_S[1:0]	SS	MOSI	MISO	SCLK
00	P1.2/P5.4	P1.3	P1.4	P1.5
01	P2.2	P2.3	P2.4	P2.5
10	P5.4	P4.0	P4.1	P4.3
11	P3.5	P3.4	P3.3	P3.2

4.3.3 K 型热电偶测温实例

（1）热电偶简介

当有两种不同的导体或半导体 A 和 B 组成一个回路，其两端相互连接时，只要两接点处的温度不同，一端温度为 T，称为工作端或热端，另一端温度为 T_0，称为自由端（也称参考端）或冷端，回路中将产生一个电动势，该电动势的方向和大小与导体的材料及两接点的温度有关。两种导体组成的回路称为热电偶，热电偶回路中热电动势的大小，只与组成热电偶的导体材料和两接点的温度有关，而与热电偶的形状、尺寸无关。

K 型热电偶正极（KP）的名义化学成分为 Ni：Cr=90：10，负极（KN）的名义化学成分为 Ni：Si=97：3，其使用温度为-200～1300℃。K 型热电偶具有线性度好、热电动势较大、灵敏度高、稳定性和均匀性较好、抗氧化性能强、价格便宜等优点，能用于氧化性、惰性气氛中，广泛为用户所采用。

（2）热电偶温度转换器件 MAX31855

MAX31855 具有冷端补偿，将 K、J、N、T 或 E 型热电偶信号转换成数字量。器件输出 14 位带符号数据，通过 SPI 接口以只读格式输出。转换器的温度分辨率为 0.25℃，最高温度读数为+1800℃，最低温度读数为-270℃，对于 K 型热电偶，温度范围为-200～+700℃。

MAX31855 引脚及典型应用电路图见图 4-13。8 个引脚中 T+、T-引脚接热电偶，VCC、GND 引脚接 3.3V 电源，SO、$\overline{\text{CS}}$ 和 SCK 引脚接单片机的 SPI 接口。单片机不用向 MAX31855 写数据，仅读取数据，所以只用 1 个数据线 MISO，没有使用 MOSI。

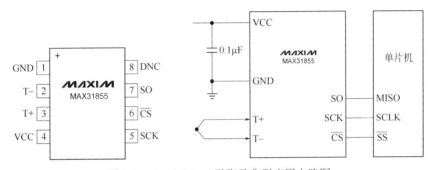

图 4-13　MAX31855 引脚及典型应用电路图

MAX31855 的 SPI 通信时序图见图 4-14，工作模式是模式 0，片选端变低电平后送出第一位数据，在时钟驱动下连续输出 32 位（4 字节）数据，片选端拉高，完成一次数据读取任务。

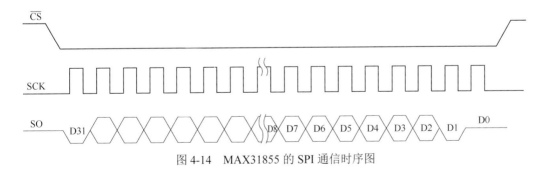

图 4-14　MAX31855 的 SPI 通信时序图

MAX31855 的数据格式说明见表 4-11。这 32 位数据包含目标温度和环境温度，温度值为带符号数，目标温度的分辨率为 0.25℃，环境温度的分辨率为 0.0625℃；除了温度数据，还有热电偶开路和短路的报警位。

表 4-11　MAX31855 的数据格式说明

位	名称	说明
D[31:18]	目标温度	热电偶温度，其中 D[31:20]为整数位，D[19:18]为小数位
D17	保留位	始终为 0
D16	错误标志位	热电偶输入开路或对 GND 或 VCC 短路时变为高电平
D[15:4]	环境温度	冷端温度，其中 D[15:8]为整数位，D[7:4]为小数位
D3	保留位	始终为 0
D2	SCV 错误	热电偶对 VCC 短路时为 1
D1	SCG 错误	热电偶对 GND 短路时为 1
D0	OC 错误	热电偶开路时为 1

（3）测温程序

```c
//每秒用 MAX31855 测温，并将测温结果用串口发送出去
#include <STC8H.h>          //包含单片机头文件
unsigned char xdata tbuf[50],rbuf[50];  //串口数据缓冲区
bit rnew1;                  //接收新数据完成标志
bit ring1;                  //正在接收新数据标志
unsigned char rn1;          //接收数据字节数
unsigned char sn1;          //计划发送数据字节总数
unsigned char sp1;          //已发送数据字节数
unsigned char t1;           //通信计时
sbit CS=P1^2;               //SPI 片选
unsigned int t1s;           //1s 延时计数
//*****************************************************************
// 函数: void  GPIO_Init(void)
// 说明: 初始化端口
// PxM1.n,PxM0.n   =00--->Standard,    01--->push-pull
//                 =10--->pure input,  11--->open drain
//*****************************************************************
void GPIO_Init(void)
{
    P1M1 = 0x00;   P1M0 = 0x00;   //设置 P1 为准双向
    P3M1 = 0x00;   P3M0 = 0x00;   //设置 P3 为准双向
    P_SW2 |= 0x80;
    P1PU = 0xFF;                  //P1 口加上拉电阻
}
//*****************************************************************
// 函数: void Timer_Uart_Init(void)
// 说明: 初始化定时器和串口
//       定时器 0 定时周期 1ms，定时器 2 产生波特率 9600bps
//*****************************************************************
void Timer_Uart_Init(void)
{
    AUXR |= 0x80;          //定时器时钟 1T 模式
    TMOD &= 0xF0;          //设置定时器模式
    TL0 = 0xCD;            //设置定时初值
    TH0 = 0xD4;            //1ms@11.0592MHz
    TF0 = 0;               //清除 TF0 标志
    ET0 = 1;               //使能定时器 0 中断
```

```
    TR0 = 1;                     //定时器 0 开始计时
    //初始化串口 1
    SCON = 0x50;                 //8 位数据，可变波特率
    AUXR |= 0x01;                //串口 1 选择定时器 2 为波特率发生器
    AUXR |= 0x04;                //定时器 2 时钟为 Fosc，即 1T
    T2L = 0xE0;                  //设定波特率为 9600bps
    T2H = 0xFE;
    ES  = 1;                     //允许串口 1 中断
    REN = 1;                     //允许串口 1 接收
    P_SW1 = 0x00;                //0x00: P3.0  P3.1。0x40: P3.6  P3.7
    AUXR |= 0x10;                //启动定时器 2
}


//*************************************************************
// 函数: void  InitSPI(void)
// 说明: 初始化 SPI
//*************************************************************
void InitSPI(void)
{
    SPSTAT = 0xC0;               //清除 SPI 状态位
    SPCTL = 0xD3;                //SPI 时钟频率最高 4MHz，上升沿采样
}
//*************************************************************
// 函数: unsigned char SPI_Read_Byte(void)
// 说明: SPI 读取 8 位数据
//*************************************************************
unsigned char SPI_Read_Byte(void)
{
    SPDAT = 0x00;                        //触发 SPI 发送数据
    while (!(SPSTAT & 0x80));            //等待发送完成
    SPSTAT = 0xC0;                       //清除 SPI 状态位
    return SPDAT;                        //返回 SPI 数据
}


//*************************************************************
// 函数: void ReadMax31855(void)
// 说明: 读取温度值
//*************************************************************
void ReadMax31855(void)
{
    CS = 0;
    tbuf[0]=SPI_Read_Byte();
    tbuf[1]=SPI_Read_Byte();
    tbuf[2]=SPI_Read_Byte();
    tbuf[3]=SPI_Read_Byte();
    CS = 1;
}
//*************************************************************
// 主函数
//*************************************************************
void main(void)
```

```
{
    GPIO_Init();
    Timer_Uart_Init();      //初始化定时器 0
    InitSPI();              //初始化 SPI
    EA=1;                   //开总中断
    while(1)
    {
        if(t1s>1000)        //收到数据
        {
            t1s=0;
            ReadMax31855();
            sn1=4;
            sp1=0;
            SBUF=tbuf[0];   //发送接收到的数据
        }
    }
}
//****************************************************************
// 函数: void Timer0Int(void) interrupt 1
// 说明: 定时器 0 中断子程序, 定时周期 1ms
//****************************************************************
void Timer0Int(void) interrupt 1
{
    t1s++;
    if (ring1) t1++;        //串口 1 通信延时计数
    else t1=0;
    if(t1>10)               //超时 10ms 无数据判为帧结束
    {
        rnew1=1;            //接收新数据完成标志置 1
        ring1=0;
        rn1++;              //修正接收数据字节数
    }
}
//****************************************************************
// 函数: void UART1_int (void) interrupt 4
// 说明: UART1 中断函数
//****************************************************************
void UART1_int (void) interrupt 4
{
    if(RI)                  //收到数据
    {
        RI = 0;             //清接收数据标志位
        t1=0;              //清延时计数
        if(!ring1)          //数据帧的首字节
        {
            ring1=1;        //正在接收数据标志置位
            rn1=0;          //接收字节数清零
            rbuf[0]=SBUF;   //接收首字节数据
        }
        else
        {
```

```
            rn1++;              //接收数据字节数加1
            if(rn1<50) rbuf[rn1]=SBUF;      //超出接收缓冲区容量数据将被舍弃
        }
    }
    if(TI)                      //发送数据完成
    {
        TI=0;                   //清发送完成中断标志
        sp1++;                  //发送数据计数加1
        if(sp1<sn1)   SBUF = tbuf[sp1];   //未发送完数据，继续发送
    }
}
```

第5章

单片机硬件接口扩展和外部存储扩展

单片机本身的数字量输入/输出就是电源电压范围内的高、低电平信号，模拟量输入/输出范围也不能超出单片机电源范围，硬件接口经扩展后才能适应更广范围的应用，例如用单片机控制强电电路。除了范围的扩展，还有接口数量的扩展，单片机的某种接口数量总有一个上限，超过上限时就需要通过扩展电路进行所需接口数量的扩展。

5.1 开关量输入/输出

5.1.1 开关量输入

（1）输入信号的软件处理

① 按键延时　按键输入的电路很简单，按键的两个引脚直接连接单片机的 I/O 引脚和电源地即可。单片机对应的引脚设为准双向，输出高电平，按键按下后将该引脚拉低为低电平，单片机程序检测到低电平就判断是按键按下了。

按键输入的处理程序并不简单，因为按键按下过程存在抖动，并且按键按下的时间远大于单片机的处理时间，所以按键的处理程序需加入延时。比如用两个按键控制单个参数的增加和减少，延时 300ms 处理按键的程序示例如下：

```
unsigned char dat;        //参数
unsigned char tn;         //按键延时
sbit KEY3=P3^5;           //增加按键
sbit KEY4=P3^4;           //减少按键
void main(void)           //主程序
{
    P3M1 = 0x00;   P3M0 = 0x00;      //设置 P3 为准双向口
    Timer0Init();         //初始化定时器 0
    EA=1;                 //开总中断
    dat=50;               //数据初始值
    while(1)
    {
        if(!KEY3)         //增加按键按下
        {
            if(tn>120)    //300ms 延时时间到
```

```
            {
                dat++;        //参数加 1
                tn=0;         //重新计时
            }
        }
        if(!KEY4)             //减少按键按下
        {
            if(tn>120)        //300ms 延时时间到
            {
                dat--;        //参数减 1
                tn=0;         //重新计时
            }
        }
    }
}
void Timer0Int(void) interrupt 1      //定时中断子程序，定时时间2.5ms
{
    tn++;
    if(tn>120) tn=121;    //延时 300ms
}
```

如果按键处理程序不加延时，那么按下按键时按键处理程序将会执行多次，无法实现每次按下加减 1 的效果。一些设备调节参数时有这样一种功能，按键短按加减 1，长按则会加减 10，能加快参数调节速度，更改后的程序示例如下：

```
unsigned char dat;        //参数
unsigned char tn;         //按键延时
unsigned int tm;          //按键长按计时
sbit KEY3=P3^5;           //增加按键
sbit KEY4=P3^4;           //减少按键
void main(void)           //主程序
{
    P3M1 = 0x00;   P3M0 = 0x00;   //设置 P3 为准双向口
    Timer0Init();         //初始化定时器 0
    EA=1;                 //开总中断
    dat=50;               //数据初始值
    while(1)
    {
        if(!KEY3)             //增加按键按下
        {
            if(tn>120)        //300ms 延时时间到
            {
                dat++;        //参数加 1
                if(tm>400) dat=dat+10; //1s 长按
                tn=0;         //重新计时
            }
        }
        if(!KEY4)             //减少按键按下
        {
            if(tn>120)        //300ms 延时时间到
            {
                dat--;        //参数减 1
```

```
                if(tm>400) dat=dat-10;    //1s 长按
                tn=0;           //重新计时
            }
        }
    }
}
void Timer0Int(void) interrupt 1      //定时中断子程序, 定时时间 2.5ms
{
    tn++;
    if(tn>120) tn=121;               //延时 300ms
    if((!KEY3)||(!KEY4)) tm++;       //长按计时
    else tm=0;                       //长按清零
}
```

② 中断输入　单片机程序的运行过程是上电后先初始化,然后就一直运行循环体内的代码,循环周期与循环体内代码有关。当 I/O 输入信号需要立即处理时,该信号可接入单片机具有外部中断功能的引脚,信号的上升沿或下降沿(INT0~INT4)变化可触发中断,在中断程序中实时处理输入信号。INT2、INT3 和 INT4 仅支持下降沿中断,平时上拉为高电平,当外部信号变为低电平时触发中断;INT0 和 INT1 可通过设置使能仅下降沿中断或是上升沿、下降沿都产生中断,都产生中断时可在中断程序中根据引脚当前电平判断是发生了哪种中断。

外部中断 0 测试程序如下,用杜邦线连接单片机学习板上的 KEY4 和 P3.2,按键 KEY4 按下后开始计时,松开按键计时停止。

```
//INT0 测试程序, 测试按键按下 ms 值
#include <STC8H.h>        //包含头文件
unsigned int dat;         //按键按下 ms 值
unsigned int tn;          //按键按下计时
sbit INT0=P3^2;           //外部中断 0
void Timer0Init(void)
{
    AUXR |= 0x80;         //定时器时钟 1T 模式
    TMOD &= 0xF0;         //设置定时器模式
    TL0 = 0x00;           //设置定时初值
    TH0 = 0x94;           //2500μs@11.0592MHz
    TF0 = 0;              //清除 TF0 标志
    ET0 = 1;              //使能定时器 0 中断
    TR0 = 1;              //定时器 0 开始计时
}
void main(void)
{
    GPIO_Init();         //初始化端口
    Timer0Init();        //初始化定时器 0
    IT0=1;               //下降沿中断
    EX0=1;               //使能 INT0 中断
    EA=1;                //开总中断
    while(1);
}
void Timer0Int(void) interrupt 1      //定时中断子程序, 定时周期 2.5ms
{
```

```
    if(!INT0) tn++;
    dat=25*tn/10;
}
void Int0Int(void) interrupt 0        //外部中断0子程序
{
    tn=0;                            //计时清零
}
```

（2）输入信号的光电隔离

同一电路板上使用同一电源（VCC）的其他元器件到单片机的输入可以直接接到单片机引脚，除此之外其他情况要通过光耦隔离输入。光耦是光电耦合器的简称，其主要性能特点如下：

➤ 电压隔离，耐压一般可超过1kV，有的甚至可以达到10kV以上。

➤ 单向传输，信号从光源单向传输到光接收器时不会出现反馈现象，其输出信号也不会影响输入端。

➤ 抗干扰，光耦属于电流驱动器件，而噪声信号为高内阻电压信号，无法提供驱动光耦的电流，使用光耦可以很好地抑制干扰。

常见的光耦隔离输入电路原理图见图5-1，低频信号输入使用普通光耦。输入端R1

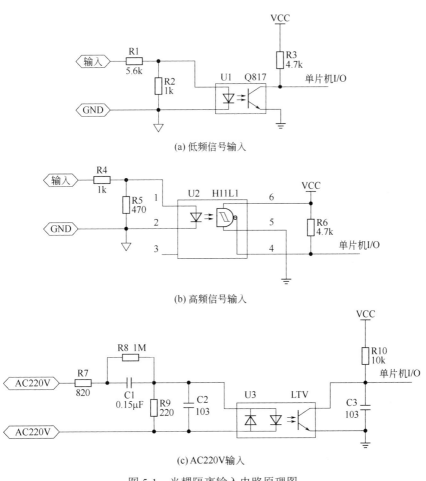

(a) 低频信号输入

(b) 高频信号输入

(c) AC220V输入

图5-1 光耦隔离输入电路原理图

是限流用电阻，把驱动光耦的电流限制在 3～10mA 范围内；R2 的作用是降低输入内阻，提高抗干扰能力；光耦多为集电极开路输出，需要高电平输出时要有上拉电阻 R3 配合。

高频信号输入使用高速光耦，其特点是输出信号经内部整形和施密特触发电路处理，能输出边缘清晰的高低电平信号，高速光耦的输出端需要提供工作电源。

高压交流信号输入使用双向光耦，C1 的作用是限制光耦的驱动电流，R7 的作用是限制上电瞬间的冲击电流，R8 的作用是无输入信号时泄放电容残压，R9 和 C2 的作用是提高抗干扰能力，R10 和 C3 的作用是输出信号滤波，输入信号的短暂过零不能判断为无输入信号。

5.1.2 开关量输出

（1）驱动模块输出

驱动模块 ULN2003A 原理图见图 5-2，其内部有 7 路达林顿驱动输出，输出端耐压 50V，额定电流 500mA；其内部集成了续流二极管，驱动 24V 继电器等感性负载时无需外接二极管。

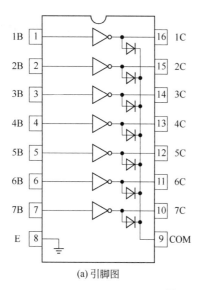

(a) 引脚图

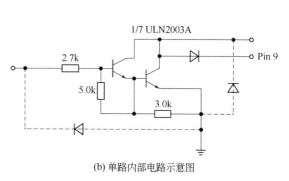

(b) 单路内部电路示意图

图 5-2　驱动模块 ULN2003A 原理图

单片机经 ULN2003A 驱动继电器电路图见图 5-3。单片机输出和 ULN2003A 输入之间接入反相器 CD4069，改变驱动输出极性。继电器电源 24V 和单片机电源 3.3V 共地，ULN2003A 的 COM 引脚接 24V 相当于使用内部续流二极管。

单片机上电后输出端口默认为高电平，并且单片机的输出引脚为低电平的驱动能力较强，习惯上让单片机输出低电平来驱动继电器动作；如果高电平驱动继电器动作，那么上电瞬间继电器可能因不受控而动作，这在控制系统中是无法接受的。单片机输出引脚为低电平时，经反相器 CD4069 反相变为高电平驱动 ULN2003A，ULN2003A 的输出达林顿导通，继电器线圈得电吸合。

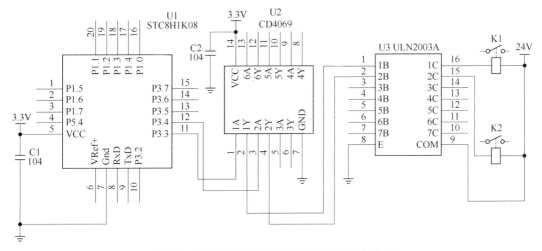

图 5-3　单片机经 ULN2003A 驱动继电器电路图

（2）光耦隔离输出

光耦隔离输出的常见控制方式见图 5-4。同相输出指的是光耦输出电平和单片机输出电平相同，反相输出就是光耦输出电平和单片机输出电平相反，高频输出使用高速光耦，用于通信或高频脉冲输出，小容量的继电器可以用光耦直接驱动，大容量的继电器则增加一个三极管扩充输出电流来驱动，双向晶闸管用带过零触发功能的光耦 MOC3061 来驱动。

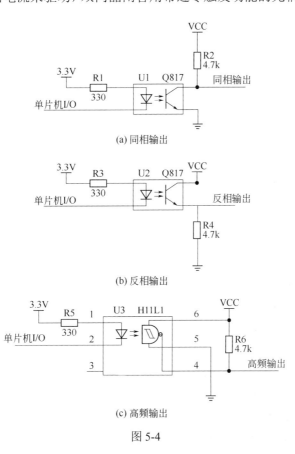

图 5-4

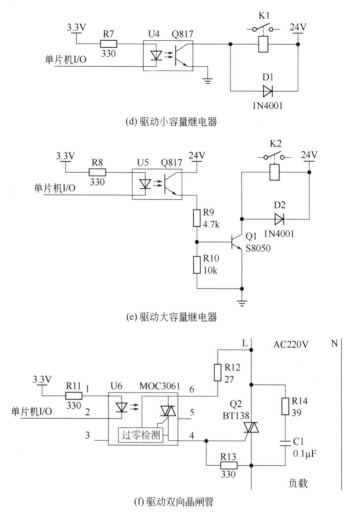

(d) 驱动小容量继电器

(e) 驱动大容量继电器

(f) 驱动双向晶闸管

图 5-4　光耦隔离输出的常见控制方式

5.1.3　开关量数量扩展

　　单片机电路设计中少量的 I/O 会直接使用单片机本身的 I/O，大量地使用 I/O 会采用 I/O 扩展芯片来完成，尤其是在笔段式液晶驱动、笔段式 LED 驱动和点阵 LED 驱动方面，扩展 I/O 芯片的应用能节省对单片机 I/O 引脚数量的要求，同时也能减轻 I/O 端口的一些干扰，提升电路的整体抗干扰性能。

　　PCF8574 是一款 I²C 总线接口的 I/O 扩展芯片，单个 PCF8574 可扩展 8 个 I/O，一个 I²C 总线最多可挂载 8 个 PCF8574，所以单片机的每个 I²C 接口可扩展 64 个 I/O。PCF8574 原理图见图 5-5，VCC 和 GND 为电源引脚，工作电压范围为 2.5～6V。SDA 和 SCL 为 I²C 总线引脚，需外接上拉电阻。$\overline{\text{INT}}$ 是中断引脚，集电极开漏输出，需外接上拉电阻，当有读写 I/O 寄存器时以及 I/O 端口外部输入信号与寄存器状态不一致时触发中断，$\overline{\text{INT}}$ 输出低电平，对 I/O 寄存器读写操作后会自动复位，$\overline{\text{INT}}$ 变为高电平。A0、A1 和 A2 是地址引脚，必须接地或接电源，确定器件地址，当一个 I²C 总线挂载多个 PCF8574 时，每个 PCF8574

的地址不得重复。P0～P7 为扩展的 I/O 接口，从内部结构图上看相当于准双向接口，上电后的初始状态为弱上拉的高电平。

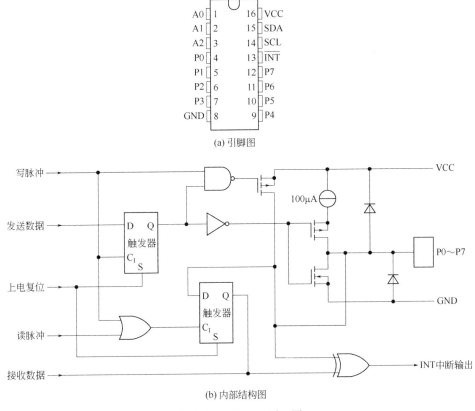

图 5-5　PCF8574 原理图

　　PCF8574 的 I^2C 总线时序见图 5-6。读 I/O 寄存器时先发起始位，然后发从机地址，从机地址高 4 位为 0100，低 3 位根据地址引脚状态确定，最低位为读写控制位，1 为读，0 为写；从机收到从机地址数据后拉低数据总线做出响应，然后返回从机 I/O 状态数据，主机读到数据后做出响应，最后发停止位，完成从机 I/O 寄存器读取过程。写 I/O 寄存器时也是先发起始位，然后发从机地址，从机地址最低位为 0，代表写 I/O 寄存器；从机收到从机地址数据后拉低数据总线做出响应，主机写 I/O 寄存器数据，从机收到数据后做出响应；最后主机发停止位，完成从机 I/O 输出控制过程。

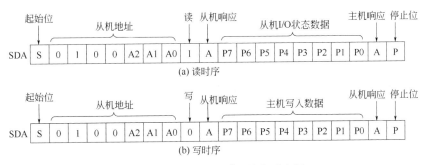

图 5-6　PCF8574 的 I^2C 总线时序图

配合单片机学习板制作的 PCF8574 测试电路见图 5-7。引脚 P1、P2 分别接 2 个 LED，用于测试输出；P7 接按钮用于测试输入；引脚 SDA、SCL 接单片机学习板对应的 I²C 接口，外接上拉电阻 R1 和 R2。

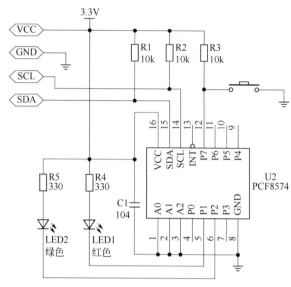

图 5-7　PCF8574 测试电路

对应 PCF8574 测试电路的测试程序如下，按键松开时绿色 LED 灯亮，红色 LED 灯灭，按键按下后绿色 LED 灯灭，红色 LED 灯亮。

```
#include <STC8H.h>          //包含单片机头文件
#include "STC8_I2C.h"       //包含 I²C 函数头文件
unsigned int tn;            //延时计数
// 定时器初始化函数
void Timer0Init(void)
{
    AUXR |= 0x80;           //定时器时钟 1T 模式
    TMOD &= 0xF0;           //设置定时器模式
    TL0 = 0xCD;             //设置定时初值
    TH0 = 0xD4;             //1000μs@11.0592MHz
    TF0 = 0;                //清除 TF0 标志
    ET0 = 1;                //使能定时器 0 中断
    TR0 = 1;                //定时器 0 开始计时
}
// 主函数
void main(void)
{
    unsigned char m;       //端口状态
    Timer0Init();          //初始化定时器
    I2C_Init();            //初始化 I²C 接口
    P3M1 = 0x00;  P3M0 = 0x00;   //设置 P3 为准双向口
    EA=1;                  //开总中断
    while(1)
    {
```

```
        if(tn>100)                    //处理周期 100ms
        {
            Start();                  //启动 I²C
            SendByte(0x41);           //发送器件地址，读数据
            m=RcvByte();              //读 I/O
            Stop();                   //结束 I²C
            tn=0;                     //延时 50ms
            while(tn<50);
            Start();                  //启动 I²C
            SendByte(0x40);           //发送器件地址，写数据
            if((m&0x80)==0x80)SendByte(0xFB);//绿 LED 亮，红 LED 灭
            else SendByte(0xFD);      //绿 LED 灭，红 LED 亮
            Stop();                   //结束 I²C
            tn=0;
        }
    }
}
// 定时中断子程序，定时周期 1ms
void Timer0Int(void) interrupt 1
{
    tn++;                            //定时计数
}
```

5.2　模拟量输入/输出

5.2.1　模拟量输入转换

当单片机电源电压为 3.3V 时，能采集的模拟量信号范围就是 DC 0～3.3V，大多数情况下输入的模拟量信号都需要转换才能输入到单片机的 ADC 引脚。

电路仿真软件
TINA

（1）电阻分压

电阻分压适用于输入信号电压比较高的情况，通过串联的电阻分压，将较高的电压降低到单片机可接受范围。电阻分压示意图见图 5-8。低内阻信号可选用较低阻值电阻来分压；高内阻信号要选择较高阻值电阻分压，并经由运放构成的射极跟随器输入到单片机引脚，否则分压电阻会引起电压信号的变化，无法测到真实的信号值。射极跟随器的输出电压等于输入电压，特点是输入阻抗大，输出阻抗低，能增强信号的带载能力，同时避免输入信号直接进入单片机，即使输入信号超范围，也不会损坏单片机。

（2）电流转电压

测电流的基本方法就是让电流流经已知阻值的电阻，测量电阻两端电压，根据欧姆定律计算电流值。常见电流转电压电路示意图见图 5-9，标准的仪表输出 4～20mA 或 0～20mA 恒流信号，经 150Ω 电阻变为 0.6～3V 或 0～3V 电压信号，再经过射极跟随器输出。直流电源输出电流测量必须使用阻值较小的取样电阻，大阻值电阻会增加电源的内阻，影响电源的稳压性能，小阻值电阻两端的压降也小，要使用运放放大到合适的电压输出给单片机。

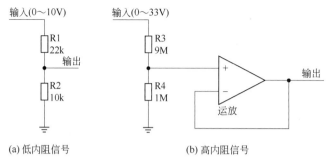

(a) 低内阻信号　　　　　　　　(b) 高内阻信号

图 5-8　电阻分压示意图

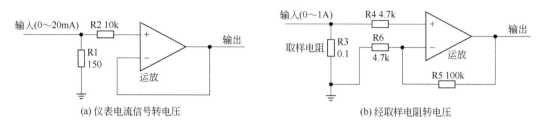

(a) 仪表电流信号转电压　　　　　　　(b) 经取样电阻转电压

图 5-9　常见电流转电压电路示意图

霍尔电流传感器利用电磁原理将电流信号转为电压信号，霍尔电流传感器 ACS712 原理图见图 5-10。采用 SOP8 封装，电流输入引脚 1、2 为 IP+，引脚 3、4 为 IP−；在输入电流为 0 时，电压输出引脚 7 输出电压约为 2.5V（电源电压 5V 的一半）；当输入电流方向从 IP+到 IP−时，输出电压升高，反之则输出电压降低，输出电压除了反映电流的大小外，还能反映电流的方向。

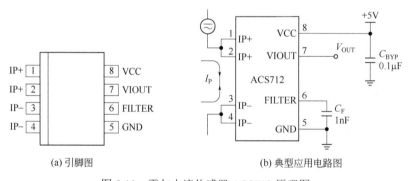

(a) 引脚图　　　　　　　　　(b) 典型应用电路图

图 5-10　霍尔电流传感器 ACS712 原理图

霍尔电流传感器 ACS712 的主要特点：

➤　内阻为 $1.2m\Omega$，内阻低对测量对象电路影响小，功耗低；

➤　电流和电压引脚通过电磁隔离，耐压 1500V；

➤　能测直流和交流电流，输出电压正比于电流，与电源电压成比例输出；

➤　按量程分±5A、±20A、±30A，对应灵敏度（mV/A）分别为：185、100、66；

➤　额定工作电压 5V，输出最小负载电阻 $4.7k\Omega$，用电阻分压降低输出电压时总阻值不得低于 $4.7k\Omega$。

（3）交流电压测量

单片机的 AD 转换只能测正电压，所以不能直接测量交流电压，需要将交流电压整流成直流电压，或是加上一个直流偏置电压，将波形平移到 0 以上，再通过单片机的算法计算交流电压的幅值和相位等参数。交流电压偏置原理图见图 5-11。信号电压高时先用电阻分压，再加上 VCC/2 的偏置电压；输入信号为 0 时，输出电压为 VCC/2，输入信号为正时，输出电压高于 VCC/2，输入信号为负时，输出电压低于 VCC/2，输出电压在 0～VCC 之间，信号电压低时可使用运放 AD623 将信号放大，然后在输出端加偏置电压。

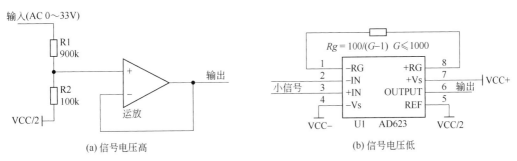

图 5-11　交流电压偏置原理图

运放 AD623 是一个低噪声、可变增益仪表放大器，它能在单电源（+3～+12V）和双电源（±2.5V～±6V）下工作，通过一个外接电阻 Rg 就可以调整增益 G，使用方便，最大增益可达 1000 倍，使用时根据信号范围确定增益 G，然后根据公式 $Rg=100/(G-1)$ 算出 Rg 的大小。AD623 的电压输出为引脚 OUTPUT 和引脚 REF，其中引脚 REF 可接地或接偏置电压，AD623 在单电源工作时对输入信号范围有一定的限制，电路设计好后可以到亚德诺半导体（ADI）官网提供的仿真软件"仪表放大器钻石图工具"上进行验证。

AD623 仪表放大器钻石图工具界面见图 5-12，设置放大器工作模式、电源电压、参考电压和增益，会自动计算出 Rg 值，并根据输入信号范围计算输出信号范围。

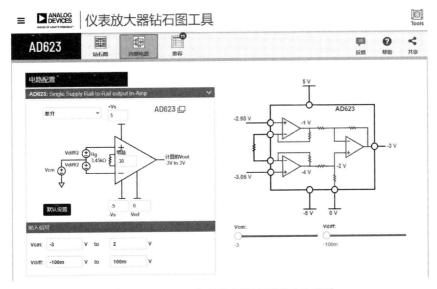

图 5-12　AD623 仪表放大器钻石图工具界面

（4）互感器

互感器又称为仪用变压器，是电流互感器和电压互感器的统称。电力系统中的互感器功能主要是将高电压或大电流按比例变换成标准额定电压 100V 或标准额定电流 5A（1A），以便实现测量仪表、保护设备及自动控制设备的标准化、小型化，同时互感器还可用来隔开高电压系统，以保证人身和设备的安全。测量仪表和保护装置内部还会有互感器，将电压电流信号降至几伏或几毫安，再进行 AD 转换。

5.2.2 外接 AD 转换电路

单片机的 AD 转换精度有限，需要高精度 AD 转换时还是要外接 AD 转换电路。常用的 AD 转换电路多使用 I^2C 或 SPI 接口与单片机通信，也有使用其他接口的，如早期常见的 4 位半双积分 AD 转换电路 ICL7135，具有丰富的数字接口，即能采用 BCD 码输出接口通过译码器直接驱动笔段式 LED 或液晶显示数值，也能通过脉冲计数方式或 BCD 码方式将 AD 转换结果传输给单片机。

ICL7135 与单片机接口示意图见图 5-13，ICL7135 的引脚按功能分电源引脚、模拟量引脚和数字 I/O 引脚 3 类。电源引脚 V+、V–分别接 5V 和–5V，引脚 DIGITAL GND 接电源地。模拟量信号经阻容滤波元件 R1 和 C1 接引脚 IN HI 和 IN LO；引脚 REF.CAP+和 REF.CAP–外接基准电压电容 C2；引脚 BUFF OUT 外接积分电阻 R2；引脚 AZ IN 外接自动调零电容 C3；引脚 INT OUT 外接积分电容 C4；引脚 COMMON 接模拟地；引脚 REFERENCE 接参考电压；一般经可调电阻 RP1 调整为 1.000V。数字 I/O 引脚 B8、B4、B2 和 B1 为 BCD 码输出端；D5、D4、D3、D2 和 D1 为位扫描选通信号输出端；引脚 POL 用来指示输入电压的极性，高电平为正，低电平为负；引脚 BUSY 为指示积分器处于积分状态的标志信号输出端，引脚 CLOCK IN 为时钟信号输入端，时钟频率为 120kHz 时，每秒可进行 3 次 AD 转换；引脚 R/$\overline{\text{H}}$ 为转换/保持控制信号输入端，悬空时高电平，ICL7135 处于连续转换状态，每 40002 个时钟周期完成一次 A/D 转换；$\overline{\text{STROBE}}$ 为选通信号输出端，主要用作外部寄存器存放转换结果的选通控制信号；引脚 OVERRANGE 为过量程信号输出端；引脚 UNDERRANGE 为欠量程信号输出端。

采用脉冲计数方式的单片机接口比较简单，单片机采用定时中断方式输出 120kHz 脉冲给 ICL7135，同时检测 BUSY 引脚，在其高电平期间对输出时钟脉冲计数，最终计数值减去 10001 就得到转换结果，检测引脚 POL 高电平时结果为正，低电平时结果为负。

```
//单片机采用脉冲计数方式获取 ICL7135 转换结果部分程序
sbit CLK=P0^1;          //时钟
sbit POL=P0^0;          //极性
sbit BUSY=P0^2;         //转换标志
unsigned int tm;        //脉冲计数
int dat;                //转换数据
bit Bf;                 //BUSY 原状态
// 定时器 1 中断函数, 120kHz
void tm1_isr() interrupt 3
{
    CLK=~CLK;               //输出脉冲
    if(CLK&&BUSY) tm++;     //AD 转换脉冲计数
```

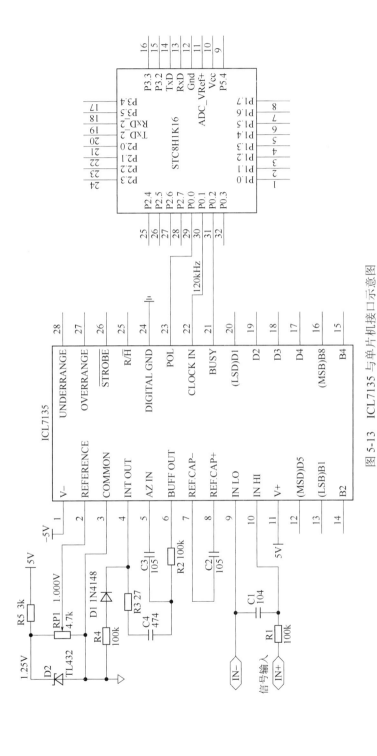

图 5-13 ICL7135 与单片机接口示意图

```
    if(Bf&&(!BUSY))                      //BUSY下降沿，转换完成
    {
        if(POL) dat=tm-10001;      //转换结果为正
        else dat=10001-tm;          //转换结果为负
        tm=0;                              //脉冲清零
    }
    Bf=BUSY;
}
```

5.2.3 外接 DA 转换电路

单片机较少有 DA 转换功能，需要外接 DA 转换电路实现模拟量输出功能。TLC5615 是一个 SPI 接口、转换精度为 10 位的 DA 转换芯片，TLC5615 引脚排列见图 5-14。引脚 DIN、SCLK、$\overline{\text{CS}}$ 和 DOUT 是通信接口，其中引脚 DOUT 用于级联的串行数据输出，一般不使用；电源引脚 V_{DD} 和 AGND 外接 5V 电源；引脚 REFIN 接参考电压；引脚 OUT 输出转换后的电压，最大值时输出电压为参考电压的 2 倍。

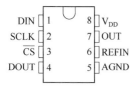

图 5-14 TLC5615 引脚排列

TLC5615 内部功能框图见图 5-15。引脚 REFIN 一般外接 ADR380 或 LM4040 等 2.048V 基准电源，单片机通过引脚 DIN、SCLK、$\overline{\text{CS}}$ 将待转换的数字量写入 DAC 寄存器，内部电路根据参考电压值和寄存器值输出电压。设寄存器值为 n，参考电压为 V_{REF}，则

$$\text{输出电压} \; V_{OUT}=2\times V_{REF}\times n/1024$$

单片机用 SPI 接口向 TLC5615 写寄存器时需连续写入 2 字节数据，其中第 1 字节的高 4 位和第 2 字节的低 2 位是无效的，默认都为 0。

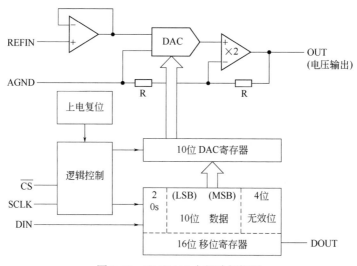

图 5-15 TLC5615 内部功能框图

TLC5615 测试程序如下，接收串口发来的 2 字节数据（数值范围：0～1023），测试输出电压，当发送 0x00FF 时，电压约为 1.021V，与计算值 2×2.048×255/1024=1.02 基本一致。

```
//接收串口数据，SPI 接口发送到 TLC5615
#include <STC8H.h>          //包含单片机头文件
unsigned char xdata tbuf[50],rbuf[50];   //串口数据缓冲区
bit rnew1;                  //接收新数据完成标志
bit ring1;                  //正在接收新数据标志
unsigned char rn1;          //接收数据字节数
unsigned char sn1;          //计划发送数据字节总数
unsigned char sp1;          //已发送数据字节数
unsigned char t1;           //通信计时
sbit CS=P1^2;               //SPI 片选
// 初始化端口
void GPIO_Init(void)
{
    P1M1 = 0x00;   P1M0 = 0x00;    //设置 P1 为准双向
    P3M1 = 0x00;   P3M0 = 0x00;    //设置 P3 为准双向
    P_SW2 |= 0x80;
    P1PU = 0xFF;            //P1 口加上拉电阻
}
// 初始化定时器和串口
void Timer_Uart_Init(void)
{
    AUXR |= 0x80;          //定时器时钟 1T 模式
    TMOD &= 0xF0;          //设置定时器模式
    TL0 = 0xCD;            //设置定时初值
    TH0 = 0xD4;            //1ms@11.0592MHz
    TF0 = 0;               //清除 TF0 标志
    ET0 = 1;               //使能定时器 0 中断
    TR0 = 1;               //定时器 0 开始计时
    //初始化串口 1
    SCON = 0x50;           //8 位数据，可变波特率
    AUXR |= 0x01;          //串口 1 选择定时器 2 为波特率发生器
    AUXR |= 0x04;          //定时器 2 时钟为 Fosc，即 1T
    T2L = 0xE0;            //设定波特率为 9600bps
    T2H = 0xFE;
    ES  = 1;               //允许串口 1 中断
    REN = 1;               //允许串口 1 接收
    P_SW1 = 0x00;          //0x00: P3.0  P3.1。0x40: P3.6  P3.7
    AUXR |= 0x10;          //启动定时器 2
}
// 初始化 SPI
void InitSPI(void)
{
    SPSTAT = 0XC0;         //清除 SPI 状态位
    SPCTL = 0xD3;          //SPI 时钟频率最高 4MHz，上升沿采样
}
// 主函数
void main(void)
{
    unsigned int dat;      //转换数据
    GPIO_Init();
```

```
        Timer_Uart_Init();      //初始化定时器 0
        InitSPI();              //初始化 SPI
        CS=1;
        EA=1;                   //开总中断
        while(1)
        {
            if(rnew1)           //收到数据
            {
                CS=0;
                rnew1=0;
                dat=rbuf[0];
                dat<<=8;
                dat=dat+rbuf[1];
                dat<<=2;
                SPDAT = dat>>8;         //发送第 1 字节
                while (!(SPSTAT & 0x80)); //等待发送完成
                SPSTAT = 0xC0;          //清除 SPI 状态位
                SPDAT = dat;            //发送第 2 字节
                while (!(SPSTAT & 0x80)); //等待发送完成
                SPSTAT = 0xC0;          //清除 SPI 状态位
                CS=1;
            }
        }
}
//*****************************************************************
// 函数: void Timer0Int(void) interrupt 1
// 说明: 定时器 0 中断子程序, 定时周期 1ms
//*****************************************************************
void Timer0Int(void) interrupt 1
{
    if (ring1) t1++;        //串口 1 通信延时计数
    else t1=0;
    if(t1>10)               //超时 10ms 无数据判为帧结束
    {
        rnew1=1;            //接收新数据完成标志置 1
        ring1=0;
        rn1++;              //修正接收数据字节数
    }
}
//*****************************************************************
// 函数: void UART1_int (void) interrupt 4
// 说明: UART1 中断函数
//*****************************************************************
void UART1_int (void) interrupt 4
{
    if(RI)                  //收到数据
    {
        RI = 0;             //清接收数据标志位
        t1=0;              //清延时计数
        if(!ring1)          //数据帧的首字节
        {
```

```
            ring1=1;            //正在接收数据标志置位
            rn1=0;              //接收字节数清零
            rbuf[0]=SBUF;       //接收首字节数据
        }
        else
        {
            rn1++;              //接收数据字节数加 1
            if(rn1<50) rbuf[rn1]=SBUF;          //超出接收缓冲区容量数据将被舍弃
        }
    }
    if(TI)                      //发送数据完成
    {
        TI=0;                   //清发送完成中断标志
        sp1++;                  //发送数据计数加 1
        if(sp1<sn1)   SBUF = tbuf[sp1];   //未发送完数据，继续发送
    }
}
```

5.2.4 电子秤电路应用实例

电子秤的应用范围较广，如家里的体重秤、超市的计价秤、地磅（汽车衡）和火车用的轨道衡，工厂里生产线上也会用电子秤实现按配比配料和定量包装等功能。这些电子秤的基本原理是一样的，主要包括称重传感器和称重变送器，称重传感器由承重结构和桥式应变片组成，承重结构受力变形引发桥式应变片输出微弱的电压信号，称重变送器则是把此电压信号转为重量数据显示出来或传输出去。

称重传感器示意图见图 5-16，图中的传感器承重结构只是常见的一种，应用到不同场合、不同量程会有不一样的承重结构。承重结构的一面或两面贴有桥式应变片，桥式应变片是由 4 个薄膜电阻构成的桥式电路，引出的 4 根线有 2 个加上工作电压，另外 2 根线输出信号电压。承重结构受力变形带动应变片变形，拉伸或压缩应变片上的薄膜电阻，引起阻值变化，改变桥臂电阻值，应变片会输出不平衡电压信号。

(a) 传感器承重结构　　　　　　　　　　　　(b) 桥式应变片

图 5-16　称重传感器示意图

称重传感器的主要参数是灵敏度，灵敏度为 1mV/V 时表示满量程情况下最大输出信号电压为工作电压的千分之一，工作电源为 5V 时，满量程才输出 5mV 信号，这个信号是比较弱的。

称重变送器的电路会采用专用的测量元器件，如 HX710 或 TM7711 等集成电路，其共同特点是内部有增益高达 128 倍的放大器，ADC 转换精度达到 24 位。TM7711 典型应用电路图见图 5-17。TM7711 的引脚 VREF 是基准输入电压端，电压范围为 1.8V～AVDD，图中直接接 AVDD；引脚 AGND 是信号地和电源地；引脚 AIN-、AIN+是模拟信号差分输入端，输入电压范围为±0.5×(VREF/128)V；引脚 DVDD 是数字电源输入端，电压范围为 2.6～5.5V；引脚 AVDD 是模拟电源输入端，电压范围同数字电源输入端，要求不得高于 DVDD；引脚 DOUT 和 PD_SCK 用于和单片机通信，传输转换后的信号值。

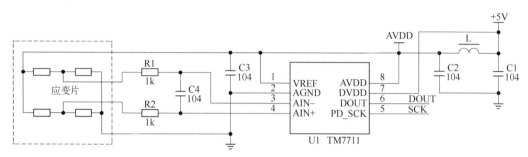

图 5-17　TM7711 典型应用电路图

TM7711 串行通信时序图见图 5-18，当 TM7711 内部数据转换完成可以读取时，引脚 DOUT 由高电平变低电平，单片机检测到 DOUT 为低电平时可向引脚 PD_SCK 发送 25～27 个脉冲。其中前 24 个脉冲是为了读取 DOUT 输出的数据，脉冲下降沿采样，然后发出的 1～3 个脉冲则是命令码，决定下一次转换的工作模式：总脉冲数为 25 代表下一次转换的模式是"差分输入，增益 128，10Hz"，总脉冲数为 26 代表下一次转换的模式是"温度测量，40Hz"，总脉冲数为 27 代表下一次转换的模式是"差分输入，增益 128，40Hz"。

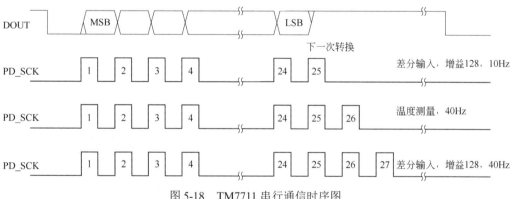

图 5-18　TM7711 串行通信时序图

TM7711 的输出数据编码是二进制补码，24 位数据中最高位是符号位，有效位数为 23 位，当 AVDD 和 VREF 都为 5V 时，输入电压范围：±0.5×5/128(V)=±0.01953V=±19.53mV。当输入电压为 19.53mV 时，读取到的数据为 0x7FFFFF；当输入电压为-19.53mV 时，读取到的数据为 0x800000。实际应用中并不需要将数值转换为电压值，而是直接用读取数值标定零点和满量程点，然后通过公式直接将读取数值转换为重量值。

TM7711 芯片内部的数字温度传感器可以直接用于读出芯片温度，温度测量范围为

−40～85℃。测温数据有效（稳定）位数为 15 位，典型温度测量精度为每摄氏度（℃）20.4 个读数（15 位），即取前 15 位的数值，然后除以 20.4，得到实际温度值。

当 TM7711 芯片上电时，芯片内的上电自动复位电路会使芯片自动复位。当 PD_SCK 为低电平时，芯片处于正常工作状态，如果 PD_SCK 从低电平变高电平并保持在高电平超过 60μs，TM7711 进入掉电模式，当 PD_SCK 重新回到低电平时，芯片会重新进入正常工作状态。

单片机读取 TM7711 的子程序如下：

```
#include <intrins.h>          //包含空指令所在的函数库
#define  _Nop()  _nop_(),_nop_(),_nop_()      //空指令延时
sbit SCK=P1^5;               //时钟
sbit DIN=P1^4;               //数据输入
//读取 24 位数据，再发送 n 个脉冲
unsigned long Read_TM7711(unsigned char n)
{
    unsigned char i;         //定义循环量
    unsigned long dat;       //定义数据
    dat=0;                   //数据赋初值
    for(i=0;i<24;i++)        //读取 24 位数据
    {
        SCK=1;               //脉冲上升沿
        Nop();               //延时
        SCK=0;               //脉冲下降沿
        dat <<= 1;           //数据移位
        if(DIN) dat |= 1;    //读取数据
        _Nop();              //延时
    }
    for(i=0;i<n;i++)         //发 n 个脉冲
    {
        SCK=1;               //脉冲上升沿
        _Nop();              //延时
        SCK=0;               //脉冲下降沿
        _Nop();              //延时
    }
    return(dat);             //返回数据
}
```

5.3 PWM 功能应用

5.3.1 转速测量

（1）测量方法

用接近开关感应转轴所带金属突出部分，如齿盘或连接对轮的螺栓等，输出脉冲进入单片机的 PWM 输入捕获单元，测出脉冲宽度，再计算出转速。

（2）程序设计

程序主要代码示例如下，其中转速计算常数需根据实际情况计算。例如测量某发动机转速，其最高转速约 2500r/min（rpm，转/分），发动机转速经变速装置输出，测得数据需除以 3.1 才是实际转速，捕获单元使用定时器 0 作为时钟，定时时间为 0.1ms，测量值 len 为周期，单位为 0.1ms，则转速 $speed=60/(len \times 10^{-4})/3.1=193548/len$，$Ka=193548$。

```c
unsigned char cnt;              //存储 PCA 计时溢出次数
unsigned long cnt1;             //记录上一次的捕获值
unsigned long cnt2;             //记录本次的捕获值
long len;                       //时间差
unsigned char t5;               //定时计数
#define Ka  193548              //转速计算常数，根据实际情况计算
unsigned long speed;            //转速
//初始化 PWM 输入捕获单元 PCA
void PCA_Init(void)
{
    cnt = 0;                    //变量初始化
    cnt10 = 0;
    cnt11 = 0;
    len1 = 0;
    CCON = 0x00;
    CMOD = 0x05;                //PCA 时钟为定时器 0,使能 PCA 计时中断
    CL = 0x00;
    CH = 0x00;
    CCAPM0 = 0x11;              //PCA 模块 0 为 16 位捕获模式（下降沿捕获）
    CCAP0L = 0x00;
    CCAP0H = 0x00;
    P_SW1 |= 0x10;              //P2.3——CCP0, P2.4——CCP1
    CR = 1;                     //启动 PCA 计时器
}
//主函数
void main(void)
{
    PCA_Init();
    AUXR = 0xC5;                //定时器 0 为 1T 模式
    TMOD = 0x00;                //设置定时器为模式 0(16 位自动重装载)
    TL0 = 0xAE;                 //设置定时初值
    TH0 = 0xFB;                 //100µs@11.0592MHz
    TR0 = 1;                    //定时器 0 开始计时
    ET0 = 1;                    //使能定时器 0 中断
    EA=1;
    while(1)
    {
        if(t5>5000)             //0.5s 计算一次
        {
            t5=0;
            if(len>0)
            {
                speed=Ka/len;   //转速计算
                len=0;
```

51单片机编程——原理·接口·制作实例

```
            }
          }
       }
    }
//PCA 中断子程序
void PCA_Isr() interrupt 7
{
    if (CF)
    {
      CF = 0;
      cnt++;                       //PCA 计时溢出次数+1
    }
    if (CCF0)
    {
      CCF0 = 0;
      cnt1 = cnt2;                 //备份上一次的捕获值
      ((unsigned char *)&cnt2)[3] = CCAP0L;
      ((unsigned char *)&cnt2)[2] = CCAP0H;
      ((unsigned char *)&cnt2)[1] = cnt;
      ((unsigned char *)&cnt2)[0] = 0;
      len = cnt2 - cnt1;           //脉冲宽度
    }
}
//定时中断子程序，0.1ms
void Timer0Int(void) interrupt 1
{
    t5++;
}
```

5.3.2 DC 4～20mA 信号输出调试工具

在工控设备维修和调试过程经常会用到 DC 4～20mA 信号输出调试工具，这里设计了一款 USB 接口的 DC 4～20mA 信号输出调试工具，特点是：用手机 USB 接口 OTG 供电，用手机 APP 程序设置输出电流值；也可以用笔记本 USB 接口供电，用上位机程序设置输出电流值。

（1）电路原理图

DC 4～20mA 信号输出调试工具电路原理图见图 5-19。USB 接口 5V 电源一路经 U5 稳压为 3.3V 给单片机电路供电，另一路经 U4 升压为 12V 给 DC 4～20mA 信号输出电路供电。USB 接口经 U3 转为串口与单片机串口连接，控制单片机 11 脚输出的 PWM 脉冲信号的占空比，从而控制 4～20mA 信号输出。

U4 的型号是 XZ5121，引脚 $\overline{\text{SHDH}}$ 受单片机控制，低电平时关闭输出，高电平时升压，升压值$=0.25\times(R_2/R_1+1)=0.25\times(47/1+1)=12(\text{V})$，式中，0.25V 是基准电压值，XZ5121 的电源电压范围是 2.5～5.5V；升压值通过改变反馈电阻阻值调整，最大值为 17V，升压输出电流限值 400mA，当过电压保护引脚 OVP 的电压高于 17V 时，内部保护电路动作关闭输出。

U3 是南京沁恒微电子股份有限公司（下文简称沁恒）的 USB 转串口芯片 CH340N，引脚 V3 在 3.3V 电源电压时连接 VCC 输入外部电源，在 5V 电源电压时外接退耦电容。

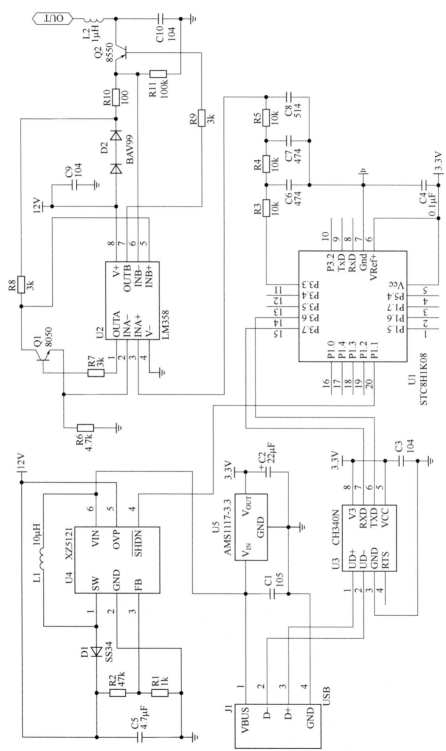

图 5-19 DC 4~20mA 信号输出调试工具电路原理图

CH340N 无需外部 12MHz 晶振，电路简洁，官网提供 Android 驱动，方便使用 Android 手机 USB 接口的 OTG 功能虚拟出串口。

U1 使用单片机 STC8H1K08，引脚 P3.3 输出的 PWM 经 3 级阻容滤波，能实现 D/A 转换功能，输出电压受上位机串口发来的数据控制，再经过双运放 LM358 变换为 DC 4～20mA 信号输出。

（2）单片机程序设计

通信协议：

➢ 发送：01 06 00 00 XX XX CRCL CRCH，标定 4mA 时的输出值 XX XX。

➢ 发送：01 06 00 01 XX XX CRCL CRCH，标定 20mA 时的输出值 XX XX。

➢ 发送：01 06 00 02 XX XX CRCL CRCH，设定值，400～2000 对应 4～20mA。

➢ 发送：01 06 00 03 XX XX CRCL CRCH，输出值，调试用。

➢ 返回：4mA 标定值 20mA 标定值 设定值 输出值，各占 2 字节，调试用。

程序代码如下：

```
//USB 接口 4～20mA 输出
#include <STC8H.h>
#include "EEPROM.h"
//串口通信
unsigned char xdata tbuf[15],rbuf[15];   //UART0 数据缓冲区
bit rnew1;                  // 接收新数据完成标志
bit ring1;                  // 正在接收新数据标志
unsigned char rn1;          // 接收数据位置
unsigned char sn1;          // 发送数据量
unsigned char sp1;          // 发送数据地址
unsigned char t1;           //通信计时
unsigned char reg[4];       //4mA、20mA 标定
sbit RE = P1^1;             //升压控制
unsigned int dout;          //转换后的输出值
unsigned int B4,B20;        //标定值
//初始化端口
void GPIO_Init (void)
{
    P1M1 = 0x00;   P1M0 = 0x02;    //设置 P1 准双向口，P1.1 推挽
    P2M1 = 0x00;   P2M0 = 0x00;    //设置 P2 准双向口
    P3M1 = 0x00;   P3M0 = 0x08;    //设置 P3 准双向口，P3.3 推挽
    P4M1 = 0x00;   P4M0 = 0x00;    //设置 P4 准双向口
    P5M1 = 0x00;   P5M0 = 0x00;    //设置 P5 准双向口
}
//初始化定时器和串口
void Timer_Uart_Init(void)
{
    AUXR = 0xC5;                //定时器 0 为 1T 模式
    TMOD = 0x00;                //设置定时器为模式 0(16 位自动重装载)
    TL0 = 0xCD;                 //初始化计时值，1ms
    TH0 = 0xD4;
    TR0 = 1;                    //定时器 0 开始计时
    ET0 = 1;                    //使能定时器 0 中断
    //定时器 2 波特率
```

```
    SCON = 0x50;              //8 位数据，可变波特率
    T2L = 0xE0;               //波特率 9600bps
    T2H = 0xFE;
    ES  = 1;                  //允许中断
    REN = 1;                  //允许接收
    P_SW1 = 0x40;             //串口引脚切换。0x00: P3.0  P3.1。0x40: P3.6  P3.7
    AUXR |= 0x10;             //启动定时器 2
}
//校验子程序，*ADRS——数组位置，SUM——需校验字节数
unsigned int CCRC(unsigned char *ADRS,unsigned char SUM)
{
    unsigned int CRC;        //校验码
    unsigned char i;
    unsigned char j;
    CRC=0xFFFF;
    for (i=0;i<SUM;i++)
    {
        CRC^=*ADRS;
        for (j=0;j<8;j++)
        {
            if ((CRC & 1)==1)
            {
                CRC>>=1;
                CRC^=0xA001;
            }
            else CRC>>=1;
        }
        ADRS++;
    }
    return(CRC);
}
//MODBUS 协议，只支持寄存器读 03 和写 06
void MODBUS(void)
{
    unsigned char i;             //循环量
    unsigned int tmp;            //临时量
    unsigned char adr;           //寄存器地址
    unsigned int dset;           //设定值，0——关闭，400～2000 对应 4～20mA
    unsigned long mn;            //临时量
    if(rbuf[0]==1)               //本机地址
    {
        tmp=CCRC(rbuf,rn1-2);    //校验
        if((rbuf[rn1-2]==(tmp&0xFF)) && (rbuf[rn1-1]==(tmp>>8)))
        {
            RE=1;                //准备返回数据
            if(rbuf[1]==0x06)
            {
                RE=1;
                adr=rbuf[3];
                if((adr<=3)&&(rbuf[2]==0))
                {
```

51 单片机编程——原理·接口·制作实例

134

```
        if(adr==0)        //修改 4mA 标定值
        {
            reg[0] = rbuf[4];
            reg[1] = rbuf[5];
            IapErase(0);
            for(i=0;i<4;i++) IapProgram(i, reg[i]);
            B4=(int)256*reg[0]+reg[1];
        }
        if(adr==1)        //修改 20mA 标定值
        {
            reg[2] = rbuf[4];
            reg[3] = rbuf[5];
            IapErase(0);
            for(i=0;i<4;i++) IapProgram(i, reg[i]);
            B20=(int)256*reg[2]+reg[3];
        }
        if(adr==2)        //设定值，改输出值
        {
            dset=256*rbuf[4]+rbuf[5];

            mn=(long)dset*(B20-B4)/1600+(5*B4-B20)/4;
            dout=mn;
        }
        if(adr==3)        //输出值优先
        {
            dout=256*rbuf[4]+rbuf[5];
        }
        if(dout>200) RE=1;
        else RE=0;
        PWMA_CCR4=dout;//占空比，输出电压=3.3×CCR4/ARR
        tbuf[0]=reg[0];
        tbuf[1]=reg[1];
        tbuf[2]=reg[2];
        tbuf[3]=reg[3];
        tbuf[4]=dset>>8;
        tbuf[5]=dset;
        tbuf[6]=dout>>8;
        tbuf[7]=dout;
        sn1 = 8;
        sp1 = 0;
        SBUF = tbuf[0];//返回数据
    }
    else                    //写地址超范围
    {
        tbuf[0]=rbuf[0];
        tbuf[1]=rbuf[1]|0x80;
        tbuf[2]=0x02;
        tmp=CCRC(tbuf,3);
        tbuf[3]=tmp&0xFF;
        tbuf[4]=tmp>>8;
        sp1 = 0;
```

```
                            sn1 = 5;
                            SBUF = tbuf[0];        //返回数据
                    }
                }
                else                              //不支持的功能码
                {
                    tbuf[0]=rbuf[0];
                    tbuf[1]=rbuf[1]|0x80;
                    tbuf[2]=0x01;
                    tmp=CCRC(tbuf,3);
                    tbuf[3]=tmp&0xFF;
                    tbuf[4]=tmp>>8;
                    sp1 = 0;
                    sn1 = 5;
                    SBUF = tbuf[0];               //返回数据
                }
            }
        }
}
//主函数
void main(void)
{
    unsigned char i;
    GPIO_Init();
    Timer_Uart_Init();
    EA=1;
    RE=0;
    for(i=0;i<4;i++) reg[i]=IapRead(i);
    B4=(int)256*reg[0]+reg[1];
    B20=(int)256*reg[2]+reg[3];
    P_SW2=0x80;
    PWMA_PS=0xC0;              //PWM4N 输出引脚选择 P3.3
    PWMA_ENO=0x80;            //输出使能 PWM4N
    PWMA_CCMR4=0x60;          //PWM1 模式
    PWMA_CCER2=0x40;          //输出极性
    PWMA_CCR4=0;             //占空比，输出电压=3.3V×CCR4/ARR
    PWMA_ARR=5000;           //PWM 频率=SYSCLK/(ARR+1)，2200Hz
    PWMA_BKR=0x80;           //使能输出
    PWMA_CR1=0x01;           //使能计数器
    while(1)
    {
        if(rnew1)
        {
            rnew1=0;
            MODBUS();
        }
    }
}
//定时器 0 中断子程序，1ms
void Timer0Int(void) interrupt 1
{
```

```
    if (ring1) t1++;          //串口 1 通信延时计数
    else t1=0;
    if(t1>10)
    {
        rnew1=1;              //超时 10ms 无数据判为帧结束
        ring1=0;
        rn1++;
    }
}
//串口中断子程序
void UART1_int (void) interrupt 4
{
    if(RI)
    {
        RI = 0;
        t1=0;
        if(!ring1)
        {
            ring1=1;
            rn1=0;
            rbuf[0]=SBUF;
        }
        else
        {
            rn1++;            // 读取 FIFO 的数据，并清除中断
            if(rn1<15) rbuf[rn1]=SBUF;
        }
    }
    if(TI)
    {
        TI=0;
        sp1++;                // 发送数据
        if(sp1<sn1)  SBUF = tbuf[sp1];
    }
}
```

（3）手机 Android 程序设计

手机 Android 程序代码如下：

```
public class MainActivity extends AppCompatActivity {
    private static final String ACTION_USB_PERMISSION =
                            "cn.wch.wchusbdriver.USB_PERMISSION";
    private CH34xUARTDriver serialPort; //声明串口
    TextView tv1,tv2;
    EditText et;
    private ReadThread mReadThread;        //读取线程
    private Handler myhandler;              //信息通道
    byte[] rbuf = new byte[32];             //串口接收数据缓冲区
    byte[] tbuf = new byte[32];
    int len;
    int tn;
    String strrbuf="";
```

```
        @Override
        protected void onCreate(Bundle savedInstanceState) {
            super.onCreate(savedInstanceState);
            setContentView(R.layout.activity_main);
            tv1 = findViewById(R.id.idtv1);     //实例化控件
            et = findViewById(R.id.idet);

            serialPort = new CH34xUARTDriver((UsbManager) getSystemService
(Context.USB_SERVICE), this,ACTION_USB_PERMISSION);     //创建串口
            if (!serialPort.UsbFeatureSupported())// 判断系统是否支持 USB HOST
            {
                tv1.setText("不支持 USB HOST!");
            }
            int n = serialPort.ResumeUsbList();
            if (n == -1)// ResumeUsbList 方法用于枚举 CH34X 设备以及打开相关设备
            {
                tv1.setText("打开设备失败!");
                serialPort.CloseDevice();
            } else if (n == 0){
                if (!serialPort.UartInit()) {//对串口设备进行初始化操作
                    tv1.setText("设备初始化失败!");
                    return;
                }
                Toast.makeText(MainActivity.this, "打开设备成功!",Toast.LENGTH_
SHORT).show();
                mReadThread = new ReadThread();     //声明串口接收数据线程
                mReadThread.start();                //启动串口接收数据线程
            } else {
                tv1.setText("未授权限!");
                //System.exit(0);                   //退出系统
            }
            serialPort.SetConfig(9600, (byte) 8, (byte) 0, (byte)0,(byte) 0);
//配置串口参数：9600,n,8,1
            myhandler = new MyHandler();            //实例化 Handler，用于进程间的通信
            // 保持常亮的屏幕的状态

getWindow().addFlags(WindowManager.LayoutParams.FLAG_KEEP_SCREEN_ON);
            Timer mTimer = new Timer();             //新建 Timer
            mTimer.schedule(new TimerTask() {
                @Override
                public void run() {
                    tn++;                           //每秒加 1
                    Message msg = myhandler.obtainMessage();   //创建消息
                    msg.what = 1;                   //变量 what 赋值
                    myhandler.sendMessage(msg);     //发送消息
                }
            }, 1000, 1000);                         //延时 1000ms,然后每隔 1000ms 发送消息
        }
        //读取数据的线程
        private class ReadThread extends Thread {
        @Override
```

```java
public void run() {
    super.run();
    byte[] buff = new byte[512];
    while(true){
        try {
            int n = serialPort.ReadData(buff,32);  //接收数据
            if(n > 0) {
                for (int i=0;i<n;i++){
                    rbuf[i] = buff[i];  //保存数据
                }
                try {
                    sleep(100);              //延时100ms，等1帧数据接收完成
                } catch (InterruptedException e) {
                }
                int m = serialPort.ReadData(buff,512);  //接收数据
                for (int i=0;i<m;i++){
                    rbuf[i+n] = buff[i];     //保存数据
                }
                len=n+m;
                Message msg = myhandler.obtainMessage();
                msg.what = 0;
                myhandler.sendMessage(msg);  //收到数据，发送消息
            }
        } catch (Exception e) {
            e.printStackTrace();
        }
    }
}
//在主线程处理Handler传回来的message
class MyHandler extends Handler {
    public void handleMessage(Message msg) {
        switch (msg.what) {
            case 0:          //收到串口数据
                strrbuf="";
                for (int i = 0; i < len; i++) {
                    strrbuf = strrbuf + String.format("%02X", rbuf[i]) + " ";
                }
                tv1.setText(strrbuf);
                break;
            case 1:     //1s定时时间到
                float f;
                String s = et.getText().toString();
                if(s.equals("")) f=0;
                else f=Float.parseFloat(s);
                f=100*f;
                int n= (int) (f);
                tbuf[0] = (byte) 0x01;
                tbuf[1] = (byte) 0x06;
                tbuf[2] = (byte) 0x00;
                tbuf[3] = (byte) 0x02;
```

```
                    tbuf[4] = (byte) (n>>8);
                    tbuf[5] = (byte) (n);
                    int a = CRC(tbuf, 6);
                    tbuf[6] = (byte) (a & 0xFF);
                    tbuf[7] = (byte) ((a >> 8) & 0xFF);
                    serialPort.WriteData(tbuf, 8); //发送数据n
                    break;
            }
        }
    }
    //CRC校验子程序
    public int CRC(byte[] buf, int n) {
        int a,b,c;
        a=0xFFFF;
        b=0xA001;
        for (int i = 0; i < n; i++) {
            a^=buf[i];
            for (int j = 0; j < 8; j++) {
                c=(int)(a&0x01);
                a>>=1;
                if (c==1) {
                    a^=b;
                }
            }
        }
        return a;  //返回校验
    }
}
```

电路板焊接好后，写入单片机程序，参照通信协议标定好 4mA 和 20mA 对应的输出值。将工具的 USB 接口接入手机的 OTG 转接线，手机 APP 程序运行界面见图 5-20，输入想要输出的电流值即可，界面底部显示的是返回数据的十六进制值，主要用于调试，正常使用时可忽略。

MyTools

8.41 _____ mA

03 D0 12 90 03 49 07 E0

图 5-20　手机 APP 程序运行界面

5.4 数据存储

几十 K 字节的数据存储可以保存在单片机内部 EEPROM，如需保存更多的数据只能保存到外部存储介质，如 TF 卡或 U 盘，TF 卡（又称 Micro SD 卡）使用 SPI 接口通信，U盘则需要使用南京沁恒的 CH376S 来接入。

5.4.1 TF 卡

TF 卡外形及其 SPI 通信模式下引脚说明见图 5-21，引脚 VDD 和 VSS 接 3.3V 电源，在 SPI 通信模式下引脚 1 和 8 没有使用，其余引脚都是 SPI 功能引脚，DI 对应 MOSI，DO对应 MISO。

TF 卡支持两种总线方式：SD 方式和 SPI 方式。单片机有硬件 SPI 总线，一般都采用 SPI 总线通信方式，通信数据每字节中的高位在前，SPI 总线工作在模式 3，空闲时SCLK 引脚高电平，时钟前沿改变输出数据，后沿采样。电路中要使用 TF 卡，电路板上就要设计有 TF 卡座，方便更换 TF 卡，也方便用其他设备通过读卡器查看数据。

Pin	SPI
1	X
2	CS
3	DI
4	VDD
5	SCLK
6	VSS
7	D0
8	X

（1）TF 卡读写操作

TF 卡有自身完备的命令系统，通过命令完成初始化和读写扇区等操作，命令码由 6 字节数据组成，TF 卡读写操

图 5-21　TF 卡外形及其 SPI 通信模式下引脚说明

作常用命令码见表 5-1。命令码的命令字节是固定的，复位和 SPI 初始化命令的数据内容为 0，读写扇区命令的数据为读写起始地址，一般设为 512 的倍数，每次读写 1 个扇区的512 字节，校验字节只在复位命令中有效，在其他命令中无效，固定为 0xFF。

表 5-1　TF 卡读写操作常用命令码

功能	命令格式					
	命令	数据				校验
复位	0x40	0x00	0x00	0x00	0x00	0x95
SPI 初始化	0x41	0x00	0x00	0x00	0x00	0xFF
读扇区	0x51	读开始地址				0xFF
写扇区	0x58	写开始地址				0xFF

TF 上电后先初始化，只有初始化成功才可以进行下一步读写操作。初始化时 SPI 时钟不应高于 400kHz，否则初始化容易失败，初始化成功后再把 SPI 时钟提高，最高可达10MHz，加快数据的读写速度。

初始化步骤：

➤ 在片选引脚 CS 为高电平状态下（关闭片选）发送至少 74 个时钟信号；

➤ 片选引脚 CS 变为低电平，延时 100ms；

➤ 发送复位命令，循环读取返回数据，读到 0x01，复位完成；

➤ 发送 SPI 初始化命令，读取返回数据，读到 0x00 表示初始化完成，读到其他数据重新发送 SPI 初始化命令，读取返回数据，如此循环读到 0x00;

➤ 片选引脚 CS 变为高电平，然后发送 8 个时钟脉冲。

读扇区步骤：

➤ 片选引脚 CS 变为低电平;

➤ 发送含开始地址的读扇区命令，循环读取返回数据，读到 0x00;

➤ 再循环读取返回数据，读到扇区数据开始标识 0xFE;

➤ 循环 512 次读取扇区数据;

➤ 读取 2 次 CRC 校验，忽略不用;

➤ 片选引脚 CS 变为高电平，然后发送 8 个时钟脉冲。

写扇区步骤：

➤ 片选引脚 CS 变为低电平;

➤ 发送含开始地址的写扇区命令，循环读取返回数据，读到 0x00;

➤ 发送 10 字节的 0xFF，80 个时钟脉冲;

➤ 发送扇区数据开始标识 0xFE;

➤ 循环 512 次发送待写入扇区的数据;

➤ 发送 2 字节 0xFF，占 CRC 校验位;

➤ 读取返回的响应数据，低 4 位应为 0101;

➤ 循环读取返回数据，读到扇区数据写入完成标识 0xFF;

➤ 片选引脚 CS 变为高电平，然后发送 8 个时钟脉冲。

（2）TF 卡读写驱动代码

```
//TF 卡程序
#include <STC8H.h>                      //包含单片机头文件
sbit CS=P1^2;                           //SPI 片选
extern unsigned char xdata buf[512];    //数据缓冲区
extern unsigned int t0;                 //延时计数
//***************************************************************
// 函数: unsigned char SPI_Read_Byte(void)
// 说明: SPI 读取 1 字节数据
//***************************************************************
unsigned char SPI_Read_Byte(void)
{
    SPDAT = 0xFF;                       //触发 SPI 发送数据
    while (!(SPSTAT & 0x80));           //等待发送完成
    SPSTAT = 0xC0;                      //清除 SPI 状态位
    return SPDAT;                       //返回 SPI 数据
}
//***************************************************************
// 函数: void SPI_Send_Byte(unsigned char dt)
// 说明: SPI 发送 1 字节数据 dt
//***************************************************************
void SPI_Send_Byte(unsigned char dt)
{
    SPDAT = dt;                         //触发 SPI 发送数据
```

```
        while (!(SPSTAT & 0x80));       //等待发送完成
        SPSTAT = 0xC0;                  //清除 SPI 状态位
}
//****************************************************************
// 函数: void TF_Cmd(unsigned char *_CMD)
// 说明: 发送 CMD 命令, 参数_CMD 为 CMD 命令码数组地址
//****************************************************************
void TF_Cmd(unsigned char *_CMD)
{
    unsigned char i;
    for(i=0;i<6;i++)
    {
        SPI_Send_Byte(_CMD[i]);
    }
}
//****************************************************************
// 函数: unsigned char TF_Res(void)
// 说明: 读 TF 卡回应, 返回读取到的数值
//****************************************************************
unsigned char TF_Res(void)
{
    unsigned char i;
    unsigned char Res;
    for(i=0;i<10;i++)
    {
        Res=SPI_Read_Byte();
    if(Res==0x00) break;
    if(Res==0x01) break;
    }
    return Res;
}
//****************************************************************
// 函数: unsigned char TF_Init(void)
// 说明: TF 卡初始化, 复位并进入 SPI 通信模式, 返回 1 代表初始化成功
//****************************************************************
unsigned char TF_Init(void)
{
    unsigned char i;
    unsigned char Res=0xFF;
    unsigned char code CMD0[6]={0x40,0x0,0x0,0x0,0x0,0x95};//复位
    unsigned char code CMD1[6]={0x41,0x0,0x0,0x0,0x0,0xff};//SPI
    CS=1;                       //关片选
    for (i=0;i<10;i++) SPI_Send_Byte(0xFF); //先发送 80 个时钟脉冲
    CS=0;
    t0=0;
    while(t0<100);
    TF_Cmd(CMD0);               //CMD0, 复位 SD 卡
    i=0;
    while(TF_Res()!=0x01)       //等待复位完成
    {
        i++;
```

```
            if(i>10)
            {
                CS=1;
                return 0;
            }
        }
        CS=1;
        SPI_Send_Byte(0xFF);        //关片选后发送 8 个时钟脉冲
        CS=0;
        i=0;
        while(Res!=0x00)        //等待设定完成
        {
            TF_Cmd(CMD1);        //CMD1，设为 SPI 模式
            Res=TF_Res();
            i++;
            if(i>10)
            {
                CS=1;
                 return 0;
            }
        }
        CS=1;
        SPI_Send_Byte(0xFF);            //关片选后发送 8 个时钟脉冲
        return 1;                       //初始化成功
}
//******************************************************************
// 函数: unsigned char Read_Block(unsigned long addr)
// 说明: 读扇区，从地址 addr 读取，读取成功返回 1，否则返回 0
//******************************************************************
unsigned char Read_Block(unsigned long addr)
{
        unsigned int i;
        unsigned char Res=0xFF;
        unsigned char CMD17[6]={0x51,0x0,0x0,0x0,0x0,0xff};  //读扇区
        CS=0;
        CMD17[1] = (addr>>24);            //地址(512 整数倍)
        CMD17[2] = (addr>>16);
        CMD17[3] = (addr>>8);
        CMD17[4] = (addr);
        TF_Cmd(CMD17);                   //CMD17，读扇区
        i=0;
        while(TF_Res()!=0x00)            //等待命令响应
        {
            i++;
            if(i>100)
            {
                CS=1;
                return 0;
            }
        }
        i=0;
```

```
    while(SPI_Read_Byte()!=0xfe)  //读到块的开始标识
    {
        i++;
        if(i>100)
        {
            CS=1;
            return 0;
        }
    }
    for(i=0;i<512;i++)                //读取 512 个字节
    {
        buf[i]=SPI_Read_Byte();
    }
    SPI_Read_Byte();                  //读取 CRC
    SPI_Read_Byte();
    CS=1;
    SPI_Send_Byte(0xFF);              //关片选后发送 8 个时钟脉冲
    return 1;                         //读取成功
}
//*************************************************************
// 函数: unsigned char Write_Block(unsigned long addr)
// 说明: 写扇区,从地址 addr 写入,写入成功返回 1,否则返回 0
//*************************************************************
unsigned char Write_Block(unsigned long addr)
{
    unsigned int i;
    unsigned char Res=0xFF;
    unsigned char CMD24[6]={0x58,0x0,0x0,0x0,0x0,0xff};//写扇区
    CS=0;
    CMD24[1] = (addr>>24);            //地址(512 整数倍)
    CMD24[2] = (addr>>16);
    CMD24[3] = (addr>>8);
    CMD24[4] = (addr);
    TF_Cmd(CMD24);                    //CMD24,写扇区
    i=0;
    while(TF_Res()!=0x00)             //等待设定完成
    {
        i++;
        if(i>100)
        {
            CS=1;
            return 0;
        }
    }
    for(i=0;i<10;i++) SPI_Send_Byte(0xff);    //发送空脉冲
    SPI_Send_Byte(0xFE);              //先写扇区的开始标识
    for(i=0;i<512;i++)                //再写扇区的数据
    {
        SPI_Send_Byte(buf[i]);
    }
    SPI_Send_Byte(0xff);              //发送 CRC
```

```
        SPI_Send_Byte(0xff);
        Res=SPI_Read_Byte()&0x0F;            //读取 TF 卡响应
        i=0;
        while(SPI_Read_Byte()!=0xFF)         //等待写入完成
        {
            i++;
            if(i>100)
            {
                CS=1;
                return 0;
            }
        }
        CS=1;
        SPI_Send_Byte(0xFF);                 //关片选后发送 8 个时钟脉冲
        if(Res==0x05) return 1;              //写入成功
        else return 0;                       //写入失败
}
```

（3）TF 卡读写测试

在主程序中调用 TF 函数进行 TF 卡扇区的读写操作，主程序中部分代码如下：

```
#include <STC8H.h>                  //包含单片机头文件
#include "TF.h"                     //包含 TF 卡操作头文件
unsigned int t0;                    //延时计数
unsigned char r;                    //命令执行反馈
unsigned char xdata buf[512];       //TF 卡读写数据缓冲区
//初始化 SPI
void InitSPI(void)
{
    SPSTAT = 0xC0;                  //清除 SPI 状态位
    SPCTL = 0xDF;                   //主机模式，使能 SPI，高位在前，时钟 32 分频
}
// 主函数
void main(void)
{
    unsigned char i;                //循环量
    InitSPI();
    EA=1;                           //开总中断
    i=0;
    while(TF_Init()!=0x01)          //等待卡初始化完成
    {
        i++;
        if(i>10) break;
    }
    SPCTL = 0xDC;                   //SPI 时钟 4 分频
    while(1)
    {
        ......
        Read_Block(2048);           //读扇区，从 2048 开始的 512 字节
        ......
        Write_Block(2048);          //写扇区，从 2048 开始的 512 字节
        ......
```

```
        }
    }
//定时器 0 中断子程序，定时周期 1ms
void Timer0Int(void) interrupt 1
{
    t0++;
}
```

　　测试过程用逻辑分析仪接到 SPI 总线上，查看 TF 卡初始化时序（见图 5-22）、TF 卡读扇区时序（见图 5-23）、TF 卡写扇区时序（见图 5-24）。

逻辑分析软件
Logic

(a) CS为高电平状态下发送80个时钟信号

(b) 发送复位命令，返回0x01

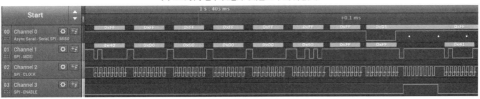

(c) 发送SPI初始化命令，返回0x01

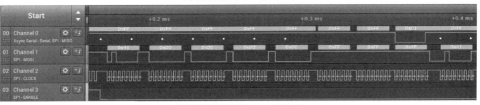

(d) 再次发送SPI初始化命令，返回0x00，初始化成功

图 5-22　TF 卡初始化时序

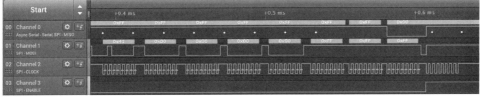

(a) 时序总貌，SPI时钟2.67MHz时读扇区耗时3.333ms

图 5-23

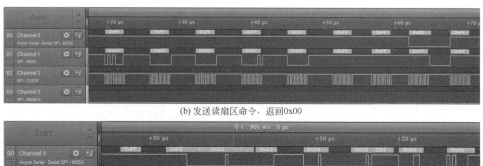

(b) 发送读扇区命令，返回0x00

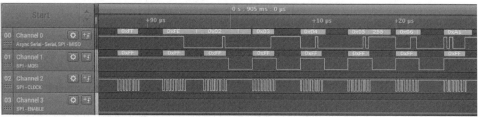

(c) 读到扇区数据开始标识0xFE，后面紧接着的就是扇区数据

(d) 读到校验码，读取结束

图 5-23　TF 卡读扇区时序

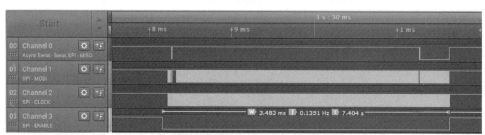

(a) 时序总貌，SPI时钟2.67MHz时写扇区耗时3.483ms

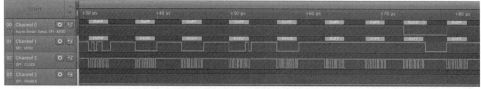

(b) 发送写扇区命令，返回0x00，发送空脉冲

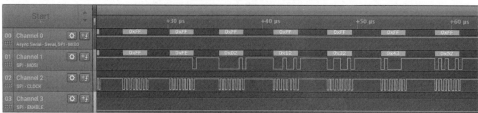

(c) 发送扇区数据开始标识0xFE，后面紧接着的就是待写入数据

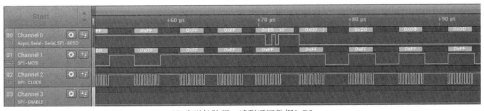

(d) 发送校验码，读到返回数据0xE5

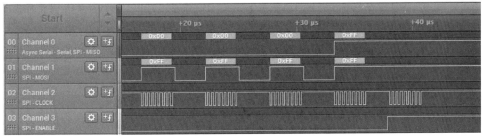

(e) 读到写完成标志，写扇区结束

图 5-24　TF 卡写扇区时序

5.4.2　U盘

南京沁恒的 CH376 是用于单片机读写 U 盘的芯片，也能读写 TF 卡，与单片机直接读写 TF 卡扇区数据不同，CH376 内置文件管理系统，单片机的读写对象是文件。CH376 应用框图见图 5-25，与单片机接口有并行总线、SPI 总线和串口 UART 3 种方式可供选择，外接 U 盘或 TF 卡。

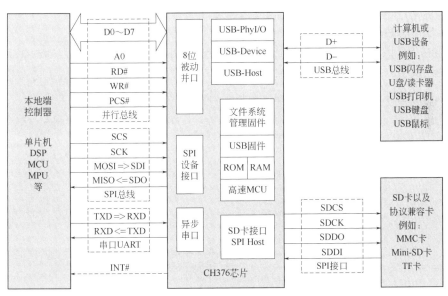

图 5-25　CH376 应用框图

（1）SPI 总线接口电路

CH376 的 SPI 总线接口应用电路图见图 5-26。引脚 2(RSTI)经 C3 接 5V 电源，起到上电复位的作用，引脚 3(WR#)和引脚 4(RD#)接地表示使用 SPI 总线和单片机通信，引脚 9(V3)

当 VCC 使用 5V 电源时外接 C4，引脚 10(UD+)和引脚 11(UD−)是 USB 数据线，引脚 12 接地，引脚 13(XI)和引脚 14(XO)外接 12MHz 晶振，引脚 18(SCS/D3)、20(SCK/D5)、21(SDI/D6)和 22(SDO/D7)是 SPI 总线，引脚 24(ACT#)外接 LED 指示 USB 设备状态，引脚 28(VCC)接 5V 电源，其他未使用引脚悬空。

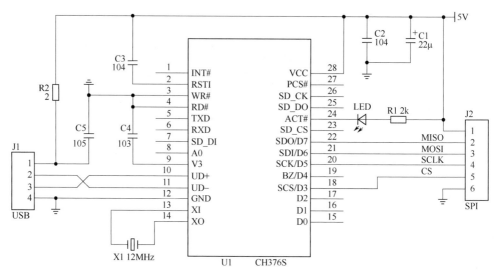

图 5-26   SPI 总线接口应用电路图

CH376 提供 SOP28 和 SSOP20 封装。CH376S 是 SOP28 封装；CH376T 是 SSOP20 封装，引脚少，不支持并行总线。CH376 的 SPI 接口最高频率为 24MHz，数据位顺序是高位在前，建议单片机侧 SPI 设置是 CPOL=CPHA=1，工作于模式 3。

（2）SPI 总线硬件驱动

STC8H 系列单片机 SPI 总线驱动 CH376 程序如下，其中有写命令、写数据和读数据这 3 个基本函数，每个完整的通信帧由 1 个写命令、若干个写数据或读数据函数完成，在写命令函数中使能片选，完成数据读写后再使片选无效。

```
//***********************************************************
//CH376 硬件驱动，SPI 总线，SDO 兼中断输出
//***********************************************************
#include <STC8H.h>          //包含单片机头文件
#include "CH376INC.H"
#include <intrins.h>
#define _Nop() _nop_(),_nop_(),_nop_()   //空指令延时
sbit CS=P1^2;              //片选端
sbit SDO=P1^4;             //SPI 数据输出兼中断输出
#define ERR_USB_UNKNOWN 0xFA     //未知错误标识
extern unsigned int t0; //定时中断延时计数
//***********************************************************
// 函数: void mDelaymS(unsigned int n)
// 说明: 延时 n ms
//***********************************************************
void mDelaymS(unsigned int n)
{
```

```
    t0=0;
    while(t0<n);
}
//**************************************************************
// 函数: unsigned char SPI_Read_Byte(void)
// 说明: SPI 读取 8 位数据
//**************************************************************
unsigned char SPI_Read_Byte(void)
{
    SPDAT = 0x00;                       //触发 SPI 发送数据
    while (!(SPSTAT & 0x80));           //等待发送完成
    SPSTAT = 0xC0;                      //清除 SPI 状态位
    return SPDAT;                       //返回 SPI 数据
}
//**************************************************************
// 函数: void SPI_Send_Byte(unsigned char dt)
// 说明: SPI 发送 8 位数据 dt
//**************************************************************
void SPI_Send_Byte(unsigned char dt)
{
    SPDAT = dt;                         //触发 SPI 发送数据
    while (!(SPSTAT & 0x80));           //等待发送完成
    SPSTAT = 0xC0;                      //清除 SPI 状态位
}
//**************************************************************
// 函数: void xEndCH376Cmd(void)
// 说明: SPI 片选无效
//**************************************************************
void xEndCH376Cmd(void)
{
    CS=1;                               //SPI 片选无效
}
//**************************************************************
// 函数: void xWriteCH376Cmd(unsigned char mCmd)
// 说明: 向 CH376 写命令 mCmd
//**************************************************************
void xWriteCH376Cmd(unsigned char mCmd)
{
    CS = 0;                             //SPI 片选有效
    SPI_Send_Byte(mCmd );               //发出命令码
    _Nop();                             //延时等待
}
//**************************************************************
// 函数: void xWriteCH376Data(dat)
// 说明: 向 CH376 写数据 dat
//**************************************************************
void xWriteCH376Data(dat)
{
    SPI_Send_Byte(dat);
}
//**************************************************************
// 函数: unsigned char xReadCH376Data(void)
```

```
// 说明: 返回 CH376 读到的数据
//*************************************************************
unsigned char xReadCH376Data(void)
{
    return SPI_Read_Byte( );
}
//*************************************************************
// 函数: unsigned char Query376Interrupt(void)
// 说明: 返回 CH376 查询中断
//*************************************************************
unsigned char Query376Interrupt(void)
{
    return(SDO? FALSE : TRUE );   //查询兼作中断输出的 SDO 引脚状态
}
//*************************************************************
// 函数: unsigned char mInitCH376Host(void)
// 说明: 初始化 CH376, 返回 0x14 代表成功, 返回 0xFA 代表失败
//*************************************************************
unsigned char mInitCH376Host(void)
{
    unsigned char res;              //命令返回码
    xWriteCH376Cmd(CMD11_CHECK_EXIST); //通信接口测试
    xWriteCH376Data(0x65);
    res = xReadCH376Data( );
    xEndCH376Cmd();
    if(res != 0x9A) return( ERR_USB_UNKNOWN );   //返回 0x9A 代表正常
    xWriteCH376Cmd(CMD20_SET_SDO_INT);            //设置 SDO 引脚兼作中断输出
    xWriteCH376Data(0x16);
    xWriteCH376Data(0x90);
    xEndCH376Cmd();
    xWriteCH376Cmd(CMD11_SET_USB_MODE);           //设置 USB 工作模式
    xWriteCH376Data(0x06);
    mDelaymS(20);
    res = xReadCH376Data( );
    xEndCH376Cmd();
    if(res == CMD_RET_SUCCESS) return(USB_INT_SUCCESS);
    else return( ERR_USB_UNKNOWN );
}
```

CH376 初始化函数中共有 3 个命令。首先发送通信接口测试命令, 返回 0x9A 代表 SPI 总线通信正常; 接着发送命令设置 SDO 引脚兼作中断输出, SDO 引脚在片选有效时是数据输出端, 在片选无效时是中断输出端; 最后发送命令设置 USB 工作模式为主机方式, 返回 0x14 表示初始化成功。

（3）U 盘读写测试

U 盘读写测试文件结构见图 5-27。其中 CH376.C 是 CH376 硬件驱动程序; FILE_SYS.C 是厂家提供的 CH376 文件管理程序, 提供能在 FAT 格式的 U 盘中进行新建文件夹、新建文件和读写文件等操作的函数。

主程序部分代码如下。在初始化部分, 初始化 CH376 进入 USB-HOST 工作方式, 检查 U 盘是否接入, 初始化 U 盘并测试磁盘是否就绪, 在主程序中根据某种条件触发文件读写操

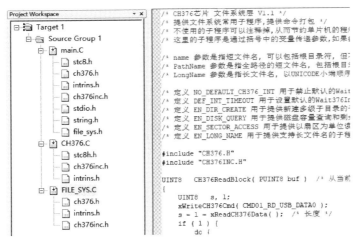

图 5-27　U 盘读写测试文件结构

作，打开文件 MY_ADC.TXT，如果文件不存在则新建文件，然后写入数据，最后关闭文件。

```
//初始化
r=mInitCH376Host( );              //初始化 CH376
r=CH376DiskConnect( );            //检查 U 盘是否接入
r=CH376DiskMount( );              //初始化 U 盘并测试磁盘是否就绪

//打开文件 MY_ADC.TXT，如果文件不存在则新建文件。然后写入数据
r=CH376FileOpen("/MY_ADC.TXT");   //打开文件
if(r == USB_INT_SUCCESS)
{   //文件存在并且已经被打开，移动文件指针到尾部以便添加数据
    s=CH376ByteLocate(0xFFFFFFFF);   //移到文件的尾部
}
if(s == ERR_MISS_FILE)
{   //没有找到文件，必须新建文件
    s=CH376FileCreate(NULL);      //新建文件并打开
}
strcpy(buf, "写文件内容测试\xd\xa");
r=CH376ByteWrite(buf, strlen( buf), NULL);  //以字节为单位向文件写入数据
r=CH376FileClose(TRUE);  //关闭文件，自动计算文件长度，以字节为单位写文件
```

　　U 盘读写测试结果见图 5-28，在 U 盘中出现了 MY_ADC 文件，打开后内容为"写文件内容测试"，修改日期并不是当前日期，如果对此介意的话可以用修改文件日期/时间的函数进行修改。

图 5-28　U 盘读写测试结果

第 5 章　单片机硬件接口扩展和外部存储扩展

153

第6章

单片机与功能模块配合应用

市场上与单片机相关的各种功能模块很多，用单片机设计产品时可以直接选用，无需从头设计，能在很大程度上降低电路设计难度，提高产品设计效率。使用各种功能模块，从产品角度主要是关注其性能参数，从单片机电路设计角度主要是关注其硬件接口和通信协议，不必关注其电路原理、内部逻辑等细节问题。

6.1 串口接口模块

6.1.1 NFC 模块 PN532

（1）硬件接口

PN532 是一个高度集成的 NFC（近场通信）芯片，它包含 80C51 微控制器内核，集成 13.56MHz 下的各种主动/被动式非接触通信方法和协议。NFC 模块 PN532 外部接线示意图见图 6-1，引脚 VCC 和 GND 接 2.7～5.5V 的电源。PN532 和单片机之间有三种方式进行通信：I²C 总线、SPI 总线和 HSU（高速 UART）。这些通信接口的引脚中有些是复用的，用 DIP 开关选择通信方式，同时也决定引脚的功能，DIP 开关位置和通信方式的关系见表 6-1。

图 6-1　NFC 模块 PN532 外部接线示意图

表 6-1　DIP 开关位置和通信方式的关系

模式	I0	I1
HSU	OFF	OFF
I^2C	ON	OFF
SPI	OFF	ON

HSU 高速串口的默认配置是：115200,n,8,1。SPI 只能选择工作模式 0，即 SPI 的时钟引脚 SCK 空闲电平为高电平，数据总是在 SCK 的第一个边沿采样，数据发送格式总是 LSB 在前。I^2C 模式下，默认的从机地址是 0x48，先发送 MSB，最高支持速率 400kHz。

（2）通信协议

PN532 通信帧常用类型有数据帧、应答帧、非应答帧和错误帧，PN532 常用通信帧结构见图 6-2，每种帧的前导码、后同步码都是 0x00，起始码是 0x00FF。

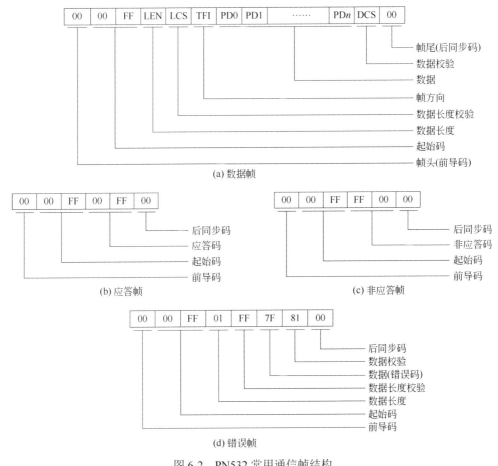

图 6-2　PN532 常用通信帧结构

数据帧中 LEN 是数据包的长度，是含 TFI 和 PD0 到 PDn 的字节数；LCS 是数据长度校验码，其值满足 LEN+LCS=256；TFI 是帧方向码，0xD4 表示是控制器到 PN532 的数据帧，0xD5 表示是 PN532 到控制器的数据帧；PD0 到 PDn 是数据内容，其中 PD0 是控制功能数据，其余为控制参数数据，不同控制功能的控制参数数据长度可能不同；DCS 是数据校验码，其值满足[TFI+PD0+PD1+…+PDn+DCS]之和的低字节为 0。

在串口通信模式，PN532 上电后要先给串口发送唤醒数据帧，才能进行其他功能操作，唤醒数据帧固定为：

```
0x55,0x55,0x00,0x00,0x00,0x00,0x00,0x00,0x00,0x00,0x00,0x00,0x00,0x00,
0x00,0x00,0xFF,0x03,0xFD,0xD4,0x14,0x01,0x17,0x00
```

唤醒数据帧为 2 个 0x55 加上 12 个 0x00，再加上设置工作模式的数据帧。该数据帧数据长度为 0x03，数据长度校验 0xFD(=0x100−0x03)，0xD4 表示帧方向是从控制器到 PN532，0x14 表示控制功能是设置工作模式，控制参数 0x01 表示是正常模式，0x17 为数据校验。

唤醒后的通信过程为控制器向 PN532 发送数据帧，PN532 返回应答帧和数据帧。

（3）读取 RFID 卡 ID

读取 RFID 卡 ID 数据帧见表 6-2，主机发送读取 RFID 卡 ID 数据帧，PN532 先返回应答帧，搜索到卡后返回数据帧。

表 6-2　读取 RFID 卡 ID 数据帧（十六进制）

主机发送数据帧		PN532 返回数据帧	
数据	说明	数据	说明
00	前导码	00	前导码
00 FF	起始码	00 FF	起始码
04 FC	数据长度及其校验	0C F4	数据长度及其校验
D4	数据方向为主机到 PN532	D5	数据方向为主机到 PN532
4A	功能码为搜寻 RFID 卡的 ID	4B	功能码为返回 RFID 卡的 ID
01	寻卡的数量为 1	01	目标卡 1
00	卡类型	01	找到目标卡的数量
E1	校验码	00 04	卡类型
00	后同步码	08	卡的容量 08=1K
		04	ID 字节数
		93 13 92 24	读到卡的 ID 码
		72	校验码
		00	后同步码

串口通信测试步骤：

➢ PN532 上电，串口接 USB 转 TTL 接口板。

➢ 串口设置为 115200,n,8,1。

➢ 发送唤醒数据帧：55 55 00 00 00 00 00 00 00 00 00 00 00 00 00 00 FF 03 FD D4 14 01 17 00。

➢ PN532 返回：00 00 FF 00 FF 00 00 00 FF 02 FE D5 15 16 00。

➢ 发送扫描卡片数据帧：00 00 FF 04 FC D4 4A 02 00 E0 00，可同时读取 2 个卡的 ID。

➢ PN532 返回：00 00 FF 00 FF 00。

➢ 拿两个卡靠近 PN532。

➢ PN532 返回：00 00 FF 15 EB D5 4B 02 01 00 04 08 04 56 9D E9 1F 02 00 04 08 04 93 13 92 24 64 00，返回 2 个卡的 ID。

串口通信测试截图见图6-3，两个卡的ID分别是569DE91F 和 93139224。

图6-3　串口通信测试截图

（4）单片机程序

单片机串口2接PN532，读取卡的ID，读到后用串口1发送到上位机，测试程序部分代码如下。

```
unsigned char code HX[]=                  //唤醒数据帧
{0x55,0x55,0x00,0x00,0x00,0x00,0x00,0x00,0x00,0x00,
0x00,0x00,0x00,0x00,0x00,0x00,0xFF,0x03,0xFD,0xD4,
0x14,0x01,0x17,0x00};
unsigned char code DK[]=                  //搜索卡数据帧
{0x00,0x00,0xFF,0x04,0xFC,0xD4,0x4A,0x01,0x00,0xE1,0x00};
unsigned int t0;      //延时计数

//串口2发送数据帧函数，len为发送字节数，s为数据帧数组
void SendDat(unsigned char len,char *s)
{
    unsigned char i;
    for (i=0;i<len;i++)                   //将字符放到发送缓冲区
    {
     tbuf2[i]=s[i];
    }
    sn2=char_length;                      //发送字节数
    sp2=0;                                //从头开始发送
    S2BUF=tbuf2[0];                       //发送第1个字节
}
//主函数
void main(void)
{
    ......
    EA=1;                   //开总中断
    rnew2=0;
    SendDat(24,HX);         //发送唤醒数据帧
    while(!rnew2);          //等PN532返回应答帧
    rnew2=0;
    SendDat(11,DK);         //发送搜索卡数据帧
    while(!rnew2);          //等PN532返回应答帧
    while(1)
    {
        if(rnew2)
```

```
                    {
                        rnew2=0;
                        if((rbuf2[3]==0x0C)||(rbuf2[6]==0x4B))
                        {
                            m=0;
                            for(i=0;i<12;i++) m=m+rbuf2[i+5];
                            m=~m+1;                        //计算校验码
                            if(m==rbuf2[17])               //校验码正确
                            {
                                sn1=4;
                                sp1=0;
                                tbuf[0]=rbuf2[13];
                                tbuf[1]=rbuf2[14];
                                tbuf[2]=rbuf2[15];
                                tbuf[3]=rbuf2[16];
                                SBUF=tbuf[0];              //发送第 4 字节 ID 码
                                t0=0;
                                while(t0<500);             //延时 0.5s
                                SendDat(11,DK);            //继续搜索卡
                            }
                        }
                    }
                }
            }
```

6.1.2 GPS 模块 ATGM336H

（1）硬件接口

GPS 模块 ATGM336H 的硬件接口见图 6-4，引脚 VCC 和 GND 接 3.3～5V 电源，引脚 TX 和 RX 是串口数据发送和接收端，引脚 PPS 是秒脉冲输出端。串口出厂默认通信参数为：9600,n,8,1。

图 6-4 GPS 模块 ATGM336H 的硬件接口

（2）通信测试

用学习板上的串口接 ATGM336H 的串口，打开串口调试软件，每秒能接收到如下一组数据。

➢ $GNGGA,154856.000,4637.2870,N,12451.5854,E,1,06,10.3,242.0,M,0.0,M,,*4D。

➢ $GNGLL,4637.2870,N,12451.5854,E,154856.000,A,A*48。

➢ $GPGSA,A,3,18,05,20,07,,,,,,,,,12.7,10.3,7.5*3F。

➢ $BDGSA,A,3,13,08,,,,,,,,,,,12.7,10.3,7.5*2D。

➢ $GPGSV,3,1,10,02,46,150,,05,79,349,24,06,00,136,24,07,22,053,24*7E。

➢ $GPGSV,3,2,10,13,61,185,,15,33,222,,18,20,310,31,20,63,076,25*7C。

➢ $GPGSV,3,3,10,29,40,265,,30,29,079,,*70。

➢ $BDGSV,1,1,02,08,79,356,25,13,66,313,28*62。

➢ $GNRMC,154856.000,A,4637.2870,N,12451.5854,E,2.11,8.96,190322,,,A*71。

➢ $GNVTG,8.96,T,,M,2.11,N,3.91,K,A*2D。

> $GNZDA,154856.000,19,03,2022,00,00*4A。

> $GPTXT,01,01,01,ANTENNA OK*35。

以上数据使用的是 NMEA 0183 协议，协议数据头中的 GN、GP 和 BD 分别代表双模模式、GPS 模式和北斗模式，GGA、GLL 和 RMC 代表定位信息，GSA 和 GSV 代表卫星信息，VTG 代表地面速度信息，ZDA 为时间信息，TXT 为天线状态信息。以上信息中 GNRMC 较为常用，含有定位和时间信息，GNRMC 报文格式如下：

```
$GPRMC,<1>,<2>,<3>,<4>,<5>,<6>,<7>,<8>,<9>,<10>,<11>,<12>*hh
```

报文由数据头、各种数据、最后的校验和和回车换行符组成，各部分数据之间用","分隔，GNRMC 报文格式说明见表 6-3。

表 6-3　GNRMC 报文格式说明

序号	名称	样例数据	说明
	消息 ID	$GPRMC	RMC 协议数据头
<1>	UTC 时间	154856.000	15+8 时 48 分 56 秒，UTC+8 变北京时间
<2>	定位状态	A	A：定位　V：导航
<3>	纬度	4637.2870	格式：ddmm.mmmm
<4>	纬度方向	N	N：北纬　　　S：南纬
<5>	经度	12451.5854	格式：dddmm.mmmm
<6>	经度方向	E	W：西经　　　E：东经
<7>	速度	2.11	000.0～999.9 节（1kn=1.852km/h）
<8>	方向	8.96	以北为参考基准
<9>	UTC 日期	190322	2022 年 3 月 19 日
<10>	磁偏角		
<11>	磁偏角方向		
<12>	模式指示	A	A：自主定位　D：差分　E：估算　N：无效
hh	校验和	71	$到*所有字符的异或和
	回车和换行	0x0D 0x0A	代表协议结束

（3）单片机程序

单片机串口 2 接 ATGM336，接收 GPS 数据，解析出其中的日期和时间，用串口 1 发送到上位机，测试程序部分代码如下。

```c
#include <STC8H.h>        //包含单片机头文件
#include <string.h>       //包含字符串函数头文件
// 主函数
void main(void)
{
    unsigned int i,n;
    unsigned char yy,mm,dd,h,m,s;     //年，月，日，时，分，秒
    GPIO_Init();           //初始化端口
    Timer_Uart_Init();     //初始化定时器和串口
    EA=1;                  //开总中断
    while(1)
    {
        if(rnew2)          //收到 GNRMC 报文
```

```
    {
        rnew2=0;              //清标志位
        n=strpos(rbuf2,',');  //第 1 个 "," 位置
        h=10*(rbuf2[n+1]-0x30)+(rbuf2[n+2]-0x30)+8;        //时
        if(h>23) h=24-h;
        m=10*(rbuf2[n+3]-0x30)+(rbuf2[n+4]-0x30);          //分
        s=10*(rbuf2[n+5]-0x30)+(rbuf2[n+6]-0x30);          //秒
        for(i=0;i<9;i++)   //查第 9 个 "," 位置
        {
            n=strpos(rbuf2,',');
            rbuf2[n]='*';          //已查到的用 "*" 替换
        }
        dd=10*(rbuf2[n+1]-0x30)+(rbuf2[n+2]-0x30);         //日
        mm=10*(rbuf2[n+3]-0x30)+(rbuf2[n+4]-0x30);         //月
        yy=10*(rbuf2[n+5]-0x30)+(rbuf2[n+6]-0x30);         //年
        tbuf[0]=yy;
        tbuf[1]=mm;
        tbuf[2]=dd;
        tbuf[3]=h;
        tbuf[4]=m;
        tbuf[5]=s;
        sn1=6;                    //发送 6 字节数据
        sp1=0;                    //从头开始发送
        SBUF=tbuf[0];             //串口 1 发送数据
    }
  }
}
//UART2 中断函数，接收 GPS 模块数据
void UART2_int (void) interrupt 8
{
    unsigned char buf;
    if((S2CON & 1) != 0)
    {
        t2=0;
        S2CON &= ~1;              //清接收标志位
        buf=S2BUF;
        if(buf=='$')             //帧头
        {
            rn2=0;
            ring2=1;
        }
        if(ring2)
        {
            if(rn2<100) rbuf2[rn2]=buf;
            rn2++;
            if(buf==0x0A)            //帧尾
            {
                ring2=0;
                if((rbuf2[1]=='G')&&(rbuf2[2]=='N')&&(rbuf2[3]=='R')&&
                (rbuf2[4]=='M')&&(rbuf2[5]=='C'))
                {
```

```
                rnew2=1;      //接收收到 GNRMC 报文
            }
        }
    }
}
if((S2CON & 2) != 0)
{
    S2CON &= ~2;              //清发送标志位
    sp2++;                    // 发送数据
    if(sp2<sn2) S2BUF = tbuf2[sp2];
}
}
```

6.1.3 红外体温计模块 GY-614V

（1）硬件接口

红外体温计模块 GY-614V 硬件接口见图 6-5。引脚 VCC 和 GND 接 3～5V 电源，引脚 RC 和 TD 是数据接口。当 PCB 背面 ps 焊点接通时是 I^2C 通信模式，ps 焊点断开时是串口通信模式，串口出厂默认通信参数为：9600,n,8,1。

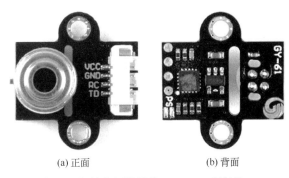

(a) 正面   (b) 背面

图 6-5 红外体温计模块 GY-614V 硬件接口

（2）通信协议

模块 GY-614V 内部寄存器见表 6-4，其中温度值包括目标温度、环境温度和经转换后的体温温度。

表 6-4 模块 GY-614V 内部寄存器

寄存器地址	说明	备注
0x00	模块 ID 地址：默认为 0xA4，与 I^2C 地址相同	
0x01	波特率设置：0～7 分别表示 2400、4800、9600、19200、38400、57600、115200、230400bps	
0x02	更新速率：0——1Hz，1——2Hz，2——5Hz，3——10Hz	
0x03	输出模式：0——连续输出，1——查询输出	
0x04	输出格式：0——十六进制，1——字符	
0x05	保存设置：0x55——保存当前配置，0xAA——恢复出厂设置	
0x06	TO_off 温度偏移：默认值 100——0 偏移，TO 补偿=(TO_off-100)/10	
0x07	E 发射率：1～100 对应 0.01～1.00，测体温时设为 0.98	

寄存器地址	说明	备注
0x08	TO（目标温度）高 8 位	温度值含2 位小数，即返回温度值除以 100 为实际温度
0x09	TO（目标温度）低 8 位	
0x0A	TA（环境温度）高 8 位	
0x0B	TA（环境温度）低 8 位	
0x0C	BO（额温转体温）高 8 位	
0x0D	BO（额温转体温）低 8 位	

模块 GY-614V 串口通信帧格式见表 6-5。功能码为 0x06 时写寄存器，寄存器地址 0x07 中的内容为发射率，寄存器内容 0x62（十进制 98）表示写入的发射率为 0.98，写寄存器时返回数据和主机发送数据相同。功能码为 0x03 时读寄存器，从寄存器地址 0x07 开始读取 7 字节数据，返回数据表示：

① 发射率：E=(0x62)/100=0.98。

② 目标温度：TO=(256×0x0C+0xEB)/100=33.07（℃）。

③ 环境温度：TO=(256×0x0C+0x3F)/100=31.35（℃）。

④ 体温温度：TO=(256×0x0E+0x20)/100=36.16（℃）。

表 6-5　模块 GY-614V 串口通信帧格式

写寄存器（配置发射率为 0.98）			读寄存器			
主机发送		从机返回	主机发送		从机返回	
0xA4	地址	与主机内容相同	0xA4	地址	0xA4	地址
0x06	功能码为写		0x03	功能码为读	0x03	功能码为读
0x07	寄存器地址		0x07	寄存器地址	0x07	寄存器地址
0x62	寄存器内容		0x07	寄存器数量	0x07	寄存器数量
0x13	校验和低 8 位		0xB5	校验和低 8 位	0x620CEB0C3F0E20	数据
					0x87	校验和低 8 位

（3）单片机程序

将模块 GY-614V 的更新速率设为 2Hz，输出模式为连续输出，输出格式为十六进制，单片机则不需发送读取寄存器命令就能每 500ms 收到一帧从机返回数据，测试程序部分代码如下。

```
if(rnew2)                    //串口 2 收到数据
{
    rnew2=0;
    m=0;                     //数据校验计算
    for(i=0;i<11;i++) m=m+rbuf2[i];
    if(rbuf2[11]==m)         //校验正确
    {
        sn1=2;
        sp1=0;
        tbuf[0]=rbuf2[9];
        tbuf[1]=rbuf2[10];
        SBUF=tbuf[0];        //发送体温数据
    }
}
```

6.1.4 红外点阵测温 MLX90640 模块

（1）点阵式红外温度传感器

MLX90640 是 32×24 点阵式红外温度传感器，测温范围−55～300℃，按测温角度范围分 55°×35°和 110°×75°两种规格，前者适合测距离稍远的物体温度，后者适合测量距离稍近的物体温度。MLX90640 示意图见图 6-6，采用 TO39 封装；引脚 VDD 和 GND 接 3.3V 工作电压，耗电小于 23mA；引脚 SDA 和 SCL 为 I^2C 总线接口，测温点数为 32×24=768，相当于简易版红外成像仪。

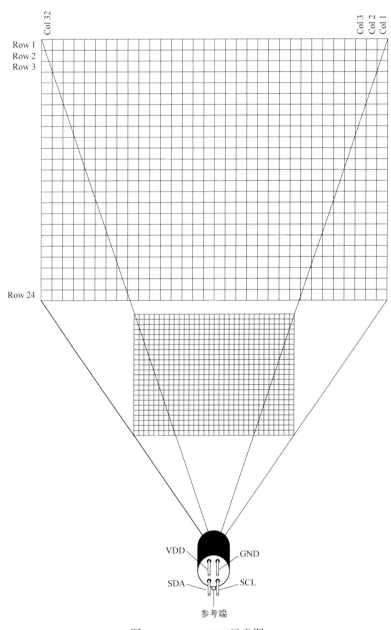

图 6-6 MLX90640 示意图

（2）MLX90640模块

用I^{2}C总线从MLX90640读出的数据并不是最终的温度数据，需要经过复杂的计算，普通8位单片机无法胜任此项工作，因此使用带串口功能的MLX90640模块。MLX90640模块硬件接口见图6-7。从正面看有4个引出引脚，其中VCC和GND接5V工作电压，引脚TX和RX为TTL电平的串口，背面可以看到32位单片机和USB转串口芯片及接口。

(a) 正面　　　　　　　　　　　　　　　　　　(b) 背面

图6-7　MLX90640模块硬件接口

MLX90640模块通过自定义通信协议读取温度值，设定通信波特率、发射率、刷新率和输出模式，出厂默认波特率为115200bps、发射率为0.95、刷新率为4Hz、输出模式为自动输出768（32×24）点温度。输出帧格式见表6-6，数据量0x0602（十进制1538）包括1536字节测点温度和2字节自身温度，温度值=2字节的整数/100。

表6-6　输出帧格式

帧头(2字节)	数据量(2字节)	温度(1536字节)	温度(2字节)	校验和(2字节)
0x5A5A	0x0602	768点温度	自身温度	校验

（3）电气设备测温应用

电气设备运行时大电流流经电气连接点，如果连接点接触不良会发热，严重时会造成短路事故，红外点阵测温具有非接触的特点，特别适合高压电气设备的温度监测。MLX90640模块转RS485总线电路图见图6-8，单片机STC15W4K的串口2接收MLX90640模块发来的温度数据，将其保存在内部寄存器；串口1转为RS485总线通信接口，响应上位机MODBUS通信规约，将温度数据发给上位机。

（4）上位机程序

上位机程序用VB.net编写，每3s发送一次读取命令，收到返回数据后对数据进行处理。程序中的重点一是将灰度值变换为伪彩色，重点二是将32×24点阵图像放大为512×384点阵图像。

```
'红外点阵测温测试程序，用于现场调试
Imports System.Threading       '使用Thread所引用的命名空间
Public Class Form1
    Dim byt As Long            '字节数
    Dim rdat(768) As Single    '温度数据
    Dim Tmax As Single         '最高温度
    Dim Tmin As Single         '最低温度
```

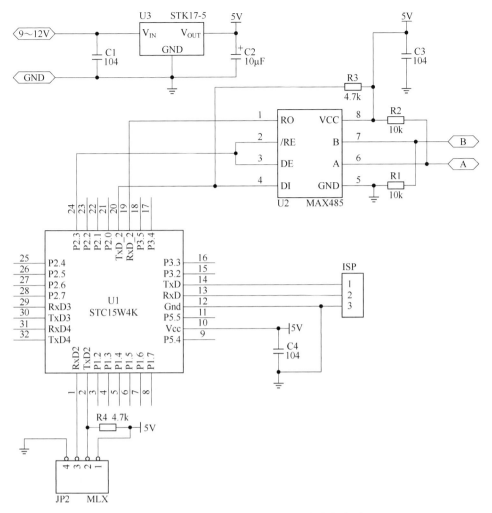

图 6-8　MLX90640 模块转 RS485 总线电路图

```
Dim Xmax As Long                          '最高温度坐标 X
Dim Ymax As Long                          '最高温度坐标 Y
Dim rbuf(2600) As Byte                    '接收缓冲区
Dim tbuf() As Byte                        '发送缓冲区
Dim CRC As UInt16                         '校验值
Dim Sta As String                         '连接状态显示
Dim OK As Boolean                         '收到数据
Dim grayValue, colorR, colorG, colorB As Integer       '颜色值
'串口搜索
Private Sub ScanCom()
    Dim n As Integer
    n = 0
    Sta = "搜索可用串口..."
    For Each portName As String In My.Computer.Ports.SerialPortNames
        Try          '逐个打开端口
            SerialPort1.PortName = portName            '设定端口
            SerialPort1.Open()                          '打开端口
            ComboBox1.Items.Add(SerialPort1.PortName)
```

```
                ComboBox1.Text = SerialPort1.PortName
                SerialPort1.Close()
                n = n + 1
                Sta = "搜索到可用串口" & n & "个"
            Catch ex As Exception
            End Try
        Next
End Sub
'初始化
Private Sub Form1_Load(sender As Object, e As EventArgs) Handles Me.Load
    Dim n As Integer
    Dim pro As Process
    n = 0
    byt = 0
    For Each pro In Process.GetProcesses
        If pro.ProcessName = "LHB" Then    '查找当前程序是否运行
            n = n + 1
            If n = 2 Then Me.Close()
        End If
    Next
    ScanCom()
End Sub
'程序退出前先关闭串口
Private Sub 退出ToolStripMenuItem1_Click(sender As Object, e As EventArgs)
    If SerialPort1.IsOpen Then SerialPort1.Close()
    Me.Close()
End Sub
'0.2s定时，显示状态和图像
Private Sub Timer1_Tick(sender As Object, e As EventArgs) Handles Timer1.Tick
    Dim i, j As Long
    Dim x As Single
    Dim bmp1 As New Drawing.Bitmap(32, 24)
    Dim bmp2 As New Drawing.Bitmap(512, 384)
    Dim g As Graphics
    Dim my_pen As System.Drawing.Pen        '先定义一支笔
    SL1.Text = Sta
    Label11.Text = "最高温度：" & Tmax & "℃"
    Label12.Text = "最低温度：" & Tmin & "℃"
    If OK Then
        x = Tmax - Tmin
        If x > 0 Then
            For i = 0 To 23
                For j = 0 To 31
                    grayValue = CInt(250 * rdat(32 * i + 31 - j) / x -
                            250 * Tmin / x)
                    GrayToColor()
                    If colorR < 0 Then colorR = 0
                    If colorR > 255 Then colorR = 255
                    If colorG < 0 Then colorG = 0
                    If colorG > 255 Then colorG = 255
```

```
                If colorB < 0 Then colorB = 0
                If colorB > 255 Then colorB = 255
            bmp1.SetPixel(j, i, Color.FromArgb(colorR, colorG, colorB))
                Next j
            Next i
            g = Graphics.FromImage(bmp2)
            g.InterpolationMode = Drawing2D.InterpolationMode.High
            g.SmoothingMode = Drawing2D.SmoothingMode.HighQuality
            g.CompositingQuality =
                    Drawing2D.CompositingQuality.HighQuality
            g.SmoothingMode = Drawing2D.SmoothingMode.AntiAlias
            g.DrawImage(bmp1, New Rectangle(0, 0, 512, 384),
                New Rectangle(0, 0, 32, 24), GraphicsUnit.Pixel)
            my_pen = New System.Drawing.Pen(Color.White, 2)  '创建笔
            g.DrawLine(my_pen, Xmax - 8, Ymax, Xmax + 8, Ymax)
            g.DrawLine(my_pen, Xmax, Ymax - 8, Xmax, Ymax + 8)
            g.Dispose()
            PictureBox2.Image = bmp2
        End If
        OK = 0
    End If
End Sub
'串口中断接收
Private Sub SerialPort1_DataReceived(ByVal sender As Object,
        ByVal e As System.IO.Ports.SerialDataReceivedEventArgs)
        Handles SerialPort1.DataReceived
    Dim m As Integer
    Dim XYmax, XYmin As Long
    Thread.Sleep(100)                       '延时接收报文
    m = SerialPort1.BytesToRead             '读缓冲区数据量
    If m > 1 Then
        m = SerialPort1.Read(rbuf, byt, m)
        byt = byt + m
        If byt > 1500 Then
            Sta = "串口接收到数据" & byt
            byt = 0
            If rbuf(1) = 3 Then
                For i = 0 To 767
                    m = 256 * rbuf(2 * i + 3) + rbuf(2 * i + 4)
                    If m > 32767 Then m = m - 65535
                    rdat(i) = CSng(m) / 100
                Next i
                Tmax = -50
                Tmin = 300
                XYmax = 0
                XYmin = 0
                For i = 0 To 767
                    If rdat(i) > Tmax Then
                        Tmax = rdat(i)
                        XYmax = i
```

```
                        End If
                        If rdat(i) < Tmin Then
                            Tmin = rdat(i)
                            XYmin = i
                        End If
                    Next i
                    Xmax = 512 - (16 * (XYmax Mod 32) + 8)
                    Ymax = 16 * (XYmax \ 32) + 8
                    OK = 1
                End If
            End If
        End If
End Sub
'测试按钮
Private Sub Button1_Click(sender As Object, e As EventArgs)
                                    Handles Button1.Click
    If Button1.Text = "测试" Then
        SerialPort1.PortName = ComboBox1.Text        '设定端口
        SerialPort1.Open()                  '打开端口
        Timer2.Enabled = True
        Button1.Text = "暂停"
    Else
        Button1.Text = "测试"
        Timer2.Enabled = False
        SerialPort1.Close()
    End If
End Sub
'CRC 校验: Dat——待校验数组, sn——开始序号, bn——校验字节数
Function CrcVB(ByVal Dat() As Byte, ByVal sn As Integer,
                            ByVal bn As Integer) As Integer
    Dim i As Integer
    Dim j As Integer
    Dim CrcDat As UInt16
    CrcDat = &HFFFF
    For i = sn To sn + bn - 1
        CrcDat = CrcDat Xor Dat(i)
        For j = 1 To 8
            If ((CrcDat And 1) = 1) Then
                CrcDat = CrcDat \ 2
                CrcDat = CrcDat Xor &HA001
            Else
                CrcDat = CrcDat \ 2
            End If
        Next j
    Next i
    CrcVB = CrcDat
End Function
'3S 定时
Private Sub Timer2_Tick(sender As Object, e As EventArgs)
                                    Handles Timer2.Tick
```

51单片机编程——原理·接口·制作实例

```
    ReDim tbuf(7)            '读取数据
    tbuf = {CByte(TextBox2.Text), 3, 0, 0, 0, 255, 0, 0}
    CRC = CrcVB(tbuf, 0, 6)
    tbuf(6) = CRC Mod 256
    tbuf(7) = CRC \ 256
    SerialPort1.Write(tbuf, 0, 8)        '发送数组 fx
    Sta = "串口发送数据"
End Sub
'灰度-伪彩色变换
Private Sub GrayToColor()
    If ((grayValue >= 0) And (grayValue <= 63)) Then
        colorR = 0
        colorG = 254 - 4 * grayValue
        colorB = 255
    ElseIf ((grayValue >= 64) And (grayValue <= 127)) Then
        colorR = 0
        colorG = 4 * grayValue - 254
        colorB = 510 - 4 * grayValue
    ElseIf ((grayValue >= 128) And (grayValue <= 191)) Then
        colorR = 4 * grayValue - 510
        colorG = 255
        colorB = 0
    ElseIf ((grayValue >= 192) And (grayValue <= 255)) Then
        colorR = 255
        colorG = 1022 - 4 * grayValue
        colorB = 0
    End If
End Sub
End Class
```

现场图与程序运行效果截图（点阵图像）见图 6-9，电气设备一次接线在正常情况下会比环境温度高出 10℃左右，通过温度的不同已能看出刀闸、母线和电缆的轮廓。接触不良时发热会更严重，温差达到 20℃以上，用 MLX90640 模块是可以实现电气设备节点的红外在线测温功能的。

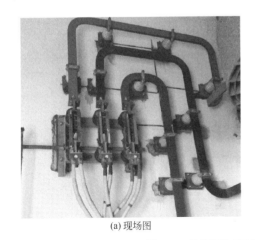
(a) 现场图

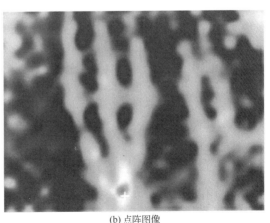
(b) 点阵图像

图 6-9　现场图与程序运行效果截图（点阵图像）

6.2.1 加速度传感器 MMA7361

（1）硬件接口

MMA7361 是飞思卡尔公司生产的微型电容式三轴加速度传感器，MMA7361 引脚图见图 6-10。引脚 V_{SS} 和 V_{DD} 外接 2.2～3.6V 工作电压；引脚 X_{OUT}、Y_{OUT} 和 Z_{OUT} 分别为 3 轴加速度测量值输出的电压信号；引脚 g-Select 控制加速度灵敏度设置，低电平时测量范围为 $\pm1.5g$（g=9.8m/s^2，重力加速度），对应输出电压变化值为 800mV/g，高电平时测量范围为 $\pm6.0g$，对应输出电压变化值为 206mV/g；引脚 $\overline{\text{Sleep}}$ 控制休眠状态，低电平时进入休眠状态，高电平时进入工作状态；引脚 0g-Detect 为自由落体检测输出，当 3 轴的加速度都为 0 时输出高电平；引脚 Self Test 为自检控制，一般悬空不用。

MMA7361 典型接线图见图 6-11，电源引脚间并联 0.1μF 退耦电容，加速度电压输出端内部有 32kΩ 电阻，外接电容起到阻容低通滤波的作用，根据实际需求选择电容容量。要求电压检测端有较大内阻，否则会影响电压输出值。加速度为 0 时输出电压约为电源电压的一半，例如电源电压为 3.3V 时输出 1.65V，量程为 $\pm1.5g$ 时，加速度为 1g 时输出 2.45V，加速度为-1g 时输出 0.85V，以上数值对于不同的传感器会在一定范围内有所变化，程序中需要考虑标定的问题。

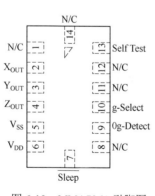

图 6-10 MMA7361 引脚图

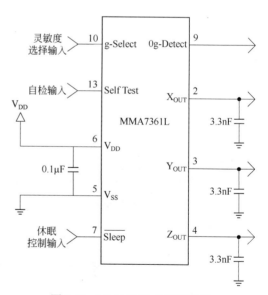

图 6-11 MMA7361 典型接线图

（2）倾角检测

MMA7361 加速度检测原理图见图 6-12，MMA7361 内部有微型机械装置，在 2 个固定电容极板间有一个受加速度影响的活动极板，等效构成 2 个可调电容，通过电容的变化检测加速度大小。当极板处于非垂直状态时,活动极板受重力影响输出与倾角有关的加速度值,当极板处于水平状态时,输出 1g 或-1g 加速度值。

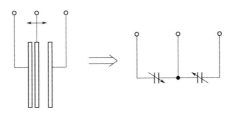

图 6-12　MMA7361 加速度检测原理图

倾角检测部分程序如下,STC8A 系列单片机 ADC 转换精度为 12 位,在 3.3V 电源电压和参考电压下,加速度为 0g 时 1.65V 采样值约为 2048,加速度为 1g 时 2.45V 采样值约为 3041,实际应用时需要对这 2 个值进行标定,数据精度会更高。

```
#include<math.h>              //包含数学函数头文件
#define PI 3.14159            //定义圆周率值
int dat;                      //角度值,含1位小数
float j1,j2;                  //计算用临时值
int n;                        //计算用临时值
ADC_CONTR=0xC7;               //采集加速度电压
while((ADC_CONTR&0x20)!=0x20);
n=ADC_RES;
n<<=8;
n+=ADC_RESL;
j1=(float)(n-2048)/(3041-2048);
j2=asin(j1);                  //反正弦,求角度,单位为rad
j1=(float)1800*j2/PI;         //rad换算为deg,含1位小数
dat=(int)j1;
```

6.2.2　铂电阻测温 MAX31865

(1)铂电阻简介

铂电阻也称铂热电阻,它的阻值会随着温度的变化而改变,铂电阻温度测量范围:-200～+850℃。铂电阻有 PT100 和 PT1000 等系列产品,PT100 表示它在 0℃时阻值为100Ω,其阻值会随着温度上升而增长。

由于是依靠检测电阻值再换算为温度值,就必须要考虑引线电阻对温度检测的影响。对于引线较短的情况可忽略引线电阻,使用 2 线的铂电阻;引线较长或对温度值精度有较高要求时,使用 3 线或 4 线铂电阻,测温电路通过补偿导线来校正测得的电阻值,排除引线电阻的影响。

(2)铂电阻温度转换器件 MAX31865

MAX31865 是简单易用的铂电阻至数字化输出转换器,支持 PT100 和 PT1000 铂电阻测温,兼容 2 线、3 线和 4 线传感器连接,具有传感器开路和短路检测功能、15 位转换精度、SPI 接口数字信号输出。

MAX31865 引脚及典型应用电路图见图 6-13，引脚 V$_{DD}$ 和 GND 接 3.3V 电源，引脚 SDI、SDO、SCLK 和 $\overline{CS}$ 接单片机的 SPI 接口，其他引脚中有 5 个接铂电阻 RTD，有 4 个接参考电阻 R_{REF}。

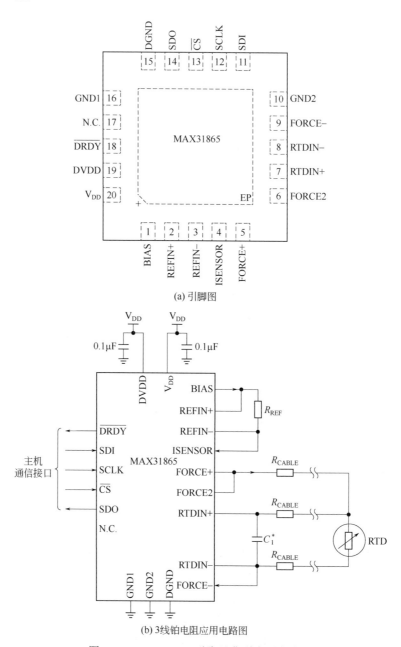

(a) 引脚图

(b) 3线铂电阻应用电路图

图 6-13　MAX31865 引脚及典型应用电路图

MAX31865 寄存器见表 6-7，其中配置寄存器和上下限寄存器可读可写，写地址在读地址的基础上加 0x80，RTD 寄存器和故障状态寄存器为只读寄存器。

配置寄存器定义说明见表 6-8，初始化时写入 0xD7，使能偏置电压输出、自动连续转换、接入 3 线 RTD，故障自动检测、清零故障寄存器，滤波器抑制 50Hz 及其谐波。

表 6-7　MAX31865 寄存器

寄存器	读地址	写地址	初始值
配置寄存器	0x00	0x80	0x00
RTD 高字节	0x01	—	0x00
RTD 低字节	0x02	—	0x00
故障上限高字节	0x03	0x83	0xFF
故障上限低字节	0x04	0x84	0xFF
故障下限高字节	0x05	0x85	0x00
故障下限低字节	0x06	0x86	0x00
故障状态寄存器	0x07	—	0x00

表 6-8　配置寄存器定义说明

位	名称	说明
D7	VBIAS	偏置电压输出：0=OFF，节能状态；1=ON，工作状态
D6	转换模式	1=自动连续转换，0=退出自动转换
D5	1——Shot	写入 1 启动一次转换，转换完成自动清零
D4	3——Wire	使用 3 线 RTD 连接时该位置 1，使用 2 线或 4 线 RTD 连接时该位置 0
D3：D2	故障检测	00=不检测，01=自动检测，10=开始手动检测，11=结束手动检测
D1	故障复位	写入 1 清零故障寄存器
D0	50Hz/60Hz	选择噪声抑制滤波器的陷波频率，写入 1 时抑制 50Hz 及其谐波

16 位 RTD 寄存器的高 15 位为 RTD 值，最低位为故障位。故障位为 0 时表示无故障，为 1 时表示检测到故障。

检测到的电阻值=参考电阻 R_{REF}×RTD/32768

单片机程序需要根据电阻值与温度关系换算出温度，电阻值与温度关系曲线方程如下：

$$R(T)=R_0×(1+aT+bT^2+c×(T-100)×T^3)$$

式中，T=温度，℃；$R(T)$=T 温度下的阻值；R_0=0℃下的阻值；a=3.9083×10^{-3}；b=-5.775×10^{-7}；c=-4.18301×10^{-12}（-200<T<0）；c=0（0<T<850）。

对于 100℃以下温度的测量，当参考电阻为 400Ω 时，忽略系数 b 和 c，把电阻值与温度关系看作是线性关系，则有

$$400×RTD/32768≈100×(1+3.9083×10^{-3}T)$$

$$T≈RTD/32-256$$

故障状态寄存器定义说明见表 6-9，要使用 RTD 越限报警功能，需先设定好上限、下限寄存器。

表 6-9　故障状态寄存器定义说明

位	说明
D7	RTD 越上限
D6	RTD 越下限
D5	REFIN-电压大于 0.85VBIAS
D4	Force-输入开路时，REFIN-电压是否小于 0.85VBIAS

位	说明
D3	Force-输入开路时，RTDIN-电压是否小于 0.85VBIAS
D2	过电压/低电压
D1：D0	未定义

MAX31865 的 SPI 通信时序图见图 6-14。片选端变低电平后送出第一字节数据为寄存器地址，然后是数据的传输，读写功能由寄存器地址的最高位决定，最高位为 1 时接下来就是写入数据，最高位为 0 时接下来就是读取数据，数据可以是 1 字节，也可以是连续的多字节。

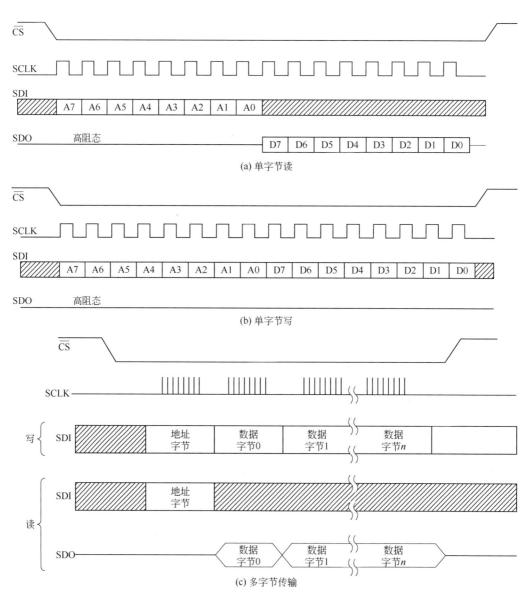

图 6-14　MAX31865 的 SPI 通信时序图

（3）测温程序

测试电路中参考电阻选330Ω，测温程序部分代码如下。

```
//初始化SPI
void InitSPI(void)
{
    SPSTAT = 0XC0;              //清除SPI状态位
    SPCTL = 0xD7;               //主机模式，使能SPI，高位在前，时钟32分频
}
//SPI读取8位数据
unsigned char SPI_Read_Byte(void)
{
    SPDAT = 0x00;              //触发SPI发送数据
    while (!(SPSTAT & 0x80));  //等待发送完成
    SPSTAT = 0xC0;            //清除SPI状态位
    return SPDAT;             //返回SPI数据
}
//SPI发送8位数据dt
void SPI_Send_Byte(unsigned char dt)
{
    SPDAT = dt;               //触发SPI发送数据
    while (!(SPSTAT & 0x80));  //等待发送完成
    SPSTAT = 0xC0;            //清除SPI状态位
}
//写寄存器，寄存器地址address，数据Value
void WriteReg(unsigned char address,unsigned char Value)
{
    CS = 0;
    SPI_Send_Byte(address);
    SPI_Send_Byte(Value);
    CS = 1;
}
//读取温度值
int PT100(void)
{
    int i;
    unsigned char reg[3];
    long t;
    CS = 0;
    SPI_Send_Byte(0);
    for(i=0;i<3;i++)
    {
        reg[i]=SPI_Read_Byte();
    }
    CS = 1;
    t=reg[1];
    t<<=8;
    t+=reg[2];
    t>>=1;
    t=100L*t/3879-256;
    return t;
```

```
}
//main:主函数
void main(void)
{
    int pt;                     //温度值
    InitSPI();                  //初始化 SPI 接口
    WriteReg(0x80,0xD3);        //初始化 MAX31865
    while(1)
    {
        ......
        pt=PT100();
    }
}
```

6.2.3 超声波测距模块 JSN-SR04T

（1）硬件接口

超声波测距模块 JSN-SR04T 的测距范围为 25～450cm，其硬件接口见图 6-15。正面可以看到 4 个外接引脚，其中引脚 5V 和 GND 接 5V 电源，向引脚 Trig 发送 1 个宽度大于10μs 的高电平脉冲信号启动一次测距，引脚 Echo 输出 1 个高电平脉冲，脉冲宽度与测距距离有关。

$$测距距离=脉冲宽度×声速/2$$

式中，声速为 340m/s。

(a) 正面   (b) 背面

图 6-15　超声波测距模块 JSN-SR04T 硬件接口

模块 JSN-SR04T 有 6 种工作模式，具体工作模式由电路板反面右上角 M1、M2 的通断和 mode 位置焊接的电阻阻值有关。

模式 0：mode 悬空，出厂默认方式，Trig 触发，Echo 脉冲宽度测距。

模式 1：短接 M1（相当于 mode 焊接 47kΩ 电阻），每 100ms 测量一次，引脚 Echo(TX)作为串口输出 4 字节数据，包括帧头（固定为 0xFF）、H_DATA（距离高 8 位）、L_DATA（距离低 8 位）和 SUM（前 3 字节校验和），串口通信参数固定为 9600,n,8,1，距离单位为 mm。

模式 2：短接 M2（相当于 mode 焊接 120kΩ 电阻），引脚 Trig(RX)收到 1 字节数据 0x55

测量一次，引脚 Echo(TX)作为串口输出 4 字节数据，数据格式同模式 1。

模式 3：mode 焊接 200kΩ 电阻，每 200ms 自动测量一次，引脚 Echo 输出与距离相关的高电平脉冲。

模式 4：mode 焊接 360kΩ 电阻，不工作时进入低功耗模式，其他同模式 0。

模式 5：mode 焊接 470kΩ 电阻，开关量输出模式，每 200ms 测量一次，距离小于 1.5m 时 Echo 输出高电平信号。

（2）测距程序

测距程序部分代码如下，每 0.5s 向 Trig 发送 1 个启动测量脉冲，等 0.1s 测量完成，通过 Echo 高电平计时计算测量到的距离，单位为 mm。

```
sbit Trig=P3^2;        //测距控制
sbit Echo=P3^3;        //测距脉冲
unsigned int dis;      //距离
unsigned int t0;       //距离计时
unsigned int t5;       //0.5s 计时
//主函数
void main(void)
{
    unsigned long m; //计算用临时量
    EA=1;
    Trig=0;
    Echo=1;
    while (1)
    {
        if(t5>50000)
        {
            t0=0;                  //距离计时清零
            t5=0;
            Trig=1;                //发出 50μs 启动测量脉冲
            while(t5<5);
            Trig=0;
            while(t5<10000);  //等 100ms
            m=34L*t0/20;           //计算距离
            dis=m;
            ......
        }
    }
}
//定时器 0 中断函数，10μs
void tm0_isr() interrupt 1
{
    if(Echo) t0++;             //Echo 高电平计时，单位是 10μs
    t5++;                      //0.5s 计时
}
```

以太网通信

在工控领域以太网是较常用的通信接口，一些 32 位单片机内部集成了网口，8 位单片机只能通过以太网控制器实现以太网通信。单片机和以太网控制器之间以 SPI 接口或并口通信较为常见。有的以太网控制器（如 W5500）内部集成了硬件 TCP/IP 协议栈，优点是单片机编程简单，缺点是 Sockets 数量有限，只能建立 8 个连接；有的以太网芯片（如 DM9000A）需要编写软件 TCP/IP 协议栈，缺点是单片机编程复杂，优点是 Sockets 数量不受限制，可以连接更多网络设备。

7.1 W5500 网络通信

7.1.1 W5500 简介

W5500 是一款 SPI 接口的嵌入式以太网控制器，具有 10/100Mbps 以太网网络层（MAC）、物理层（PHY）和完整的硬件 TCP/IP 协议栈，支持 TCP、UDP、IPv4、ICMP、ARP、IGMP 和 PPPoE 协议，单片机只需要一些简单的 Socket 编程就能实现以太网应用，比其他嵌入式以太网方案更加快捷、简便。

（1）引脚说明

W5500 采用 48 引脚 LQFP 无铅封装，引脚分布见图 7-1，引脚描述见表 7-1，按功能分，引脚由电源、时钟、以太网信号接口、SPI 接口、状态指示等组成。

W5500 工作电压为 3.3V，I/O 信号口耐压 5V，晶振用 25MHz，以太网信号接口需通过专用变压器连接 RJ45 插座，支持的 SPI 通信速率理论上高达 80MHz，实际应用中不超过 30MHz，状态指示接 LED 指示工作状态。

（2）SPI 接口

W5500 支持 SPI 模式 0 及模式 3，MOSI 和 MISO 信号无论是接收还是发送，均遵守从最高标志位（MSB）到最低标志位（LSB）的传输序列。W5500 的 SPI 数据帧格式见图 7-2，包括 16 位地址段的偏移地址、8 位控制段和 N 字节数据段。

地址段为 W5500 的寄存器或 TX/RX 缓存区指定 16 位的偏移地址；控制段指定地址段设定的偏移区域的选择、读/写控制以及 SPI 工作模式；数据段通过偏移地址自增支持连续数据读/写。

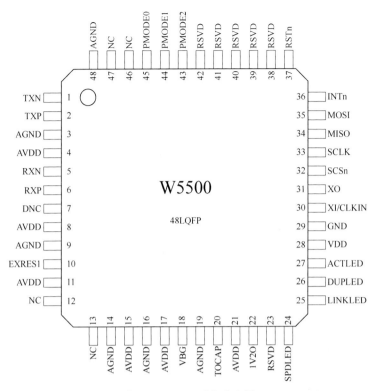

图 7-1 W5500 引脚分布图

表 7-1 W5500 引脚描述

引脚编号	符号	说明
1、2	TXN、TXP	差分信号发送
5、6	RXN、RXP	差分信号接收
4、8、11、15、17、21	AVDD	模拟 3.3V 电源
3、9、14、16、19、48	AGND	模拟地
10	EXRES1	外部参考电阻，12.4kΩ，精度 1%
18	VBG	带隙输出电压，1.2V，悬空
20	TOCAP	外部参考电容，4.7μF
22	1V2O	1.2V 稳压输出，接 10nF 电容
23、38~42	RSVD	接地
24	SPDLED	网络速度指示灯：H——10Mbps，L——100Mbps
25	LINKLED	网络连接指示灯：H——未连接，L——已连接
26	DUPLED	全/半双工指示灯：H——半双工，L——全双工
27	ACTLED	活动状态指示灯：H——无数据，L——有数据
28	VDD	数字 3.3V 电源
29	GND	数字地
30、31	XI/CLKIN、XO	25MHz 晶振，有源晶振从 XI 脚输入，XO 悬空
32、33、34、35	SCSn、SCLK、MISO、MOSI	SPI 接口
36	INTn	中断输出，低电平有效
37	RSTn	复位，低电平维持 500μs 有效
43、44、45	PMODE2、PMODE1、PMODE0	PHY 工作模式选择，都悬空时自动协商
46、47	NC	空脚

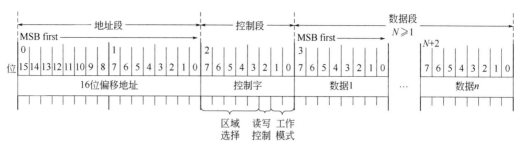

图 7-2　W5500 的 SPI 数据帧格式

（3）寄存器和内存构成

W5500 有 1 个通用寄存器区、8 个 Socket 寄存器区以及对应每个 Socket 的收/发缓存区。 每个区域均通过 SPI 数据帧的区域选择位来选取。每一个 Socket 的发送缓存区都在一个 16KB 的物理发送内存中，初始化分配为 2KB。每一个 Socket 的接收缓存区都在一个 16KB 的物理接收内存中，初始化分配为 2KB。

（4）典型接线图

W5500 典型接线图见图 7-3，单片机和 W5500 的连接有 4 个引脚（SCS、SCK、SO 和 SI）是 SPI 总线，引脚 RESET 控制 W5500 硬件复位，U3 是 25MHz 有源晶振，网络接口使用内部带隔离变压器和指示灯的 HR911102A。

7.1.2　W5500 驱动程序

W5500 驱动含 SPI 接口驱动、通用寄存器读写、Socket 寄存器读写和网络接口函数，利用这些基本函数，在主程序中可以操作 W5500 进行网络参数设定和网络数据交换。对于不同单片机，一般只需改一下 SPI 接口驱动，其他与硬件接口没有直接联系的函数是通用的，可以直接使用。有了驱动程序，可以不用对 W5500 的工作原理深入了解，熟悉驱动程序中各种函数的使用就可以。

（1）SPI 接口驱动

```
// W5500 驱动，适用于 STC8H 系列单片机，硬件 SPI 接口
#include "STC8H.h"
#include "W5500.h"
// SPI 引脚定义，SCK——P2.5，MISO——P2.4，MOSI——P2.3
sbit W5500_RST = P2^2;   //定义 W5500 的 RST 引脚
sbit W5500_SCS = P2^6;   //定义 W5500 的 SCS 引脚
// 初始化 SPI
void InitSPI(void)
{
    SPSTAT = 0XC0;       //清除 SPI 状态位
    SPCTL = 0xD0 ;       //主机模式，使能，高位在前，最快为 4 分频
}
// SPI 读取 1 字节数据
unsigned char SPI_Read_Byte(void)
{
    SPDAT = 0x00;                //触发 SPI 发送数据
    while (!(SPSTAT & 0x80));    //等待发送完成
```

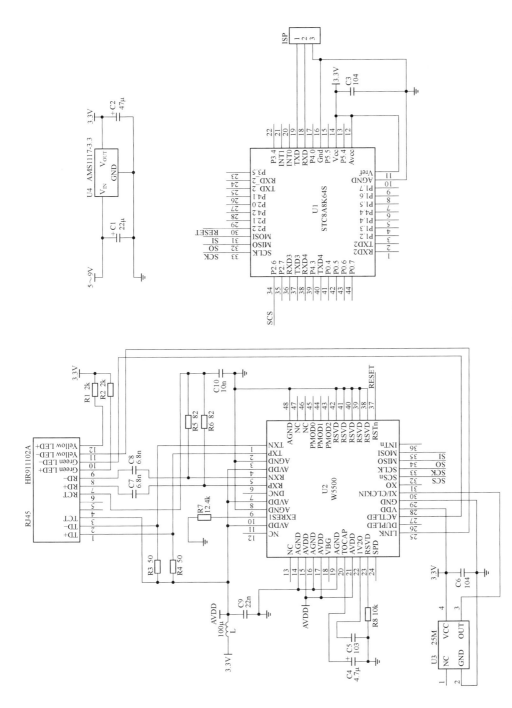

图 7-3　W5500 典型接线图

```
        SPSTAT = 0xC0;                      //清除 SPI 状态位
        return SPDAT;                        //返回 SPI 数据
    }
    // SPI 发送 1 字节数据 dt
    void SPI_Send_Byte(unsigned char dt)
    {
        SPDAT = dt;                          //触发 SPI 发送数据
        while (!(SPSTAT & 0x80));            //等待发送完成
        SPSTAT = 0xC0;                       //清除 SPI 状态位
    }
    // SPI 发送 2 字节数据 dt
    void SPI_Send_Short(unsigned short dt)
    {
        SPI_Send_Byte((unsigned char)(dt/256)); //写数据高位
        SPI_Send_Byte(dt);                       //写数据低位
    }
```

（2）通用寄存器读写

```
    // 向指定地址寄存器 reg 写 1 字节数据 dat
    void Write_W5500_1Byte(unsigned short reg, unsigned char dat)
    {
        W5500_SCS=0;                           //置 W5500 的 SCS 为低电平
        SPI_Send_Short(reg);                   //通过 SPI 写 16 位寄存器地址
        SPI_Send_Byte(FDM1|RWB_WRITE|COMMON_R);//通过 SPI 写控制字节: 1 个字节数据长
度, 写数据, 选择通用寄存器
        SPI_Send_Byte(dat);                    //写 1 个字节数据
        W5500_SCS=1;                           //置 W5500 的 SCS 为高电平
    }
    // 向指定地址寄存器 reg 写 2 字节数据 dat
    void Write_W5500_2Byte(unsigned short reg, unsigned short dat)
    {
        W5500_SCS=0;                           //置 W5500 的 SCS 为低电平
        SPI_Send_Short(reg);                   //通过 SPI 写 16 位寄存器地址
        SPI_Send_Byte(FDM2|RWB_WRITE|COMMON_R);//通过 SPI 写控制字节: 2 个字节数据长
度, 写数据, 选择通用寄存器
        SPI_Send_Short(dat);                   //写 16 位数据
        W5500_SCS=1;                           //置 W5500 的 SCS 为高电平
    }
    // 向指定地址寄存器 reg 写 size 个字节数据, *dat_ptr——待写入数据缓冲区指针
    void Write_W5500_nByte(unsigned short reg, unsigned char *dat_ptr, unsigned
short size)
    {
        unsigned short i;
        W5500_SCS=0;                           //置 W5500 的 SCS 为低电平
        SPI_Send_Short(reg);                   //通过 SPI 写 16 位寄存器地址
        SPI_Send_Byte(VDM|RWB_WRITE|COMMON_R); //通过 SPI 写控制字节: N 个字节数据
长度, 写数据, 选择通用寄存器
        for(i=0;i<size;i++)                    //循环将缓冲区的 size 个字节数据写入
W5500
        {
            SPI_Send_Byte(*dat_ptr++);         //写 1 个字节数据
```

```
    }
    W5500_SCS=1;                        //置 W5500 的 SCS 为高电平
}
// 读指定地址寄存器 reg 的 1 个字节数据
unsigned char Read_W5500_1Byte(unsigned short reg)
{
    unsigned char i;
    W5500_SCS=0;                        //置 W5500 的 SCS 为低电平
    SPI_Send_Short(reg);                //通过 SPI 写 16 位寄存器地址
    SPI_Send_Byte(FDM1|RWB_READ|COMMON_R);//通过 SPI 写控制字节: 1 个字节数据长
度, 读数据, 选择通用寄存器
    i=SPI_Read_Byte();
    W5500_SCS=1;                        //置 W5500 的 SCS 为高电平
    return i;                           //返回读取到的寄存器数据
}
```

（3）Socket 寄存器读写

```
// 向指定端口 s, 寄存器 reg 写 1 字节数据 dat
void Write_W5500_SOCK_1Byte(SOCKET s, unsigned short reg, unsigned char dat)
{
    W5500_SCS=0;                        //置 W5500 的 SCS 为低电平
    SPI_Send_Short(reg);                //通过 SPI 写 16 位寄存器地址
    SPI_Send_Byte(FDM1|RWB_WRITE|(s*0x20+0x08));//通过 SPI 写控制字节: 1 个字节
数据长度, 写数据, 选择端口 s 的寄存器
    SPI_Send_Byte(dat);                 //写 1 个字节数据
    W5500_SCS=1;                        //置 W5500 的 SCS 为高电平
}
// 向指定端口 s, 寄存器 reg 写 2 字节数据 dat
void Write_W5500_SOCK_2Byte(SOCKET s, unsigned short reg, unsigned short dat)
{
    W5500_SCS=0;                        //置 W5500 的 SCS 为低电平
    SPI_Send_Short(reg);                //通过 SPI 写 16 位寄存器地址
    SPI_Send_Byte(FDM2|RWB_WRITE|(s*0x20+0x08));//通过 SPI 写控制字节: 2 个字节
数据长度, 写数据, 选择端口 s 的寄存器
    SPI_Send_Short(dat);                //写 16 位数据
    W5500_SCS=1;                        //置 W5500 的 SCS 为高电平
}
// 向指定端口 s, 寄存器 reg 写 4 字节数据, *dat_ptr:待写入的 4 个字节缓冲区指针
void Write_W5500_SOCK_4Byte(SOCKET s, unsigned short reg, unsigned char
*dat_ptr)
{
    W5500_SCS=0;                        //置 W5500 的 SCS 为低电平
    SPI_Send_Short(reg);                //通过 SPI 写 16 位寄存器地址
    SPI_Send_Byte(FDM4|RWB_WRITE|(s*0x20+0x08));//通过 SPI 写控制字节: 4 个字节
数据长度, 写数据, 选择端口 s 的寄存器
    SPI_Send_Byte(*dat_ptr++);          //写第 1 个字节数据
    SPI_Send_Byte(*dat_ptr++);          //写第 2 个字节数据
    SPI_Send_Byte(*dat_ptr++);          //写第 3 个字节数据
    SPI_Send_Byte(*dat_ptr++);          //写第 4 个字节数据
    W5500_SCS=1;                        //置 W5500 的 SCS 为高电平
}
```

```
// 读指定端口 s, 寄存器 reg 的 1 个字节数据
unsigned char Read_W5500_SOCK_1Byte(SOCKET s, unsigned short reg)
{
    unsigned char i;
    W5500_SCS=0;                       //置 W5500 的 SCS 为低电平
    SPI_Send_Short(reg);               //通过 SPI 写 16 位寄存器地址
    SPI_Send_Byte(FDM1|RWB_READ|(s*0x20+0x08));//通过 SPI 写控制字节：1 个字节
数据长度，读数据，选择端口 s 的寄存器
    i=SPI_Read_Byte();
    W5500_SCS=1;                       //置 W5500 的 SCS 为高电平
    return i;                          //返回读取到的寄存器数据
}
// 读指定端口 s, 寄存器 reg 的 2 个字节数据
unsigned short Read_W5500_SOCK_2Byte(SOCKET s, unsigned short reg)
{
    unsigned short i;
    W5500_SCS=0;                       //置 W5500 的 SCS 为低电平
    SPI_Send_Short(reg);               //通过 SPI 写 16 位寄存器地址
    SPI_Send_Byte(FDM2|RWB_READ|(s*0x20+0x08));//通过 SPI 写控制字节：2 个字节
数据长度，读数据，选择端口 s 的寄存器
    i=SPI_Read_Byte();
    i*=256;
    i+=SPI_Read_Byte();                //读取低位数据
    W5500_SCS=1;                       //置 W5500 的 SCS 为高电平
    return i;                          //返回读取到的寄存器数据
}
```

（4）网络接口函数

```
// 延时函数(ms)
void Delay(unsigned int x)
{
    unsigned int i,j;
    for(i=0;i<x;i++) for(j=0;j<3000;j++) ;
}
// 硬件复位 W5500
void W5500_Hardware_Reset(void)
{
    W5500_RST=0;                   //复位引脚拉低
    Delay(10);
    W5500_RST=1;                   //复位引脚拉高
    Delay(10);
}
// 初始化 W5500 寄存器
void W5500_Reg_Init(void)
{
    unsigned char i=0;
    Write_W5500_1Byte(MR, RST);                 //软件复位 W5500
    Delay(10);                                  //延时 10ms
    Write_W5500_nByte(GAR, Gateway_IP, 4);      //设置网关
    Write_W5500_nByte(SUBR,Sub_Mask,4);         //设置子网掩码
    Write_W5500_nByte(SHAR,Phy_Addr,6);         //设置 MAC 地址，第一个字节为偶数
```

```
        Write_W5500_nByte(SIPR,IP_Addr,4);              //设置本机的 IP 地址
        for(i=0;i<8;i++)                                //设置发送缓冲区和接收缓冲区的大小
        {
            Write_W5500_SOCK_1Byte(i,Sn_RXBUF_SIZE, 0x02);//Socket  Rx  memory
size=2K
            Write_W5500_SOCK_1Byte(i,Sn_TXBUF_SIZE, 0x02);//Socket  Tx  mempry
size=2K
        }
        Write_W5500_2Byte(RTR, 0x07d0);                 //设置重试时间,默认为 2000(200ms)
        Write_W5500_1Byte(RCR,8);                       //设置重试次数，默认为 8 次
    }
    //设置指定 Socket(0~7)作为服务器等待远程主机的连接
    unsigned char Socket_Listen(SOCKET s)
    {
        Write_W5500_SOCK_1Byte(s,Sn_MR,MR_TCP); //设置 Socket 为 TCP 模式
        Write_W5500_SOCK_1Byte(s,Sn_CR,OPEN);   //打开 Socket
        Delay(5);                               //延时 5ms
        if(Read_W5500_SOCK_1Byte(s,Sn_SR)!=SOCK_INIT)   //如果 Socket 打开失败
        {
            Write_W5500_SOCK_1Byte(s,Sn_CR,CLOSE);      //打开不成功, 关闭 Socket
            return FALSE;                               //返回 FALSE(0x00)
        }
        Write_W5500_SOCK_1Byte(s,Sn_CR,LISTEN); //设置 Socket 为侦听模式
        Delay(5);                               //延时 5ms
        if(Read_W5500_SOCK_1Byte(s,Sn_SR)!=SOCK_LISTEN) //如果 Socket 设置失败
        {
            Write_W5500_SOCK_1Byte(s,Sn_CR,CLOSE);      //设置不成功, 关闭 Socket
            return FALSE;                               //返回 FALSE(0x00)
        }
        return TRUE;
    }
    //从端口 s 接收数据缓冲区中读取数据, 保存至*dat_ptr, 返回值=读取到的数据长度
    unsigned short Read_SOCK_Data_Buffer(SOCKET s, unsigned char *dat_ptr)
    {
        unsigned short rx_size;
        unsigned short offset, offset1;
        unsigned short i;
        unsigned char j;
        rx_size=Read_W5500_SOCK_2Byte(s,Sn_RX_RSR);
        if(rx_size==0) return 0;                //没接收到数据则返回
        if(rx_size>1460) rx_size=1460;
        offset=Read_W5500_SOCK_2Byte(s,Sn_RX_RD);
        offset1=offset;
        offset&=(S_RX_SIZE-1);                  //计算实际的物理地址
        W5500_SCS=0;                            //置 W5500 的 SCS 为低电平
        SPI_Send_Short(offset);                 //写 16 位地址
        SPI_Send_Byte(VDM|RWB_READ|(s*0x20+0x18)); //写控制字节:N 个字节数据长度,
读数据, 选择端口 s 的寄存器
        if((offset+rx_size)<S_RX_SIZE)          //如果最大地址未超过 W5500 接收缓冲区寄
存器的最大地址
        {
```

第 7 章 以太网通信

```
        for(i=0;i<rx_size;i++)                    //循环读取 rx_size 个字节数据
        {
            j=SPI_Read_Byte();                    //读取 1 个字节数据
            *dat_ptr=j;                           //将读取到的数据保存到数据保存缓冲区
            dat_ptr++;                            //数据保存缓冲区指针地址自增 1
        }
    }
    else                                          //如果最大地址超过 W5500 接收缓冲区寄存器的最大地址
    {
        offset=S_RX_SIZE-offset;
        for(i=0;i<offset;i++)                     //循环读取出前 offset 个字节数据
        {
            j=SPI_Read_Byte();                    //读取 1 个字节数据
            *dat_ptr=j;                           //将读取到的数据保存到数据保存缓冲区
            dat_ptr++;                            //数据保存缓冲区指针地址自增 1
        }
        W5500_SCS=1;                              //置 W5500 的 SCS 为高电平
        W5500_SCS=0;                              //置 W5500 的 SCS 为低电平
        SPI_Send_Short(0x00);                     //写 16 位地址
        SPI_Send_Byte(VDM|RWB_READ|(s*0x20+0x18));//写控制字节：N 个字节数据长
度，读数据，选择端口 s 的寄存器
        for(;i<rx_size;i++)                       //循环读取后 rx_size-offset 个字节数据
        {
            j=SPI_Read_Byte();                    //读取 1 个字节数据
            *dat_ptr=j;                           //将读取到的数据保存到数据保存缓冲区
            dat_ptr++;                            //数据保存缓冲区指针地址自增 1
        }
    }
    W5500_SCS=1;                                  //置 W5500 的 SCS 为高电平
    offset1+=rx_size;                             //更新实际物理地址，即下次读取接收到的数据的起始地址
    Write_W5500_SOCK_2Byte(s, Sn_RX_RD, offset1);
    Write_W5500_SOCK_1Byte(s, Sn_CR, RECV);//发送启动接收命令
    return rx_size;                               //返回接收到数据的长度
}
//将 size 个字节数据写入端口 s 的数据发送缓冲区，数据来源于*dat_ptr
void Write_SOCK_Data_Buffer(SOCKET s, unsigned char *dat_ptr, unsigned short size)
{
    unsigned short offset,offset1;
    unsigned short i;
    offset=Read_W5500_SOCK_2Byte(s,Sn_TX_WR);
    offset1=offset;
    offset&=(S_TX_SIZE-1);                        //计算实际的物理地址
    W5500_SCS=0;                                  //置 W5500 的 SCS 为低电平
    SPI_Send_Short(offset);                       //写 16 位地址
    SPI_Send_Byte(VDM|RWB_WRITE|(s*0x20+0x10));//写控制字节：N 个字节数据长度，
写数据，选择端口 s 的寄存器
    if((offset+size)<S_TX_SIZE)                   //如果最大地址未超过 W5500 发送缓冲区寄
存器的最大地址
    {
        for(i=0;i<size;i++)                       //循环写入 size 个字节数据
        {
```

```
            SPI_Send_Byte(*dat_ptr++);          //写入 1 个字节的数据
        }
    }
    else                              //如果最大地址超过 W5500 发送缓冲区寄存器的最大地址
    {
        offset=S_TX_SIZE-offset;
        for(i=0;i<offset;i++)         //循环写入前 offset 个字节数据
        {
            SPI_Send_Byte(*dat_ptr++); //写入 1 个字节的数据
        }
        W5500_SCS=1;                           //置 W5500 的 SCS 为高电平
        W5500_SCS=0;                           //置 W5500 的 SCS 为低电平
        SPI_Send_Short(0x00);//写 16 位地址
        SPI_Send_Byte(VDM|RWB_WRITE|(s*0x20+0x10));//写控制字节:N 个字节数据长
度,写数据,选择端口 s 的寄存器
        for(;i<size;i++)                       //循环写入 size-offset 个字节数据
        {
            SPI_Send_Byte(*dat_ptr++); //写入 1 个字节的数据
        }
    }
    W5500_SCS=1;                               //置 W5500 的 SCS 为高电平
    offset1+=size;     //更新实际物理地址,即下次写待发送数据到发送数据缓冲区的起始地址
    Write_W5500_SOCK_2Byte(s, Sn_TX_WR, offset1);
    Write_W5500_SOCK_1Byte(s, Sn_CR, SEND); //发送启动发送命令
}
//设置指定 Socket(0~7)为客户端与远程服务器连接
unsigned char Socket_Connect(SOCKET s)
{
    Write_W5500_SOCK_1Byte(s,Sn_MR,MR_TCP); //设置 Socket 为 TCP 模式
    Write_W5500_SOCK_1Byte(s,Sn_CR,OPEN);    //打开 Socket
    Delay(5);                                //延时 5ms
    if(Read_W5500_SOCK_1Byte(s,Sn_SR)!=SOCK_INIT)    //Socket 打开失败
    {
        Write_W5500_SOCK_1Byte(s,Sn_CR,CLOSE);         //关闭 Socket
        return FALSE;                        //返回 FALSE
    }
    Write_W5500_SOCK_1Byte(s,Sn_CR,CONNECT); //设置 Socket 为 Connect 模式
    return TRUE;                             //返回 TRUE
}
//设置指定 Socket(0~7)作为服务端等待远程客户端来连接
unsigned char Socket_Listen(SOCKET s)
{
    Write_W5500_SOCK_1Byte(s,Sn_MR,MR_TCP); //设置 Socket 为 TCP 模式
    Write_W5500_SOCK_1Byte(s,Sn_CR,OPEN);    //打开 Socket
    Delay(5);                                //延时 5ms
    if(Read_W5500_SOCK_1Byte(s,Sn_SR)!=SOCK_INIT)    //Socket 打开失败
    {
        Write_W5500_SOCK_1Byte(s,Sn_CR,CLOSE);          //关闭 Socket
        return FALSE;                        //返回 FALSE
    }
    Write_W5500_SOCK_1Byte(s,Sn_CR,LISTEN); //设置 Socket 为侦听模式
```

```
        Delay(5);//延时 5ms
        if(Read_W5500_SOCK_1Byte(s,Sn_SR)!=SOCK_LISTEN) //Socket 设置失败
        {
            Write_W5500_SOCK_1Byte(s,Sn_CR,CLOSE); //关闭 Socket
            return FALSE;                           //返回 FALSE
        }
        return TRUE;
}
//设置指定 Socket(0~7)为 UDP 模式
unsigned char Socket_UDP(SOCKET s)
{
    Write_W5500_SOCK_1Byte(s,Sn_MR,MR_UDP); //设置 Socket 为 UDP 模式
    Write_W5500_SOCK_1Byte(s,Sn_CR,OPEN);   //打开 Socket
    Delay(5);                               //延时 5ms
    if(Read_W5500_SOCK_1Byte(s,Sn_SR)!=SOCK_UDP)    //Socket 打开失败
    {
        Write_W5500_SOCK_1Byte(s,Sn_CR,CLOSE);  //关闭 Socket
        return FALSE;                           //返回 FALSE
    }
    else return TRUE;
}
```

Socket 的通信方式有 3 种，分别是 TCP_Server、TCP_Client 和 UDP，W5500 的 8 个 Socket 的通信方式可分别进行设定。

7.1.3 TCP-Server 通信测试

W5500 工作于 TCP_Server 方式时，先设置本地端口，然后 Socket 进入端口监听状态，等待网络中工作于 TCP_Client 方式的其他设备发起连接，连接后一直保持连接状态，双方可随时向对方传送数据。TCP-Server 通信测试主程序部分代码如下，W5500 的初始化先硬件复位，然后初始化寄存器，设置 IP 地址、子网掩码、网关和 MAC 地址，最后设置 Socket0 为 TCP 服务器模式，设置本地端口号，进入监听状态，循环读取 W5500 端口中断标志寄存器，判断是否收到数据，如果收到网络数据转发到串口 1，如果收到串口数据转发到网络接口。

```
// TCP-Server 通信测试
// IP 地址：192.168.0.6
// Socket0 端口：6080
//网络参数变量定义
unsigned char Gateway_IP[4];//网关 IP 地址
unsigned char Sub_Mask[4];   //子网掩码
unsigned char Phy_Addr[6];   //物理地址(MAC)
unsigned char IP_Addr[4];    //本机 IP 地址
unsigned int S_Port = 6080; //端口 0 的端口号 6080
//端口的运行状态
unsigned char S_State = 0;   //端口状态
#define S_INIT       0x01    //端口完成初始化
#define S_CONN       0x02    //端口完成连接，可以正常传输数据
//端口收发数据的状态
```

```c
unsigned char S_Data;            //端口数据的状态
#define S_RECEIVE      0x01      //端口接收到一个数据包
#define S_TRANSMITOK  0x02       //端口发送一个数据包完成
//W5500初始配置
void W5500_Init(void)
{
    IP_Addr[0]=192;              //加载本机IP地址
    IP_Addr[1]=168;
    IP_Addr[2]=0;
    IP_Addr[3]=6;
    Sub_Mask[0]=255;             //加载子网掩码
    Sub_Mask[1]=255;
    Sub_Mask[2]=255;
    Sub_Mask[3]=0;
    Gateway_IP[0]=192;           //加载网关参数
    Gateway_IP[1]=168;
    Gateway_IP[2]=0;
    Gateway_IP[3]=251;
    Phy_Addr[0]=0x00;            //加载MAC地址
    Phy_Addr[1]=0x46;
    Phy_Addr[2]=0x3C;
    Phy_Addr[3]=0x52;
    Phy_Addr[4]=0x30;
    Phy_Addr[5]=0x36;
    W5500_Hardware_Reset();      //硬件复位W5500
    W5500_Reg_Init();            //初始化W5500寄存器
}
//设置Socket0为TCP服务器模式
void W5500_Socket_Set0(void)
{
    Write_W5500_SOCK_2Byte(0, Sn_PORT, S_Port);      //设置端口号
    if(S_State==0)
    {
        if(Socket_Listen(0)==TRUE) S_State=S_INIT;   //进入监听状态
        else S_State=0;
    }
}
//主函数
int main(void)
{
    unsigned char m;             //8端口中断标志
    unsigned char n;             //Socket中断标志
    GPIO_Init();                 //初始化端口
    Timer_Uart_Init();           //初始化定时器、串口参数
    InitSPI();                   //初始化SPI接口
    EA = 1;                      //允许全局中断
    W5500_Init();                //W5500初始化
    W5500_Socket_Set0();         //W5500端口初始化配置
    while (1)
    {
        //串口1收到数据，转发到网络端口
```

第7章 以太网通信

```
if(rnew1)
{
    rnew1=0;
    if(S_State == (S_INIT|S_CONN))   //判断端口可以发送数据
    {
        S_Data&=~S_TRANSMITOK;
        Write_SOCK_Data_Buffer(0, rbuf1, rn1);
    }
}
//网络数据处理，收到数据后转发到串口
m=Read_W5500_1Byte(SIR);                  //读取端口中断标志寄存器
if(m>0)                                    //有中断
{
    n=Read_W5500_SOCK_1Byte(0,Sn_IR);     //读取 Socket 中断标志寄存器
    Write_W5500_SOCK_1Byte(0,Sn_IR,n);    //清中断标志
    if(n&IR_CON)                          //连接完成
    {
        S_State|=S_CONN;
    }
    if(n&IR_DISCON)                       //连接断开
    {
        Write_W5500_SOCK_1Byte(0,Sn_CR,CLOSE);
        S_State=0;
    }
    if(n&IR_SEND_OK)                      //数据发送完成
    {
        S_Data|=S_TRANSMITOK;
    }
    if(n&IR_RECV)                         //接收到数据
    {
        S_Data|=S_RECEIVE;
    }
    if(n&IR_TIMEOUT)                      //连接或数据传输超时
    {
        Write_W5500_SOCK_1Byte(0,Sn_CR,CLOSE);
        S_State=0;
    }
}
if((S_Data & S_RECEIVE) == S_RECEIVE)     //收到网络数据
{
    S_Data&=~S_RECEIVE;
    sn1=Read_SOCK_Data_Buffer(0, tbuf1);  //放入串口发送区
    sp1=0;
    SBUF=tbuf1[0];                        //发送数据
}
if(S_State == 0)                          //如果 Socket 连接断开
{
    W5500_Socket_Set0();                  //重新进入监听状态
}
}
}
```

51
单
片
机
编
程
——
原
理
·
接
口
·
制
作
实
例

TCP 通信双方的通信方式必须是 Server 和 Client 成对使用，W5500 工作于 TCP_Server 方式时，上位机就要工作在 TCP_Client 方式。TCP-Server 通信测试截图见图 7-4，串口调试工具打开与单片机连接的串口，上位机使用网络调试助手软件，协议类型设为 TCP Client，远程主机地址和端口设置为 W5500 的 IP 地址和端口，连接 W5500 服务端后相互传输数据成功。

网络调试助手
软件 NetAssist

图 7-4　TCP-Server 通信测试截图

7.1.4　TCP-Client 通信测试

W5500 工作于 TCP_Client 方式时，先设置本地端口、远程 IP 地址和远程端口，然后 Socket 向网络中工作于 TCP_Server 方式的其他设备发起连接，连接后一直保持连接状态，双方可随时向对方传送数据。TCP-Client 通信测试程序代码和 W5500 TCP-Server 通信测试程序相似，区别在于设置 Socket0 为 TCP 客户端模式，需要设置本地端口号、远程 IP 地址和端口号，主动建立 TCP 连接，设置 Socket0 为 TCP-Client 模式的代码如下，其余部分相同。

```
// TCP-Client 通信测试
// 本机 IP 地址：192.168.0.6，本机 Socket0 端口：6080
// 远程 IP 地址：192.168.0.100，端口：8000
//设置 Socket0 为 TCP 客户端模式
void W5500_Socket_Set0(void)
{
    Write_W5500_SOCK_2Byte(0, Sn_PORT, S_Port); //设置本地端口号
    S_DIP[0]=192;                //加载端口 0 的目的 IP 地址
    S_DIP[1]=168;
    S_DIP[2]=0;
    S_DIP[3]=100;
    S_DPort = 0x1F40;            //加载端口 0 的目的端口号 8000
    Write_W5500_SOCK_2Byte(0, Sn_DPORTR, S_DPort);  //设置远程端口号
    Write_W5500_SOCK_4Byte(0, Sn_DIPR, S_DIP);      //设置远程 IP 地址
    if(S_State==0)
    {
```

```
            if(Socket_Connect(0)==TRUE)
            S_State=S_INIT;
            else
            S_State=0;
        }
    }
```

TCP-Client 通信测试截图见图 7-5，网络调试助手软件的协议类型设为 TCP Server，设置本地 IP 和端口后连接时，W5500 会自动连接，接着可以互发信息。

图 7-5　TCP-Client 通信测试截图

7.1.5　UDP 通信测试

TCP 通信双方分客户端和服务端，客户端发起连接请求，服务端接受连接请求，建立连接后才能相互通信，收到通信数据后会回复确认报文，如果没收到确认报文会重发通信数据。UDP 通信不需建立连接，有了目标 IP 和端口，直接向目标发送信息，且不管对方是否收到。UDP 通信不分客户端和服务端，但是主动发送报文和回复报文在编程上还是有区别的，主动发送报文需要先知道目标 IP 和端口，回复报文需要从接收的报文中解析出目标 IP 和端口。

主动向固定 IP 地址发送报文时，设置 Socket0 为 UDP 模式的代码如下：

```
// 本机 IP 地址：192.168.0.6。本机 Socket0 端口：6080
// 远程 IP 地址：192.168.0.100。端口：8000
// 设置 Socket0 为 UDP 模式
void W5500_Socket_Set0(void)
{
    Write_W5500_SOCK_2Byte(0, Sn_PORT, S_Port); //设置端口号
    UDP_DIPR[0]=192;           //加载端口 0 的目的 IP 地址
    UDP_DIPR[1]=168;
    UDP_DIPR[2]=0;
    UDP_DIPR[3]=100;
    UDP_DPORT = 0x1F40;        //加载端口 0 的目的端口号 8000
    Write_W5500_SOCK_4Byte(0, Sn_DIPR, UDP_DIPR);    //设置目的主机 IP
```

```
Write_W5500_SOCK_2Byte(0, Sn_DPORTR, UDP_DPORT);//设置目的主机端口号
if(Socket_UDP(0)==TRUE) S_State=S_INIT|S_CONN;
else S_State=0;
}
```

UDP 通信测试截图见图 7-6，网络调试助手软件的协议类型设为 UDP，设置本地 IP 和端口后连接，互发信息测试，可以发现和 TCP 通信不同之处，上位机发送给 W5500 的十六进制数据为"12 34"，W5500 收到的数据在"12 34"之前多了 8 字节数据，前 4 个字节数据正是上位机 IP 地址 192.168.0.100，第 5、6 位是上位机 UDP 端口 0x1F40，第 7、8 位是传输数据字节数 2。

图 7-6　UDP 通信测试截图

与多个设备通信，用 UDP 协议回复报文时，测试代码部分如下：

```
// 本机 IP 地址：192.168.0.6。本机 Socket0 端口：6080
// 设置 Socket0 为 UDP 模式
void W5500_Socket_Set0(void)
{
    Write_W5500_SOCK_2Byte(0, Sn_PORT, S_Port); //设置端口号
    if(Socket_UDP(0)==TRUE) S_State=S_INIT|S_CONN;
    else S_State=0;
}
// 主函数
int main(void)
{
    unsigned char m;      //8 端口中断标志
    unsigned char n;      //Socket 中断标志
    GPIO_Init ();         //初始化端口
    Timer_Uart_Init();    //初始化定时器、串口参数
    InitSPI();            //初始化 SPI 接口
    EA = 1;               //允许全局中断
    W5500_Init();         //W5500 初始化
    W5500_Socket_Set0();  //W5500 端口初始化配置
    while (1)
    {
        //串口 1 数据处理
        if(rnew1)
        {
            rnew1=0;
            if(S_State == (S_INIT|S_CONN))      //判断端口可以发送数据
            {
                S_Data&=~S_TRANSMITOK;
                Write_SOCK_Data_Buffer(0, rbuf1, rn1);
```

```
            }
        }
        //网络数据处理
        m=Read_W5500_1Byte(SIR);                    //读取端口中断标志寄存器
        if(m>0)                                      //有中断
        {
            n=Read_W5500_SOCK_1Byte(0,Sn_IR);        //读取 Socket 中断标志寄存器
            Write_W5500_SOCK_1Byte(0,Sn_IR,n);       //清中断标志
            if(n&IR_CON)                             //连接完成
            {
                S_State|=S_CONN;
            }
            if(n&IR_DISCON)                          //连接断开
            {
                Write_W5500_SOCK_1Byte(0,Sn_CR,CLOSE);
                S_State=0;
            }
            if(n&IR_SEND_OK)                         //数据发送完成
            {
                S_Data|=S_TRANSMITOK;
            }
            if(n&IR_RECV)                            //接收到数据
            {
                S_Data|=S_RECEIVE;
            }
            if(n&IR_TIMEOUT)                         //连接或数据传输超时
            {
                Write_W5500_SOCK_1Byte(0,Sn_CR,CLOSE);
                S_State=0;
            }
        }
        if((S_Data & S_RECEIVE) == S_RECEIVE)        //收到网络数据
        {
            S_Data&=~S_RECEIVE;
            sn1=Read_SOCK_Data_Buffer(0, tbuf1);     //读取网络数据
            sp1=0;
            SBUF=tbuf1[0];                           //转发数据
            UDP_DIPR[0] = tbuf1[0];
            UDP_DIPR[1] = tbuf1[1];
            UDP_DIPR[2] = tbuf1[2];
            UDP_DIPR[3] = tbuf1[3];
            UDP_DPORT = tbuf1[4]<<8 + tbuf1[5];
            //UDP 模式前 4 位为目的 IP 地址, 接着 2 位端口号, 2 位字节数
        }
        if(S_State == 0)                             //如果 Socket 连接断开
        {
            W5500_Socket_Set0();                     //重新初始化 Socket
        }
    }
}
```

51
单片机编程
——
原理·接口·制作实例

7.2.1 DM9000A 简介

DM9000A 是一款并口通信的以太网控制器,具有 10/100Mbps PHY 和 4K 双字 SRAM,其 IO 端口支持 3.3V 和 5V。DM9000A 提供了 8 位、16 位数据接口访问内部存储器,网络接口支持 AUTO-MDIX(Automatic Medium Dependent Interface Crossover)功能,可以使用直连网线与其他网络设备连接。

（1）引脚说明

DM9000A 采用 48 引脚 LQFP 封装,引脚分布见图 7-7,引脚描述见表 7-2,按功能分,引脚由处理器接口、EEPROM 接口、时钟引脚、LED 接口、以太网信号接口和电源等组成。

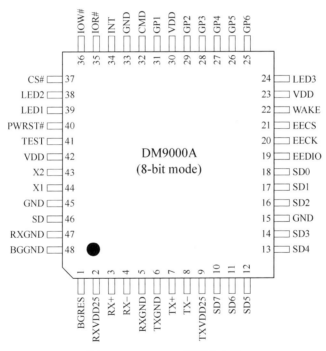

图 7-7 DM9000A 引脚分布图

DM9000A 工作电压为 3.3V,最大耗用电流为 92mA,与单片机接口支持 3.3V 和 5V 的 I/O 控制,支持外接 EEPROM(93C46/93LC46)。

表 7-2 DM9000A 引脚描述

引脚编号	符号	说明
1	BGRES	能带隙引脚,外部接 6.8kΩ 参考电阻
2	RXVDD25	2.5V 接收端口电源

引脚编号	符号	说明
3、4	RXI+、RXI−	物理层接收端
5、47	RXGND	接收端口地
6	TXGND	发送端口地
7、8	TX+、TX−	物理层发送端
9	TXVDD25	2.5V（1.8V）发送端口电源
10、11、12、13、14、16、17、18	SD7～SD0	数据总线
15、33、45	GND	数字地
19、20、21	EEDIO、EECK、EECS	EEPROM 接口
22	WAKE(SD15)	唤醒事件发生时输出唤醒信号
23、30、42	VDD	数字电源，3.3V 电源输入
24	LED3(SD14)	全双工 LED
25、26、27	GP6、GP5、GP4(SD13～SD11)	通用输出引脚，功能由寄存器设定
28、29、31	GP3、GP2、GP1(SD10～SD8)	通用 I/O 引脚，默认输出，功能由寄存器设定
32	CMD	命令类型，高电平访问数据端口，低电平访问地址端口
34	INT	中断请求信号
35	IOR#	读命令，低电平有效
36	IOW#	写命令，低电平有效
37	CS#	片选，低电平有效
38、39	LED2、LED1	连接/运行 LED、速度 LED
40	PWRST#	复位信号，低电平有效
41	TEST	操作模式，正常模式时接地
43、44	X2、X1	外接 25MHz 晶振，有源晶振输入到 X1
46	SD	光纤信号检测
48	BGGND	能带隙地信号

（2）寄存器

DM9000A 控制和状态寄存器列表见表 7-3，PHY 寄存器列表见表 7-4。单片机通过对这些寄存器的读写控制网络数据的传输。

表 7-3　DM9000A 控制和状态寄存器列表

编号	寄存器	描述	偏移地址	复位后默认值
1	NCR	网络控制寄存器	00H	00H
2	NSR	网络状态寄存器	01H	00H
3	TCR	发送控制寄存器	02H	00H
4	TSR I	发送状态寄存器 1	03H	00H
5	TSR II	发送状态寄存器 2	04H	00H
6	RCR	接收控制寄存器	05H	00H
7	RSR	接收状态寄存器	06H	00H
8	ROCR	接收溢出计数寄存器	07H	00H
9	BPTR	背压阈值寄存器	08H	37H

编号	寄存器	描述	偏移地址	复位后默认值
10	FCTR	流控制阈值寄存器	09H	38H
11	FCR	TX/RX 流控制寄存器	0AH	00H
12	EPCR	EEPROM&PHY 控制寄存器	0BH	00H
13	EPAR	EEPROM&PHY 地址寄存器	0CH	40H
14	EPDRL	EEPROM&PHY 低字节数据寄存器	0DH	XXH
15	EPDRH	EEPROM&PHY 高字节数据寄存器	0EH	XXH
16	WCR	唤醒控制寄存器	0FH	00H
17	PAR	物理地址寄存器	10H～15H	由 EEPROM 决定
18	MAR	广播地址寄存器	16H～1DH	XXH
19	GPCR	通用目的控制寄存器（8bit 模式）	1EH	01H
20	GPR	通用目的寄存器	1FH	XXH
21	TPRAL	TXSRAM 读指针地址低字节	22H	00H
22	TPRAH	TXSRAM 读指针地址高字节	23H	00H
23	RWPAL	RXSRAM 写指针地址低字节	24H	00H
24	RWPAH	RXSRAM 写指针地址高字节	25H	0CH
25	VID	厂家 ID	28H～29H	0A46H
26	PID	产品 ID	2AH～2BH	9000H
27	CHIPR	芯片版本	2CH	18H
28	TCR2	发送控制寄存器 2	2DH	00H
29	OCR	操作控制寄存器	2EH	00H
30	SMCR	特殊模式控制寄存器	2FH	00H
31	ETXCSR	即将发送控制/状态寄存器	30H	00H
32	TCSCR	发送校验和控制寄存器	31H	00H
33	RCSCSR	接收校验和控制状态寄存器	32H	00H
34	MRCMDX	内存数据预取读命令寄存器（地址不加 1）	F0H	XXH
35	MRCMDX1	内存数据读命令寄存器（地址不加 1）	F1H	XXH
36	MRCMD	内存数据读命令寄存器（地址加 1）	F2H	XXH
37	MRRL	内存数据读地址寄存器低字节	F4H	00H
38	MRRH	内存数据读地址寄存器高字节	F5H	00H
39	MWCMDX	内存数据写命令寄存器（地址不加 1）	F6H	XXH
40	MWCMD	内存数据写命令寄存器（地址加 1）	F8H	XXH
41	MWRL	内存数据写地址寄存器低字节	FAH	00H
42	MWRH	内存数据写地址寄存器高字节	FBH	00H
43	TXPLL	TX 数据包长度低字节寄存器	FCH	XXH
44	TXPLH	TX 数据包长度高字节寄存器	FDH	XXH
45	ISR	中断状态寄存器	FEH	00H
46	IMR	中断屏蔽寄存器	FFH	00H

表 7-4　DM9000A PHY 寄存器列表

编号	寄存器	描述	偏移地址
1	BMCR	基本模式控制寄存器	00H
2	BMSR	基本模式状态寄存器	01H

编号	寄存器	描述	偏移地址
3	PHYID1	PHY ID 标识符寄存器#1	02H
4	PHYID2	PHY ID 标识符寄存器#2	03H
5	ANAR	自动协商通知寄存器	04H
6	ANLPAR	自动协商连接对象寄存器	05H
7	ANER	自动协商扩展寄存器	06H
8	DSCR	DAVICOM 指定配置寄存器	16H
9	DSCSR	DAVICOM 指定配置和状态寄存器	17H
10	10BTCSR	10BASE-T 配置/状态	18H
11	PWDOR	掉电控制寄存器	19H
12	SCR	指定配置寄存器	20H

（3）典型接线图

DM9000A 典型接线图见图 7-8。单片机的 P1 端口接 DM9000A 的 8 位数据线，还有另外 5 个控制引脚：引脚 CS 是片选；引脚 RST 是片选；引脚 IOR 低电平代表读；引脚 IOW 低电平代表写；引脚 CMD 低电平表示 P1 端口输出的是地址，高电平表示 P1 端口输出的是数据。U3 是 25MHz 有源晶振，网络接口使用内部带隔离变压器和指示灯的 HR911102A。

（4）控制说明

① 写寄存器步骤：
- 将 CS 拉低，使能 DM9000A。
- CMD 拉低，将寄存器地址输出到并口，IOW 变低后再变高，写入地址。
- CMD 拉高，将待写入数据输出到并口，IOW 变低后再变高，写入数据。
- 将 CS 拉高。

② 读寄存器步骤：
- 将 CS 拉低，使能 DM9000A。
- CMD 拉低，将寄存器地址输出到并口，IOW 变低后再变高，写入地址。
- CMD 拉高，将 0xFF 输出到并口，IOR 变低，延时后读取数据，IOR 变高。
- 将 CS 拉高。

③ 内存工作原理。DM9000A 共有 16KB（0000H～3FFFH）内存，读写内存由 MWCMD、MRCMD 这两个寄存器控制，MWRL、MWRH 寄存器提供写入内存的位置，MRRL、MRRH 寄存器提供读取内存的位置。

④ 数据包传送工作原理。内存中默认值有 3KB（0000H～0BFFH）提供给传送功能使用，传送流程：
- 将要传送数据包的长度，填入 TXPLL、TXPLH 寄存器。
- 将 CS 拉低，使能 DM9000A。
- CMD 拉低，将 MWCMD 地址输出到并口，IOW 变低后再变高，写入地址。
- CMD 拉高，将待写入数据输出到并口，IOW 变低后再变高，写入数据，循环多次，写入全部要传送数据。
- 将 CS 拉高。

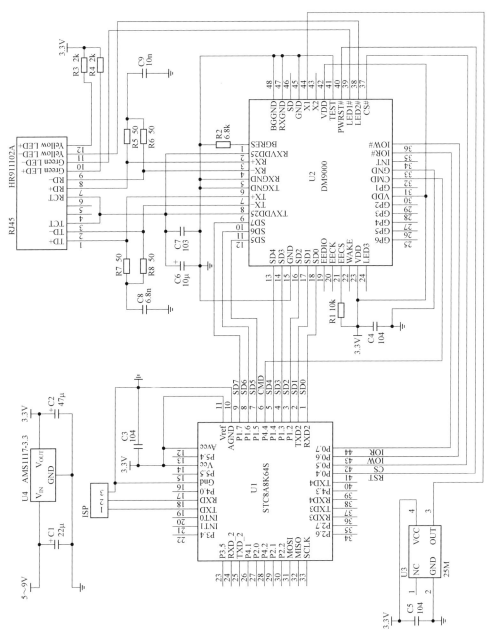

图 7-8　DM9000A 典型接线图

> ➢ 向发送控制寄存器 TCR 写入 0x01，发送数据。

> ➢ 如果内存写入位置超过 0BFFH 时，自动将下一个位置送回 0000H。

⑤ 数据包接收工作原理。内存中默认值有 13KB（0C00H～3FFFH）提供给接收功能使用，可以存放多个接收到的数据包。每个数据包前 4 个字节存放一些数据包相关资料，第 1 个字节为"01H"表示数据包已存放在接收内存，若为"00H"则表示尚未有数据包存放；第 2 个字节为这个数据包的一些相关信息，其格式类似于 RSR 寄存器的格式；第 3 个和第 4 个字节为该数据包的长度值，低位在前，高位在后。接收数据包流程：

> ➢ 检查 MRCMDX 寄存器值是否为 01，若是则有数据包需要读取。

> ➢ 读取 MRCMD，将前 4 个字节数据读入。

> ➢ 由前 4 个字节数据获取数据包长度，连续读取数据包数据。

> ➢ 如果读取位置超过 3FFFH 时，自动移到 0C00H。

7.2.2 DM9000A 驱动程序

DM9000A 驱动程序含控制引脚定义、延时函数、寄存器读写、数据包收发和 DM9000A 初始化函数。驱动程序代码如下：

```
//STC8 单片机驱动 DM9000A
//并口：P1
//控制：RST——P0.4, IOW——P0.6, CS——P0.5, IOR——P0.7, CMD——P4.4
#include "STC8.h"
#include "dm9000.h"
#include <intrins.h>
sbit RST = P0^4;              //定义 RST 引脚
sbit IOW = P0^6;              //定义 IOW 引脚
sbit CS = P0^5;               //定义 CS 引脚
sbit IOR = P0^7;              //定义 IOR 引脚
sbit CMD = P4^4;              //定义 CMD 引脚
#define _Nop() _nop_(),_nop_()
//延时函数，延时 n ms
void delay_ms(unsigned int n)
{
    unsigned char i, j;
    for (;n > 0; n --)
    {
        i = 11;
        j = 190;
        do
        {
            while (--j);
        } while (--i);
    }
}
//DM9000 写操作，将 dat 写入寄存器 reg
void dm9000_write(unsigned char reg, unsigned char dat)
{
    P1 = reg;
    CS = 0;
```

```
        CMD = 0;
        IOW = 0;
        _Nop();
        IOW = 1;        //写寄存器地址
        P1 = dat;
        CMD = 1;
        IOW = 0;
        _Nop();
        IOW = 1;        //写数据
        CS = 1;
}
//DM9000 读操作，从 reg 读出数据
unsigned char dm9000_read (unsigned char reg)
{
        unsigned char dat = 0;
        P1 = reg;
        CS = 0;
        CMD = 0;
        IOW = 0;
        _Nop();
        IOW = 1;        //写寄存器地址
        P1 = 0xFF;
        CMD = 1;
        IOR = 0;
        _Nop();
        dat = P1;
        IOR = 1;        //读数据
        CS = 1;
        dm9000_write(NSR, 0x2c);//清除各种状态标志位
        return dat;
}
//DM9000 初始化，macaddr 为 MAC 地址
void DM9000_Init(unsigned char* macaddr)
{
        unsigned int i;
        IOW=1;
        IOR=1;
        CS=1;
        CMD=1;
        RST=0;                          //硬件复位
        delay_ms(100) ;
        RST=1;
        delay_ms(20);                   //延时 2ms 以上等待 PHY 上电
        dm9000_write(NCR, 0x03);        //软件复位
        delay_ms(1) ;                   //延时 20μs 以上等待软件复位完成
        dm9000_write(NCR, 0x00);        //复位完成，设置正常工作模式
        dm9000_write(NCR, 0x03);        //第二次软件复位，确保软件复位完全成功
        delay_ms(1) ;
        dm9000_write(NCR, 0x00);        //设置正常工作模式
        dm9000_write(GPCR, 0x0F);       //设置 GPCR，使 DM9000 的 GPIO0~3 为输出
        dm9000_write(GPR, 0x00);        //设置 GPR，激活内部 PHY
```

```
    dm9000_write(NSR, 0x2c);          //清除各种状态标志位
    dm9000_write(ISR, 0x3f);          //清除所有中断标志位
    dm9000_write(RCR, 0x31);          //接收控制，使能接收、丢弃错误及超长数据包
    dm9000_write(TCR, 0x00);          //发送控制
    dm9000_write(BPTR, 0x3f);
    dm9000_write(FCTR, 0x3a);
    dm9000_write(RTFCR, 0xff);
    dm9000_write(SMCR, 0x00);
    for(i=0; i<6; i++)
        dm9000_write(PAR + i, macaddr[i]);   //设置 MAC 地址
    dm9000_write(NSR, 0x2c);
    dm9000_write(ISR, 0x3f);                          //再次清除所有标志位
    dm9000_write(IMR, 0x80);
    //dm9000_write(IMR, 0x81);                        //暂未使能中断
}
//发送数据包
//dat 为要发送的数据缓冲区，len 为要发送的数据长度
void sendpacket(unsigned char *dat, unsigned int len)
{
    unsigned int i;
    dm9000_write(IMR, 0x80); //先禁止网卡中断，防止在发送数据时被中断干扰
    dm9000_write(TXPLH, (len>>8) & 0x0ff);
    dm9000_write(TXPLL, len & 0x0ff);               //发送数据的长度
    CS = 0;
    P1 = MWCMD;         //写内存数据，写命令寄存器地址
    CMD = 0;
    IOW = 0;
    _Nop();
    IOW = 1;
    CMD = 1;
    for(i=0;i<len;i++)
    {
        P1 = dat[i];  //循环写数据到 DM9000 的内部 SRAM 中
        IOW = 0;
        _Nop();
        IOW = 1;
    }
    CS = 1;
    dm9000_write(TCR, 0x01);          //发送数据
    // while((dm9000_read(NSR) & 0x0c) == 0);//等待数据发送完成
    dm9000_write(NSR, 0x2c);          //清除状态寄存器
    //dm9000_write(IMR, 0x81);        //DM9000 网卡的接收中断使能
}
//接收数据包
//参数：dat 为数据，返回数据包长度
unsigned int rpacket(unsigned char *dat)
{
    unsigned int i,len;
    unsigned char n;
    n=dm9000_read(MRCMDX);            //读内存数据预取读命令寄存器
    if(n!=0x01)
```

```
{
    n=dm9000_read(PIDH);        //读产品 ID 高位
    n=dm9000_read(MRCMDX);      //再次读内存数据预取读命令寄存器
}
len=0;
if(n==0x01)
{
    n=dm9000_read(MRCMD);       //读内存数据读命令寄存器
    n=dm9000_read(MRCMD);
    n=dm9000_read(MRCMD);       //数据包长度低字节
    P1 = MRCMD;
    CS = 0;
    CMD = 0;
    IOW = 0;
    _Nop();
    IOW = 1;                    //写内存数据读命令寄存器
    P1 = 0xFF;
    CMD = 1;
    IOR = 0;
    _Nop();
    len = P1;                   //数据包长度高字节
    IOR = 1;
    len<<=8;
    len+=n;                     //计算数据包长度
    for(i=0;i<len;i++)          //循环读取数据
    {
        IOR = 0;
        _Nop();
        dat[i] = P1;
        IOR = 1;
    }
    CS = 1;
    return len;
}
else return 0;
}
```

7.2.3 以太网帧格式

单片机实现的以太网通信主要用于工控数据传输,以太网帧类型只需要支持 ARP 报文和 IP 报文就可以。以太网帧格式示意图见图 7-9,目的地址、源地址和类型共占 14 字节,合起来称为以太网首部,以太网首部里的地址指的是 MAC 地址。ARP 请求/应答占 28 字节,IP 数据报文占 46～1500 字节,IP 数据报文最常用的协议有 TCP 和 UDP,还有测试网络是否接通的 PING 命令所用到的 ICMP 协议。

（1）ARP 帧结构

ARP（Address Resolution Protocol）即地址解析协议,用于在建立 TCP 连接前取得目标 MAC 地址。在 TCP 协议的通信报文中每个网络设备必须要有 IP 地址、MAC 地址和通信端口,而在实际使用的 Socket 通信中并没有给出 MAC 地址,要先使用 ARP 协议获取与 IP 地址对应的 MAC 地址。ARP 帧结构见表 7-5，对于 ARP 请求，接收方 MAC 地址填入 0。

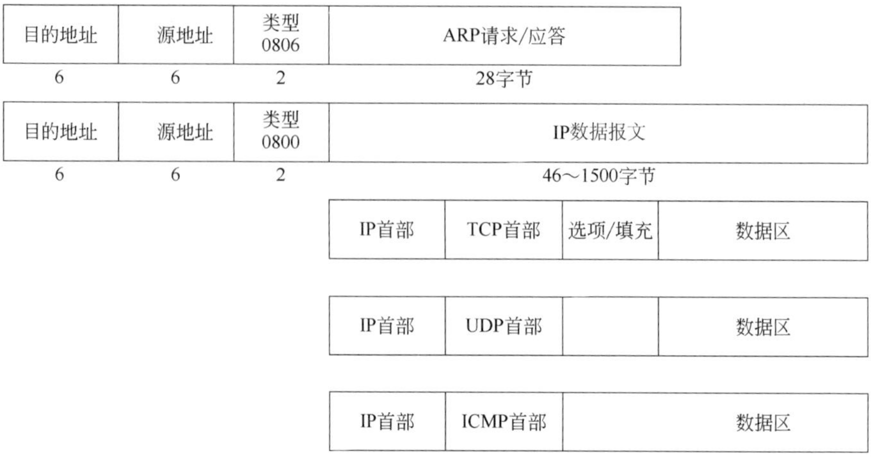

目的地址	源地址	类型 0806	ARP请求/应答
6	6	2	28字节

目的地址	源地址	类型 0800	IP数据报文
6	6	2	46~1500字节

IP首部	TCP首部	选项/填充	数据区

IP首部	UDP首部		数据区

IP首部	ICMP首部		数据区

图 7-9　以太网帧格式示意图

表 7-5　ARP 帧结构

组成	字节数	说明
硬件类型	2	0x0001：以太网 MAC
协议类型	2	0x0800：映射的协议地址类型
硬件地址长度	1	0x06：MAC 占 6 字节
协议地址长度	1	0x04：IP 地址占 4 字节
ARP 功能	2	0x0001：ARP 请求。0x0002：ARP 回复
源地址	6	发送方 MAC 地址
源 IP	4	发送方 IP 地址
目的地址	6	接收方 MAC 地址
目的 IP	4	接收方 IP 地址

（2）IP 首部帧结构

IP 首部帧结构见表 7-6，前 2 个字节一般为 0x4500，总长度包括 IP 首部、后面的协议首部和数据区长度。首部校验和计算方法：对首部数据按字相加，奇数字节数时在后面补个值为 0 的字节，相加结果数据类型为双字，再将双字拆成高 16 位、低 16 位相加，有进位时再加上进位，最终结果按位取反就是校验和。

表 7-6　IP 首部帧结构

组成	字节数	说明
版本号+首部长度	1	高 4 位为版本号，4：IPv4 低 4 位为首部长度，5：单位为双字，字节数为 5×4=20
服务类型	1	0x00：一般服务
总长度	2	IP 数据报文总长度，高位在前
标识	2	识别号，每发一次报文加 1
标志+分片偏移量	2	高 3 位为标志。1：保留。2：不分片位。3：分片位 低 13 位为分片偏移量

组成	字节数	说明
生存时间（TTL）	1	该 IP 数据报文最多能转发的次数
协议	1	1：ICMP。2：IGMP。6：TCP。17：UDP
首部校验和	2	IP 首部校验
源 IP 地址	4	发送方 IP 地址
目的 IP 地址	4	接收方 IP 地址

（3）TCP 首部帧结构

TCP 首部帧结构见表 7-7，其中序号（Sequence Number）占 4 字节，表示这个 TCP 包的序列号，TCP 协议拼凑接收到的数据包时，根据序号来确定顺序，并且能够确定是否有数据包丢失。确认序号（Acknowledgment Number）占 4 字节，表示已经收到对方多少字节数据，同时告诉对方接下来的包的序号要从确认序号的数值继续接力。首部长度给出首部中 32bit 字的数目，这个值包括选项字段，没有选项字段时长度是 20 字节。MSS 选项只在初始化连接请求（SYN=1）的报文段中使用，在报文段中发送 MSS 选项通告该端点在一个报文段中所能够接受的最大数据长度，超过这个长度要分段打包发送，若没有指定这个选项意味着该终端能够接受任何长度的报文段。

表 7-7 TCP 首部帧结构

组成	字节数	说明
源端口号	2	发送方端口号
目的端口号	2	接收方端口号
序号	4	本次连接累计发送的数据字节序号
确认序号	4	确认序号是上次已成功收到数据字节序号加 1
首部长度+标志位	2	高 4 位为首部长度，首部中 32 bit 字的数目 低 6 位为标志位，如下。 URG：紧急指针有效 ACK：确认报文 PSH：接收方应尽快将这个报文交给应用层 RST：重建连接 SYN：建立连接 FIN：断开连接
窗口大小	2	TCP 的流量控制
校验和	2	检验和覆盖整个的 TCP 报文段
紧急指针	2	紧急指针是一个正的偏移量，和序号字段中的值相加表示紧急数据最后一个字节的序号
选项	可变	最常见的可选字段是最长报文大小，又称为 MSS（Maximum Segment Size）

（4）UDP 首部帧结构

UDP 首部帧结构见表 7-8。UDP 长度指的是 UDP 首部和 UDP 数据的字节长度。UDP 校验和是一个端到端的检验和，它由发送端计算，然后由接收端验证，其目的是为了发现 UDP 首部和数据在发送端到接收端之间发生的任何改动。

表 7-8   UDP 首部帧结构

组成	字节数	说明
源端口号	2	发送方端口号
目的端口号	2	接收方端口号
UDP 长度	2	UDP 首部和 UDP 数据的字节长度
UDP 校验和	2	检验和覆盖整个 UDP 报文段，含 UDP 首部和数据

（5）ICMP 首部帧结构

ICMP 首部帧结构见表 7-9，单片机一般只会应答 PING，对发来的 PING 请求报文直接进行处理，将 MAC 地址、IP 地址交换，清类型码，重新计算校验码，作为应答报文发出即可。

表 7-9   ICMP 首部帧结构

组成	字节数	说明
类型	1	0x00：PING 应答。0x08：PING 请求
代码	1	0x00
校验和	2	

7.2.4 软件 TCP/IP 协议栈

单片机控制 DM9000A 发送、接收数据包的内容是个完整的以太网数据报文，实际使用中需要将待发送数据打包成以太网数据报文，对于接收到的以太网数据报文需要解析出用户数据，这些过程需要建立软件 TCP/IP 协议栈。

软件 TCP/IP 协议栈中的函数可以分公共函数、帧类型判断、PING 应答、ARP 请求/应答、UDP 通信、TCP 通信等几类函数，函数代码如下。

（1）公共函数

公共函数包括最基本的以太网首部和 IP 首部构建函数以及 IP 报文要用到的数据校验函数。

```
// 功能：数据校验
// 参数：buf——数据区，len——数据长度
// type——校验类型：0——IP 首部校验，1——UDP 首部校验，2——TCP 首部校验
unsigned int CS(unsigned char *buf, unsigned int len,unsigned char type)
{
    unsigned long sum = 0;
    if(type==1)                 //UDP 校验加伪首部
    {
        sum+=IP_PROTO_UDP_V;
        sum+=len-8;
    }
    if(type==2)                 //TCP 校验加伪首部
    {
        sum+=IP_PROTO_TCP_V;
        sum+=len-8;
    }
```

```
    while(len >1)                  //按字累加和
    {
        sum += 0xFFFF & (((unsigned long)*buf<<8)|*(buf+1));
        buf+=2;
        len-=2;
    }
    if (len)                       //字节数量奇数时再加上剩余的单字节
    {
        sum += ((unsigned long)(0xFF & *buf))<<8;
    }
    while (sum>>16)                //校验和也按字累加，包括累加后的进位
    {
        sum = (sum & 0xFFFF)+(sum >> 16);
    }
    return((unsigned int) sum ^ 0xFFFF);      //返回校验和反码
}
// 功能：构建以太网首部
// 参数：buf——数据区；n——socket 列表序号，n>127 时，从接收报文获取目标MAC
void make_eth(unsigned char *buf, socket n)
{
    unsigned char i;
    for(i=0;i<6;i++)
    {
        if(n>127) buf[ETH_DST_MAC +i]=buf[ETH_SRC_MAC +i];
        else buf[ETH_DST_MAC +i]=mysocket[n].rMAC[i];
        buf[ETH_SRC_MAC +i]=mymac[i];
    }
    buf[ETH_TYPE_H_P]=ETHTYPE_IP_H_V;          //帧类型，IP
    buf[ETH_TYPE_L_P]=ETHTYPE_IP_L_V;
}
// 功能：构建 IP 首部
// 参数：buf——数据地址；proto——协议类型，0x01——ICMP，0x06——TCP，0x11——UDP
// n——socket 列表序号，n>127 时，从接收报文获取目标MAC
void make_ip(unsigned char *buf, unsigned char proto, socket n)
{
    unsigned int ck;
    unsigned char i=0;
    while(i<4)                    //填充 IP 地址
    {
        if(n>127) buf[IP_DST_P+i]=buf[IP_SRC_P+i];
        else buf[IP_DST_P+i]=mysocket[n].rIP[i];
        buf[IP_SRC_P+i]=myip[i];
        i++;
    }
    buf[IP_FLAGS_P]=0x40;
    buf[IP_FLAGS_P+1]=0;
    buf[IP_TTL_P]=64;
    buf[IP_PROTO_P]=proto;        //协议类型
    buf[IP_CHECKSUM_P]=0;         //清零
    buf[IP_CHECKSUM_P+1]=0;
    ck=CS(&buf[IP_P], IP_HEADER_LEN,0);
```

```
    buf[IP_CHECKSUM_P]=ck>>8;
    buf[IP_CHECKSUM_P+1]=(ck&0xff);
}
```

（2）帧类型判断

帧类型判断包含 ARP 帧判断函数和 IP 帧类型判断函数。当处于服务端模式时会收到 ARP 请求帧，此时需回复 ARP 帧，告知本地 MAC 地址；当处于客户端模式时，建立连接前会向服务器发出 ARP 请求帧，收到远程主机的回复后解析出服务器的 MAC 地址。IP 帧类型判断函数中还对 IP 地址进行验证，如果不是本机地址则不会响应该报文。

```
// 功能：ARP 帧判断
// 参数：buf——数据地址
// 返回：0——不是 ARP，1——ARP 请求，2——ARP 回复
unsigned char IS_ARP(unsigned char *buf)
{
    unsigned char i=0;
    if((buf[ETH_TYPE_H_P] != ETHTYPE_ARP_H_V) || (buf[ETH_TYPE_L_P]
        != ETHTYPE_ARP_L_V)) return(0);        //0806,ARP
    while(i<4)
    {
        if(buf[ETH_ARP_DST_IP_P+i] != myip[i]) return(0);
        i++;
    }
    return buf[ETH_ARP_OPCODE_L_P];
}
// 功能：IP 数据帧判断
// 参数：buf——数据地址，len——数据长度
// 返回：0——不是，1——是
unsigned char IS_myip(unsigned char *buf,unsigned int len)
{
    unsigned char i=0;
    if (len<42) return(0);
    if(buf[ETH_TYPE_H_P]!=ETHTYPE_IP_H_V ||
        buf[ETH_TYPE_L_P]!=ETHTYPE_IP_L_V) return(0);
    if (buf[IP_HEADER_LEN_VER_P]!=0x45) return(0);
    while(i<4)
    {
        if(buf[IP_DST_P+i]!=myip[i]) return(0);  //IP 地址不对
        i++;
    }
    return(1);
}
```

（3）PING 应答

PING 命令常用于检测网络是否连通，本地主机收到 PING 报文直接对报文进行处理后返回给远程主机。

```
// 功能：PING 应答
// 参数：buf——数据地址，len——数据长度
void ICMP_reply(unsigned char *buf,unsigned int len)
{
```

```
    make_eth(buf,0xFF);
    make_ip(buf,IP_PROTO_ICMP_V,0xFF);
    buf[ICMP_TYPE_P]=ICMP_TYPE_ECHOREPLY_V;
    if (buf[ICMP_CHECKSUM_P] > (0xff-0x08)){
    buf[ICMP_CHECKSUM_P+1]++;
    }
    buf[ICMP_CHECKSUM_P]+=0x08;
    sendpacket(buf, len);
}
```

（4）ARP 请求/应答

网络通信表面上看需要 IP 地址和端口就能建立连接，实际上底层报文还需要 MAC 地址。ARP 的作用就是获取通信双方的 MAC 地址，客户端需要发出 ARP 请求帧，服务端回复 ARP 应答帧，双方从 ARP 报文解析出 IP 地址对应的 MAC 地址，才能进行下一步的连接和通信。

```
// 功能：ARP 请求
// 参数：buf——报文缓冲区，dip——远程主机 IP 地址
void ARP_req(unsigned char *buf,unsigned char *dip)
{
    unsigned char i;                    //循环量
    for(i=0;i<6;i++)
    {
        buf[ETH_DST_MAC +i]=0xFF;           //以太网首部目标 MAC 填 0xFF
        buf[ETH_SRC_MAC +i]=mymac[i];       //以太网首部本地 MAC 地址
        buf[ETH_ARP_DST_MAC_P+i]=0x00;      //目标 MAC 填 0x00
        buf[ETH_ARP_SRC_MAC_P+i]=mymac[i];  //本地 MAC 地址
    }
    buf[ETH_TYPE_H_P]=0x08;             //帧类型，ARP
    buf[ETH_TYPE_L_P]=0x06;
    buf[ETH_TYPE_L_P+1]=0x00;           //硬件类型
    buf[ETH_TYPE_L_P+2]=0x01;
    buf[ETH_TYPE_L_P+3]=0x08;           //映射的协议地址类型
    buf[ETH_TYPE_L_P+4]=0x00;
    buf[ETH_TYPE_L_P+5]=0x06;           //MAC 占 6 字节
    buf[ETH_TYPE_L_P+6]=0x04;           //IP 地址占 4 字节
    buf[ETH_ARP_OPCODE_H_P]=ETH_ARP_OPCODE_REQUEST_H_V; //ARP 请求
    buf[ETH_ARP_OPCODE_L_P]=ETH_ARP_OPCODE_REQUEST_L_V;
    for(i=0;i<4;i++)
    {
        buf[ETH_ARP_DST_IP_P+i]=dip[i];  //目标 IP 地址
        buf[ETH_ARP_SRC_IP_P+i]=myip[i]; //本地 IP 地址
    }
    sendpacket(buf,42);                 //发送报文，eth+arp 共 42 字节
}
// 功能：ARP 应答
// 参数：buf——报文缓冲区
void ARP_ack(unsigned char *buf)
{
    unsigned char i;                    //循环量
    for(i=0;i<6;i++)
```

```
    {
        buf[ETH_DST_MAC +i]=buf[ETH_SRC_MAC +i];//以太网首部目标MAC地址
        buf[ETH_SRC_MAC +i]=mymac[i];                    //以太网首部本地MAC地址
        buf[ETH_ARP_DST_MAC_P+i]=buf[ETH_ARP_SRC_MAC_P+i];    //目标MAC地址
        buf[ETH_ARP_SRC_MAC_P+i]=mymac[i];            //本地MAC地址
    }
    buf[ETH_ARP_OPCODE_H_P]=ETH_ARP_OPCODE_REPLY_H_V;        //ARP应答
    buf[ETH_ARP_OPCODE_L_P]=ETH_ARP_OPCODE_REPLY_L_V;
    for(i=0;i<4;i++)
    {
        buf[ETH_ARP_DST_IP_P+i]=buf[ETH_ARP_SRC_IP_P+i];//目标IP地址
        buf[ETH_ARP_SRC_IP_P+i]=myip[i]; //本地IP地址
    }
    sendpacket(buf,42);                        //发送报文，eth+arp共42字节
}
```

（5）UDP通信

UDP数据发送有3种情况，第1种是远程主机先发来UDP报文，可以直接按报文中远程主机IP地址、端口和MAC地址发送回复报文；第2种是已知远程主机IP地址、端口和MAC地址，主动发送UDP报文；第3种是已知远程主机IP地址、端口，不知道MAC地址，可以先发送ARP请求报文获取远程主机MAC地址，也可以用0xFF填充MAC地址，发送UDP广播报文。

```
    // 功能：UDP发送报文
    // 参数：buf——数据缓冲；dat——待发送数据；len——数据长度；n——mysocket[n]，n>127
时，从接收报文获取目标参数
    void UDP_send(unsigned char *buf,unsigned char *dat,unsigned int len,socket n)
    {
        unsigned int i;
        unsigned int ck;
        make_eth(buf,n);
        ck=IP_HEADER_LEN+UDP_HEADER_LEN+len;
        buf[IP_TOTLEN_H_P]=ck>>8;
        buf[IP_TOTLEN_L_P]=ck&0xFF;
        make_ip(buf,IP_PROTO_UDP_V,n);
        if(n>127)
        {
            i=buf[UDP_SRC_PORT_H_P];
            buf[UDP_SRC_PORT_H_P]=buf[UDP_DST_PORT_H_P];        // 目标端口
            buf[UDP_DST_PORT_H_P]=i;                        // 目标端口
            i=buf[UDP_SRC_PORT_L_P];
            buf[UDP_SRC_PORT_L_P]=buf[UDP_DST_PORT_L_P];        // 目标端口
            buf[UDP_DST_PORT_L_P]=i;                        // 目标端口
        }
        else
        {
            buf[UDP_DST_PORT_H_P]=mysocket[n].rPORT>>8;        // 目标端口
            buf[UDP_DST_PORT_L_P]=mysocket[n].rPORT&0xFF;        // 目标端口
            buf[UDP_SRC_PORT_H_P]=udpport>>8;
            buf[UDP_SRC_PORT_L_P]=udpport&0xFF;                //本地端口
        }
```

```
    ck=UDP_HEADER_LEN+len;
    buf[UDP_LEN_H_P]=ck>>8;
    buf[UDP_LEN_L_P]=ck&0xFF;
    for(i=0;i<len;i++)
    {
        buf[UDP_DATA_P+i]=dat[i];              //数据放到发送缓冲区
    }
    buf[UDP_CHECKSUM_H_P]=0;                    //检验位清零
    buf[UDP_CHECKSUM_L_P]=0;
    ck=CS(&buf[IP_SRC_P], 16 + len,1);   //校验
    buf[UDP_CHECKSUM_H_P]=ck>>8;
    buf[UDP_CHECKSUM_L_P]=ck& 0xff;
    sendpacket(buf,UDP_HEADER_LEN+IP_HEADER_LEN+ETH_HEADER_LEN+len);
}
```

（6）TCP 通信

　　TCP 通信部分包括构建 TCP 首部函数、连接请求函数、应答函数、接收报文解析函数和发送数据函数。构建 TCP 首部函数用于按 TCP 首部规范填入对应数据。连接请求函数用于向远程服务端发起连接请求。调用应答函数需要填入应答类型标志，TCP_FLAGS_ACK_V 表示正常应答，TCP_FLAGS_SYNACK_V 表示连接请求应答，TCP_FLAGS_FINACK_V 表示释放连接请求应答。接收报文解析函数最主要的功能是对 TCP 数据帧的 seq 和 ack 序号进行计算，对于有数据的报文还要计算出数据起始地址和数据字节数。

```
// 功能：构建 TCP 首部
// 参数：buf——数据缓冲，n——mysocket[n]
void make_tcphead(unsigned char *buf,socket n)
{
    buf[TCP_DST_PORT_H_P]=mysocket[n].rPORT>>8;
    buf[TCP_DST_PORT_L_P]=mysocket[n].rPORT;
    buf[TCP_SRC_PORT_H_P]=tcpport>>8;
    buf[TCP_SRC_PORT_L_P]=tcpport;
    buf[TCP_SEQ_H_P+0]= mysocket[n].seqn>>24;
    buf[TCP_SEQ_H_P+1]= mysocket[n].seqn>>16;
    buf[TCP_SEQ_H_P+2]= mysocket[n].seqn>>8;
    buf[TCP_SEQ_H_P+3]= mysocket[n].seqn;
    buf[TCP_SEQACK_H_P]=mysocket[n].ackn>>24;
    buf[TCP_SEQACK_H_P+1]=mysocket[n].ackn>>16;
    buf[TCP_SEQACK_H_P+2]=mysocket[n].ackn>>8;
    buf[TCP_SEQACK_H_P+3]=mysocket[n].ackn;
    buf[TCP_CHECKSUM_H_P]=0;
    buf[TCP_CHECKSUM_L_P]=0;
    buf[TCP_HEADER_LEN_P]=0x50;
}
// 功能：连接请求
// 参数：buf——报文寄存器，n——mysocket[n]
void make_tcp_syn(unsigned char *buf,socket n)
{
    unsigned int ck;
    make_eth(buf,n);
    buf[IP_TOTLEN_H_P]=0x00;
```

```
        buf[IP_TOTLEN_L_P]=0x34;
        make_ip(buf,IP_PROTO_TCP_V,n);
        buf[TCP_FLAGS_P]=TCP_FLAGS_SYN_V;
        mysocket[n].ackn=0;
        make_tcphead(buf,n);
        buf[TCP_OPTIONS_P]=2;
        buf[TCP_OPTIONS_P+1]=4;
        buf[TCP_OPTIONS_P+2]=0x05;
        buf[TCP_OPTIONS_P+3]=0xB4;
        buf[TCP_OPTIONS_P+4]=1;
        buf[TCP_OPTIONS_P+5]=3;
        buf[TCP_OPTIONS_P+6]=3;
        buf[TCP_OPTIONS_P+7]=3;
        buf[TCP_OPTIONS_P+8]=1;
        buf[TCP_OPTIONS_P+9]=1;
        buf[TCP_OPTIONS_P+10]=4;
        buf[TCP_OPTIONS_P+11]=2;
        buf[TCP_HEADER_LEN_P]=0x80;
        ck=CS(&buf[IP_SRC_P], TCP_HEADER_LEN_PLAIN+8+12,2);
        buf[TCP_CHECKSUM_H_P]=ck>>8;
        buf[TCP_CHECKSUM_L_P]=ck&0xff;              //校验
        sendpacket(buf,
              ETH_HEADER_LEN+IP_HEADER_LEN+TCP_HEADER_LEN_PLAIN+12);
}
// 功能：ACK 应答
// 参数：buf——寄存器地址，flag——应答类型，n——mysocket[n]
void make_tcp_ack(unsigned char *buf,unsigned char flag,socket n)
{
        unsigned int ck;
        make_eth(buf,n);
        ck=IP_HEADER_LEN+TCP_HEADER_LEN_PLAIN;   //0x28: 40=20+20
        buf[IP_TOTLEN_H_P]=ck>>8;
        buf[IP_TOTLEN_L_P]=ck& 0xff;
        make_ip(buf,IP_PROTO_TCP_V,n);
        buf[TCP_FLAGS_P]=flag;
        make_tcphead(buf,n);
        ck=CS(&buf[IP_SRC_P], TCP_HEADER_LEN_PLAIN+8,2);
        buf[TCP_CHECKSUM_H_P]=ck>>8;
        buf[TCP_CHECKSUM_L_P]=ck&0xff;           //校验
        sendpacket(buf, ETH_HEADER_LEN+IP_HEADER_LEN+TCP_HEADER_LEN_PLAIN);
}
// 功能：接收报文解析函数
// 参数：buf——数据缓冲；n——mysocket[n]，返回数据起始地址
unsigned int get_tcp_data_pointer(unsigned char *buf,socket n)
{
        unsigned char i=0;
        info_data_len=(((unsigned int)buf[IP_TOTLEN_H_P])<<8)|
                            (buf[IP_TOTLEN_L_P]&0xff);
        info_data_len-=IP_HEADER_LEN;
        info_hdr_len=(buf[TCP_HEADER_LEN_P]>>4)*4; // 计算长度字节数
        info_data_len-=info_hdr_len;
        if (info_data_len<=0) info_data_len=0;
```

```
        mysocket[n].seqn=buf[TCP_SEQACK_H_P];
        mysocket[n].ackn=buf[TCP_SEQ_H_P];
        for(i=0;i<3;i++)
        {
            mysocket[n].seqn<<=8;
            mysocket[n].seqn+=buf[TCP_SEQACK_H_P+1+i];
            mysocket[n].ackn<<=8;
            mysocket[n].ackn+=buf[TCP_SEQ_H_P+1+i];
        }
        if (info_data_len)
        {
            mysocket[n].ackn+=info_data_len; //加数据字节数
            return((unsigned int)TCP_SRC_PORT_H_P+info_hdr_len);
        }
        else
        {
        if (buf[TCP_FLAGS_P] & TCP_FLAGS_SYN_V) mysocket[n].ackn++;
//SYN 报文序列号加 1, 单纯 ACK 报文序列号不变
        if (buf[TCP_FLAGS_P] & TCP_FLAGS_FIN_V) mysocket[n].ackn++;
//FIN 报文序列号加 1, 单纯 ACK 报文序列号不变
        return(0);
        }
}
// 功能: TCP 发送数据
// 参数: buf——数据缓冲; dat——待发送数据; len——数据长度; n——mysocket[n], n>127
时, 从接收报文获取目标参数
void TCP_send(unsigned char *buf,unsigned char *dat,unsigned int len,socket
n)
{
    unsigned char i;
    unsigned int ck;
    make_eth(buf,n);
    ck=IP_HEADER_LEN+TCP_HEADER_LEN_PLAIN+len;   //IP 报文长度
    buf[IP_TOTLEN_H_P]=ck>>8;
    buf[IP_TOTLEN_L_P]=ck& 0xff;
    make_ip(buf,IP_PROTO_TCP_V,n);
    buf[TCP_FLAGS_P]=TCP_FLAGS_PSHACK_V;
    make_tcphead(buf,n);
    for (i=0;i<len;i++) buf[TCP_CHECKSUM_L_P+3+i]=dat[i];
    ck=CS(&buf[IP_SRC_P], TCP_HEADER_LEN_PLAIN+8+len,2);
    buf[TCP_CHECKSUM_H_P]=ck>>8;
    buf[TCP_CHECKSUM_L_P]=ck&0xff;                  //校验
    sendpacket(buf,
        ETH_HEADER_LEN+IP_HEADER_LEN+TCP_HEADER_LEN_PLAIN+len);
}
```

7.2.5 网络通信编程

(1) 公共部分

以串口服务器通信编程为例, 将网络数据透传到串口, 收到串口返回数据后再透传回

网络接口，公共部分程序的主要代码如下。

```c
unsigned char mymac[6] = {0x04,0x05,0x08,0x38,0x36,0x33};    //MAC 地址
unsigned char myip[4] = {10,126,7,12};          //IP 地址
unsigned char xdata buf[1500];  //报文收发缓冲区
unsigned int udpport=6000;          //本地 UDP 端口
unsigned int tcpport=8000;          //本地 TCP 端口
struct sockets                      //定义结构，sockets
{
    unsigned char rMAC[6];          //MAC 地址
    unsigned char rIP[4];           //IP 地址
    unsigned int rPORT;             //端口
    unsigned int idn;               //识别号
    unsigned long seqn;             //SEQ 顺序号
    unsigned long ackn;             //ACK 顺序号
    unsigned char sta;              //状态：0——未连接，1——ARP 应答，2——已连接
    unsigned char wn;               //计数
};
xdata struct sockets mysocket[20];  //声明 socket
//mysocket[0]  UDP 通信
//mysocket[1]  TCP 服务端
//mysocket[2~19]  TCP 客户端
void socket_Init(void)                      //初始化 socket
{
    unsigned char i;
    for(i=0;i<6;i++) mysocket[0].rMAC[i]=0xFF;
    mysocket[0].rIP[0]=10;
    mysocket[0].rIP[1]=126;
    mysocket[0].rIP[2]=7;
    mysocket[0].rIP[3]=20;
    mysocket[0].rPORT=8000;
    for(i=0;i<6;i++) mysocket[2].rMAC[i]=0xFF;
    mysocket[2].rIP[0]=10;
    mysocket[2].rIP[1]=126;
    mysocket[2].rIP[2]=7;
    mysocket[2].rIP[3]=20;
    mysocket[2].rPORT=8080;
    mysocket[2].sta=0;
}
// 主函数
int main(void)
{
    unsigned int len;
    DM9000_Init(mymac);
    Sleep(100);
    socket_Init();
    while (1)
    {
        len=rpacket(buf);                   //网络数据读取
        if(len>0)                           //有数据
        {
            if(IS_ARP(buf)==0x01)           //是 ARP 报文
```

```
                {
                    ARP_ack(buf);                    //回复ARP报文
                    continue;
                }
                if(IS_ARP(buf)==0x02)          //是ARP回复报文
                {
                    continue;
                }
                if(IS_myip(buf,len)==0)    //IP判断不是发往本地的报文
                {
                    continue;
                }
                if(buf[IP_PROTO_P]==IP_PROTO_ICMP_V &&
                        buf[ICMP_TYPE_P]==ICMP_TYPE_ECHOREQUEST_V)
                {                                    //判断是ICMP报文
                    ICMP_reply(buf,len);         //回复ICMP报文
                    continue;
                }
                ......                               //报文接收处理程序
            }
        }
}
```

（2）UDP 通信

UDP 通信报文接收处理部分代码如下。

```
//转发串口数据到网口
if(rnew1)
{
    rnew1=0;
    UDP_send(buf,rbuf1,rn1,0);
}
//判断是发给本机的UDP报文，取出远程主机MAC地址、IP地址和端口
if ((buf[IP_PROTO_P]==IP_PROTO_UDP_V)&&(buf[UDP_DST_PORT_H_P]==
        ((udpport>>8)&0xFF))&&(buf[UDP_DST_PORT_L_P]==(udpport&0xFF)))
{
    for(i=0;i<6;i++) mysocket[0].rMAC[i]=buf[ETH_SRC_MAC +i];
    for(i=0;i<4;i++) mysocket[0].rIP[i]=buf[IP_SRC_P+i];
    mysocket[0].rPORT=256*buf[UDP_SRC_PORT_H_P]+buf[UDP_SRC_PORT_L_P];
    len=256*buf[UDP_LEN_H_P]+buf[UDP_LEN_L_P]-UDP_HEADER_LEN;
    if(len>0)
    {
        for(i=0;i<len;i++) tbuf1[i]=buf[UDP_DATA_P+i];
        sp1=0;
        sn1=len;
        SBUF=tbuf1[0];          //将数据转发到串口
    }
}
```

（3）TCP_Server 通信

TCP_Server 通信报文接收处理部分代码如下。

```
//转发串口数据到网口
if(rnew1)
{
    rnew1=0;
    TCP_send(buf,rbuf1,rn1,1);      //转发串口数据到网口
}
//判断是发给本机的 TCP 报文，取出远程主机 MAC 地址、IP 地址和端口
if ((buf[IP_PROTO_P]==IP_PROTO_TCP_V)&&(buf[TCP_DST_PORT_H_P]==
    ((tcpport>>8)&0xFF))&&(buf[TCP_DST_PORT_L_P]==(tcpport&0xFF)))
{
    dat_p=get_tcp_data_pointer(buf,1);
    if ((buf[TCP_FLAGS_P]&0x3F)== TCP_FLAGS_SYN_V)        //是 SYN 请求
    {
        for(i=0;i<6;i++) mysocket[1].rMAC[i]=buf[ETH_SRC_MAC +i];
        for(i=0;i<4;i++) mysocket[1].rIP[i]=buf[IP_SRC_P+i];
        mysocket[1].rPORT = 256*buf[TCP_SRC_PORT_H_P]
                                        +buf[TCP_SRC_PORT_L_P];
        make_tcp_ack(buf,TCP_FLAGS_SYNACK_V,1);        //回复 SYN
    }
    if ((buf[TCP_FLAGS_P]&0x3F) == TCP_FLAGS_FINACK_V)  //是 FINACK
    {
        make_tcp_ack(buf,TCP_FLAGS_ACK_V,1);            //确认
        Sleep(50);
        make_tcp_ack(buf,TCP_FLAGS_FINACK_V,1);         //释放连接
    }
    if ((buf[TCP_FLAGS_P]&0x3F) == TCP_FLAGS_PSHACK_V)  //数据报文
    {
        if(info_data_len>0)
        {
            for(i=0;i<info_data_len;i++) tbuf1[i]=buf[dat_p+i];
            sp1=0;
            sn1=info_data_len;
            SBUF=tbuf1[0];          //将数据转发到串口
        }
        make_tcp_ack(buf,TCP_FLAGS_ACK_V,1); //确认收到数据
    }
    continue;
}
```

（4）TCP_Client 通信

TCP_Client 通信报文接收处理部分代码如下。

```
if(t5>500)              //0.5s 计数
{
    t5=0;
    if(mysocket[2].sta==0) ARP_req(buf,2);               //先发 ARP
    if(mysocket[2].sta==1) make_tcp_syn(buf,2);          //建立 TCP 连接
    mysocket[2].wn++;
    if(mysocket[2].wn>120)   //1min 无数据，判为掉线，重新连接
    {
        mysocket[2].wn=0;
        mysocket[2].sta=0;
```

```
    }
}
if(rnew1)                        //转发串口数据到网口
{
    rnew1=0;
    if(mysocket[2].sta==2) TCP_send(buf,rbuf1,rn1,2);
}
//判断是发给本机的TCP报文
if ((buf[IP_PROTO_P]==IP_PROTO_TCP_V)&&(buf[TCP_DST_PORT_H_P]==
    ((tcpport>>8)&0xFF))&&(buf[TCP_DST_PORT_L_P]==(tcpport&0xFF)))
{
    mysocket[2].wn=0;
    dat_p=get_tcp_data_pointer(buf,2);
    if ((buf[TCP_FLAGS_P]&0x3F)== TCP_FLAGS_SYNACK_V)   //ACK+SYN
    {
        make_tcp_ack(buf,TCP_FLAGS_ACK_V,2);        //回复确认ACK
        mysocket[2].sta=2;            //已建立连接
    }
    if ((buf[TCP_FLAGS_P]&0x3F) == TCP_FLAGS_FINACK_V)  //FINACK
    {
        make_tcp_ack(buf,TCP_FLAGS_ACK_V,2);
        Sleep(50);
        make_tcp_ack(buf,TCP_FLAGS_FINACK_V,2);
        mysocket[2].sta=0;            //已释放连接
    }
    if ((buf[TCP_FLAGS_P]&0x3F) == TCP_FLAGS_PSHACK_V)  //数据报文
    {
        if(info_data_len>0)
        {
            for(i=0;i<info_data_len;i++) tbuf1[i]=buf[dat_p+i];
            sp1=0;
            sn1=info_data_len;
            SBUF=tbuf1[0];            //将数据转发到串口
        }
        make_tcp_ack(buf,TCP_FLAGS_ACK_V,2); //确认收到数据
    }
    continue;
}
```

第8章

无线通信

常用的无线通信方式有蓝牙通信、WiFi 通信和 GPRS 通信，都有对应的模块，模块使用串口通信，单片机通过串口连接无线通信模块就有无线通信功能。工业控制中的无线通信应用远距离无线通信 LoRa 和窄带物联网 NB-IoT 较多，窄带物联网 NB-IoT 与 GPRS 类似，具有功耗低、信号强的特点，是专用于数据传输的远程无线通信网络。

8.1 蓝牙遥控实例

8.1.1 电路设计

蓝牙遥控实例的功能是用 Android 手机通过蓝牙接口控制 2 路继电器输出。蓝牙遥控电路图见图 8-1。电源使用 AC220V 转 DC5V 的电源模块，蓝牙模块选用低功耗的 BLE101，

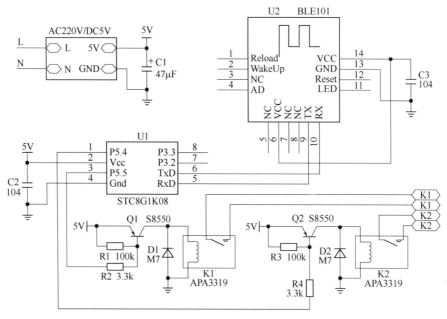

图 8-1　蓝牙遥控电路图

单片机选用 SOP8 封装的 STC8G1K08。单片机串口引脚 RxD/TxD 对应连接 BLE101 的引脚 TX/RX；引脚 P5.5 控制继电器 1，引脚 P5.4 控制继电器 2，引脚低电平时继电器动作，输出接点闭合。

8.1.2 单片机编程

BLE101 模块默认出厂波特率为 57600bps，工作模式为从机模式，可以直接使用，如果工作模式不对，可以把引脚 Reload 拉到低电平 3s 后恢复出厂设置。单片机串口波特率也设为 57600bps，通信协议自定义：

➤ 收到字符串 "+K1=ON"，K1 动作。

➤ 收到字符串 "+K1=OFF"，K1 释放。

➤ 收到字符串 "+K2=ON"，K2 动作。

➤ 收到字符串 "+K2=OFF"，K2 释放。

➤ 收到字符串 "+STA?"，返回输出状态 "STA=N"，N=0 代表 K1、K2 都没动作，N=1 代表 K1 动作，N=2 代表 K2 动作，N=3 代表 K1、K2 都动作。

单片机程序代码如下，需要注意的是 STC8G1K 系列单片机的串口 1 只能用定时器 1 作波特率发生器。

```
//蓝牙遥控测试程序
#include <STC8.h>           //包含单片机头文件
#include <string.h>         //包含字符串函数头文件
unsigned char xdata tbuf[50],rbuf[50];  //串口数据缓冲区
bit rnew1;                  //接收新数据完成标志
bit ring1;                  //正在接收新数据标志
unsigned char rn1;          //接收数据字节数
unsigned char sn1;          //计划发送数据字节总数
unsigned char sp1;          //已发送数据字节数
unsigned char t1;           //通信计时
unsigned char *p;           //字符串位置
sbit K1=P5^5;               //K1 输出
sbit K2=P5^4;               //K2 输出
// 初始化端口函数
void GPIO_Init (void)
{
    P5M1 = 0x00;   P5M0 = 0x00;     //设置为准双向口
    P3M1 = 0x00;   P3M0 = 0x00;     //设置为准双向口
}
// 初始化定时器和串口函数
void Timer_Uart_Init(void)
{
    AUXR |= 0x80;          //定时器时钟 1T 模式
    TMOD &= 0xF0;          //设置定时器模式
    TL0 = 0xCD;            //设置定时初值
    TH0 = 0xD4;            //1ms@11.0592MHz
    TF0 = 0;               //清除 TF0 标志
    ET0 = 1;               //使能定时器 0 中断
    TR0 = 1;               //定时器 0 开始计时
```

```
                    //初始化串口 1, 57600bps@11.0592MHz
    SCON = 0x50;              //8 位数据,可变波特率
    AUXR |= 0x40;             //定时器时钟 1T 模式
    AUXR &= 0xFE;             //串口 1 选择定时器 1 为波特率发生器
    TMOD &= 0x0F;             //设置定时器模式
    TL1 = 0xD0;               //设置定时初始值
    TH1 = 0xFF;
    ET1 = 0;                  //禁止定时器%d 中断
    ES = 1;                   //允许串口 1 中断
    REN = 1;                  //允许串口 1 接收
    P_SW1 = 0x00;             //0x00: P3.0  P3.1。0x40: P3.6  P3.7
    TR1 = 1;                  //定时器 1 开始计时
}
// 串口 1 发送字符串函数
void SendStr(unsigned char *s)
{
    unsigned char i;
    unsigned char n;
    n = strlen(s);           //计算字符串长度
    for (i=0;i<n;i++)        //将字符放到发送缓冲区
    {
        tbuf[i]=s[i];
    }
    tbuf[n]=0x0D;
    tbuf[n+1]=0x0A;
    sn1=n+2;                 //发送字节数
    sp1=0;                   //从头开始发送
    SBUF=tbuf[0];            //发送第 1 个字节
}
// 主函数
void main(void)
{
    GPIO_Init ();
    Timer_Uart_Init();       //初始化定时器 0
    EA=1;                    //开总中断
    while(1)
    {
        if(rnew1)            //收到数据
        {
            rnew1=0;         //清接收新数据完成标志
            p=strstr(rbuf,"K1=ON");          //继电器输出
            if(p>0) K1=0;
            p=strstr(rbuf,"K1=OFF");
            if(p>0) K1=1;
            p=strstr(rbuf,"K2=ON");
            if(p>0) K2=0;
            p=strstr(rbuf,"K2=OFF");
            if(p>0) K2=1;
            p=strstr(rbuf,"STA?");
            if(p>0)                          //反馈输出状态
            {
```

```
                  if((K1)&&(K2)) SendStr("STA=0");
                  if((!K1)&&(K2)) SendStr("STA=1");
                  if((K1)&&(!K2)) SendStr("STA=2");
                  if((!K1)&&(!K2)) SendStr("STA=3");
            }
        }
    }
}
// 定时器 0 中断子程序，定时周期 1ms
void Timer0Int(void) interrupt 1
{
    if (ring1) t1++;         //串口 1 通信延时计数
    else t1=0;
    if(t1>10)                //超过 10ms 无数据判为帧结束
    {
        rnew1=1;             //接收新数据完成标志置 1
        ring1=0;
        rn1++;               //修正接收数据字节数
    }
}
// UART1 中断函数
void UART1_int (void) interrupt 4
{
    if(RI)                   //收到数据
    {
        RI = 0;              //清接收数据标志位
        t1=0;                //清延时计数
        if(!ring1)           //数据帧的首字节
        {
            ring1=1;         //正在接收数据标志置位
            rn1=0;           //接收字节数清零
            rbuf[0]=SBUF;    //接收首字节数据
        }
        else
        {
            rn1++;           //接收数据字节数加 1
            if(rn1<50) rbuf[rn1]=SBUF;       //超出接收缓冲区容量数据将被舍弃
        }
    }
    if(TI)                   //发送数据完成
    {
        TI=0;                //清发送完成中断标志
        sp1++;               //发送数据计数加 1
        if(sp1<sn1)  SBUF = tbuf[sp1];   //未发送完数据，继续发送
    }
}
```

8.1.3 手机编程

手机端编程使用 Android Studio，程序界面见图 8-2，程序运行后会自动打开蓝牙，单

击"蓝牙扫描"，扫描到控制电路用到的 BLE101，单击该选项手机会创建和蓝牙模块的通信连接，借助通信发送命令控制接点开关，读取继电器状态显示到界面。

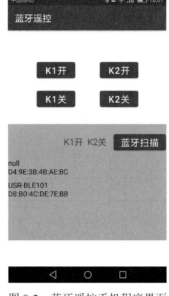

图 8-2 蓝牙遥控手机程序界面

Android 程序代码如下：

```
package zhou.chs.ble101;
public class MainActivity extends AppCompatActivity  implements
                AdapterView.OnItemClickListener,View.OnClickListener{
//定义控件
ListView lv;                              //列表显示蓝牙名称及 MAC 地址
TextView sta;                             //显示状态
Button btScan,btK10,btK11,btK20,btK21;        //按键
//变量定义
private BluetoothAdapter btAdapter;           //蓝牙适配器
private BluetoothDevice btDevice;             //蓝牙设备
BluetoothGatt btGatt;                         //GATT 连接
BluetoothGattService GattS;                   //GATT 服务
BluetoothGattCharacteristic Gatt_txd, Gatt_rxd;//GATT 服务中的属性
ArrayList ble_list = new ArrayList();         //蓝牙名称及 MAC 列表
ArrayList bleDevices = new ArrayList();       //蓝牙列表
ArrayAdapter madapter;                        //适配器
private Handler myhandler;                     //信息通道
private boolean scan_flag;                     //描述扫描蓝牙的状态
private static final long SCAN_PERIOD = 3000;   // 蓝牙扫描时间
private Handler mHandler;   //蓝牙扫描延时线程
public int len;
public static String USRTXD = "0003cdd2-0000-1000-8000-00805f9b0131";
public static String USRRXD = "0003cdd1-0000-1000-8000-00805f9b0131";
private static final int PERMISSION_REQUEST_COARSE_LOCATION = 1;
private static final int REQUEST_ENABLE_BT = 1;
boolean Link=false;
```

```java
@Override
protected void onCreate(Bundle savedInstanceState) {
    super.onCreate(savedInstanceState);
    setContentView(R.layout.activity_main);
    sta = findViewById(R.id.idSta);
    btScan = findViewById(R.id.idScan);
    btK10 = findViewById(R.id.idK10);
    btK20 = findViewById(R.id.idK20);
    btK11 = findViewById(R.id.idK11);
    btK21 = findViewById(R.id.idK21);
    btScan.setOnClickListener(this);
    btK10.setOnClickListener(this);
    btK20.setOnClickListener(this);
    btK11.setOnClickListener(this);
    btK21.setOnClickListener(this);
    lv = findViewById(R.id.idLv);
    lv.setOnItemClickListener(this);
    mHandler = new Handler();
    // 判断硬件是否支持蓝牙
    if (!getPackageManager().hasSystemFeature
                (PackageManager.FEATURE_BLUETOOTH_LE))
    {
        sta.setText("不支持BLE");
        finish();
    }
    btAdapter = BluetoothAdapter.getDefaultAdapter();    //获得蓝牙适配器
    if (btAdapter == null || !btAdapter.isEnabled())
    {                           // 检查蓝牙适配器，如未打开则调用系统功能打开
        Intent enableBtIntent = new Intent(
                BluetoothAdapter.ACTION_REQUEST_ENABLE);
        startActivityForResult(enableBtIntent, REQUEST_ENABLE_BT);
    }
    sta.setText("蓝牙已打开");
    scan_flag = true;
    madapter = new ArrayAdapter(this, android.R.layout.simple_list_item_1,
ble_list);
    lv.setAdapter(madapter);    //在 ListView 上显示配对蓝牙设备名称及 MAC 地址
    if (Build.VERSION.SDK_INT >= Build.VERSION_CODES.M) {
    if (this.checkSelfPermission(Manifest.permission.ACCESS_
        COARSE_LOCATION) != PackageManager.PERMISSION_GRANTED) {
    requestPermissions(new String[]{Manifest.permission.ACCESS_
            COARSE_LOCATION}, PERMISSION_REQUEST_COARSE_LOCATION);
        }
    }
    myhandler = new MyHandler();            //实例化 Handler，用于进程间的通信
    Timer mTimer = new Timer();
    mTimer.schedule(new TimerTask() {
        @Override
        public void run() {
            Message msg1 = myhandler.obtainMessage();
            msg1.what = 1;
```

```
                    myhandler.sendMessage(msg1);
            }
        }, 2000, 200);
        getWindow().addFlags(WindowManager.LayoutParams.FLAG_KEEP_SCREEN_ON);
    }
    //动态位置权限申请
    public void onRequestPermissionsResult(int requestCode, String permissions[],
int[] grantResults) {
        switch (requestCode) {
            case PERMISSION_REQUEST_COARSE_LOCATION:
                if (grantResults[0] == PackageManager.PERMISSION_GRANTED) {
                    //请求成功
                }
                break;
        }
    }
    class MyHandler extends Handler {        //在主线程处理 Handler 传回来的 message
        public void handleMessage(Message msg) {
            switch (msg.what) {
                case 1:
                    if(Link) {
                        btGatt.writeCharacteristic(Gatt_txd);   //发送数据
                        Gatt_txd.setValue("+STA?");             //写入待发送数据
                    }
                    break;
            }
        }
    }
    //响应按键单击事件
    public void onClick(View v)     {
        switch (v.getId()) {
            case R.id.idScan:                   //蓝牙扫描按钮
                if (scan_flag) {
                    bleDevices.clear();         //清空原设备列表
                    ble_list.clear();
                    madapter.notifyDataSetChanged();   //刷新列表显示
                    scanLeDevice(true);         //开始扫描
                } else {
                    scanLeDevice(false);        //停止扫描
                    btScan.setText("蓝牙扫描");
                }
                break;
            case R.id.idK10:        //K1 开
                Gatt_txd.setValue("+K1=ON");
                break;
            case R.id.idK11:        //K1 关
                Gatt_txd.setValue("+K1=OFF");
                break;
            case R.id.idK20:        //K2 开
                Gatt_txd.setValue("+K2=ON");
                break;
```

```
            case R.id.idK21:        //K2 关
                Gatt_txd.setValue("+K2=OFF");
                break;
        }
    }
    //响应列表单击选项事件
    public void onItemClick(AdapterView<?> parent, View v, int position,long id)
    {
        TextView txv = (TextView) v;    //获取选中项文本
        String s = txv.getText().toString();
        String[] addr = s.split("\n");    //抽取 MAC 地址
        btDevice = btAdapter.getRemoteDevice(addr[1]);//通过 MAC 地址获得蓝牙设备
        //建立 GATT 连接
        btGatt = btDevice.connectGatt(MainActivity.this, false, gattcallback);
        sta.setText("连接" + btDevice.getName() + "中...");
    }
    // 低功耗蓝牙扫描
    private void scanLeDevice(final boolean enable)
    {
        final BluetoothLeScanner scaner = btAdapter.getBluetoothLeScanner();
        if (enable)
        {
            mHandler.postDelayed(new Runnable()
            {
                @Override
                public void run()
                {
                    scan_flag = true;
                    btScan.setText("蓝牙扫描");
                    scaner.stopScan(mScanCallback);
                }
            }, SCAN_PERIOD);            // 扫描规定时间后停止扫描
            scan_flag = false;
            btScan.setText("停止扫描");
            scaner.startScan(mScanCallback);    // 开始扫描
        } else
        {
            scaner.stopScan(mScanCallback);    // 停止扫描
            scan_flag = true;
        }
    }
    // 返回扫描结果
    private ScanCallback mScanCallback;
    {
        mScanCallback = new ScanCallback() {
            @Override
            public void onScanResult(int callbackType, ScanResult result) {
                super.onScanResult(callbackType, result);
                if (Build.VERSION.SDK_INT >= Build.VERSION_CODES.LOLLIPOP) {
                    BluetoothDevice device = result.getDevice();
                    if (!bleDevices.contains(device)) {    //判断是否重复
```

```java
                    bleDevices.add(device);              //未重复则加入列表
                    ble_list.add(result.getDevice().getName() + "\n" +
result.getDevice().getAddress());
                }
                madapter.notifyDataSetChanged();
            }
        }
        @Override   // 批量返回扫描结果
        public void onBatchScanResults(List<ScanResult> results) {
            super.onBatchScanResults(results);
        }
        @Override // 扫描失败
        public void onScanFailed(int errorCode) {
            super.onScanFailed(errorCode);
        }
    };
}
// GATT 连接响应
private BluetoothGattCallback gattcallback = new BluetoothGattCallback()
{
    @Override        //GATT 连接状态变化
    public void onConnectionStateChange(BluetoothGatt gatt, int status,
final int newState) {
        super.onConnectionStateChange(gatt, status, newState);
        runOnUiThread(new Runnable() {
            @Override
            public void run() {
                String status;
                switch (newState) {
                    case BluetoothGatt.STATE_CONNECTED:
                        sta.setText("已连接");
                        btGatt.discoverServices();
                        break;
                    case BluetoothGatt.STATE_CONNECTING:
                        sta.setText("正在连接");
                        break;
                    case BluetoothGatt.STATE_DISCONNECTED:
                        sta.setText("已断开");
                        break;
                    case BluetoothGatt.STATE_DISCONNECTING:
                        sta.setText("断开中");
                        break;
                }
            }
        });
    }
    @Override  //GATT 连接发现服务
    public void onServicesDiscovered(BluetoothGatt gatt, int status) {
        super.onServicesDiscovered(gatt, status);
        if (status == btGatt.GATT_SUCCESS) {
            final List<BluetoothGattService> services = btGatt.getServices();
```

```
                    runOnUiThread(new Runnable() {
                        @Override
                        public void run() {
                            for (final BluetoothGattService bluetoothGattService :
services) {
                                GattS = bluetoothGattService;
                                List<BluetoothGattCharacteristic> charc = bluetooth
GattService.getCharacteristics();
                                for (BluetoothGattCharacteristic charac : charc) {
                                    String tz=charac.getUuid().toString();
                                    if (tz.equals(USRTXD)) {        //发现发送服务
                                        Gatt_txd = charac;
                                        Link=true;
                                    }
                                    if(tz.equals(USRRXD)) {         //发现接收服务
                                        Gatt_rxd = charac;
                                        enableNotification(true, Gatt_rxd);
                                                            //使能收到数据后通知
                                    }
                                }
                            }
                        }
                    });
                }
            }
            @Override   //GATT 读属性
            public void onCharacteristicRead(BluetoothGatt gatt, BluetoothGatt
Characteristic characteristic, int status) {
                super.onCharacteristicRead(gatt, characteristic, status);
            }
            @Override   //GATT 写属性
            public void onCharacteristicWrite(BluetoothGatt gatt, BluetoothGatt
Characteristic characteristic, int status) {
                super.onCharacteristicWrite(gatt, characteristic, status);
            }
            @Override    //GATT 属性变化，用于接收数据
            public void onCharacteristicChanged(BluetoothGatt gatt, BluetoothGatt
Characteristic characteristic) {
                super.onCharacteristicChanged(gatt, characteristic);
                final byte[] values = characteristic.getValue();
                runOnUiThread(new Runnable() {
                    @Override
                    public void run() {
                        len=values.length;
                        if(len>3) {
                            sta.setText("收到数据");
                            if ((values[0] == (byte) 0x53) && (values[1] == (byte) 0x54))
{
                                if(values[4] == (byte) 0x30) sta.setText("k1 关  K2 关");
                                if(values[4] == (byte) 0x31) sta.setText("k1 开  K2 关");
                                if(values[4] == (byte) 0x32) sta.setText("k1 关  K2 开");
```

```java
                    if(values[4] == (byte) 0x33) sta.setText("k1 开 K2 开");
                }
            }
        }
    });
}
@Override    //GATT 读描述
public void onDescriptorRead(BluetoothGatt gatt, BluetoothGattDescriptor
descriptor, int status) {
    super.onDescriptorRead(gatt, descriptor, status);
}
@Override    //GATT 写描述
public void onDescriptorWrite(BluetoothGatt gatt, BluetoothGatt
Descriptor descriptor, int status) {
    super.onDescriptorWrite(gatt, descriptor, status);
}
@Override
public void onReliableWriteCompleted(BluetoothGatt gatt, int status)
{
    super.onReliableWriteCompleted(gatt, status);
}
@Override    //GATT 读信号强度
public void onReadRemoteRssi(BluetoothGatt gatt, int rssi, int status)
{
    super.onReadRemoteRssi(gatt, rssi, status);
}
} ;
// 通知参数设定
private boolean enableNotification(boolean enable,
        BluetoothGattCharacteristic characteristic) {
    if (btGatt == null || characteristic == null)
        return false;
    if (!btGatt.setCharacteristicNotification(characteristic, enable))
        return false;
    BluetoothGattDescriptor clientConfig =
            characteristic.getDescriptor(UUID.fromString(USRRXD));
    if (clientConfig == null)  return false;
    if (enable) {
        clientConfig.setValue(BluetoothGattDescriptor
                                    .ENABLE_NOTIFICATION_VALUE);
    } else {
        clientConfig.setValue(BluetoothGattDescriptor
                                    .DISABLE_NOTIFICATION_VALUE);
    }
    return btGatt.writeDescriptor(clientConfig);
}
//退出前关闭蓝牙连接
protected void onDestroy()
{
    super.onDestroy();
    if (btGatt == null) return;
```

```
        btGatt.close();
        btGatt = null;
        Link=false;
    }
}
```

8.2 WiFi 遥控实例

8.2.1 电路设计

WiFi 遥控实例电路图见图 8-3，与蓝牙遥控电路相比只是把蓝牙模块换成了 WiFi 模块 ESP8266，其他部分基本相同。

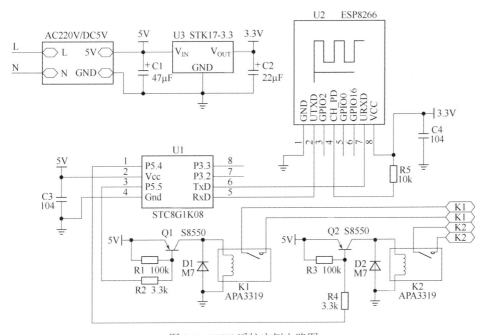

图 8-3 WiFi 遥控实例电路图

ESP8266 模块电源为 3.3V，平均电流约 80mA，峰值 170mA，CH_PD 低电平时模块进入休眠状态，外接电阻 R5 上拉为高电平，始终处于工作状态。

ESP8266 的工作模式设为 AP 模式时，手机可以和模块直接连接，模块默认 IP 地址为 192.168.4.1，用 "AT+CWSAP?" 查看模块接入点名称和密码，例如返回 "+CWSAP: "ESP8266","0123456789",11,3"，表示 ESP8266 模块接入点名称为 "ESP8266"，密码是 "0123456789"；如果返回 "ERROR"，则表示 ESP8266 模块工作于 STA 模式，需要用 "AT+CWMODE=2" 改变其工作模式为 AP 模式，返回 "OK" 后再发送 "AT+RST" 重启模块，进入 AP 模式。

8.2.2 单片机编程

ESP8266 模块串口通信参数默认为 115200,n,8,1，单片机初始化程序中先发送 UDP 连接指令，接着发送进入透传模式指令和数据传输指令，然后循环收发数据，按指令控制继电器动作，通信协议自定义：

➤ 收到十六进制数据 "0xDB 0x01 0xAA"，K1 动作，返回字符串 "K1_ON"。

➤ 收到十六进制数据 "0xDB 0x01 0x55"，K1 释放，返回字符串 "K1_OFF"。

➤ 收到十六进制数据 "0xDB 0x02 0xAA"，K2 动作，返回字符串 "K2_ON"。

➤ 收到十六进制数据 "0xDB 0x02 0x55"，K2 释放，返回字符串 "K2_OFF"。

单片机程序中主程序代码如下，其他代码和蓝牙遥控类似。

```c
// WiFi 遥控测试程序
// 主函数
void main(void)
{
    GPIO_Init ();
    Timer_Uart_Init();      //初始化定时器 0
    EA=1;                   //开总中断
    Sleep(8000);
    SendStr("AT+CIPSTART=\"UDP\",\"192.168.4.2\",6000,8000,0");
    Sleep(500);                     //设 WiFi 为 UDP 连接
    SendStr("AT+CIPMODE=1");        //进入透传模式
    Sleep(500);
    SendStr("AT+CIPSEND");          //数据传输
    Sleep(500);
    while(1)
    {
        if(rnew1)       //收到数据
        {
            rnew1=0;    //清接收新数据完成标志
            if(rbuf[1]==0x01)
            {
                if(rbuf[2]==0xAA)
                {
                    K1=0;
                    SendStr("K1_ON");
                }
                if(rbuf[2]==0x55)
                {
                    K1=1;
                    SendStr("K1_OFF");
                }
            }
            if(rbuf[1]==0x02)
            {
                if(rbuf[2]==0xAA)
                {
                    K2=0;
                    SendStr("K2_ON");
```

```
            }
            if(rbuf[2]==0x55)
            {
                K2=1;
                SendStr("K2_OFF");
            }
        }
    }
}
```

8.2.3 手机编程

WiFi 遥控手机程序界面见图 8-4，程序运行前先将 WLAN 连接切换到 ESP8266，程序运行后自动连接，单击 K1、K2 开关，控制电路的继电器随之动作。

图 8-4 WiFi 遥控手机程序界面

Android 程序代码如下：

```
public class MainActivity extends AppCompatActivity {
//定义控件
TextView sta;          //显示接收数据
Switch K1,K2;          //按键
private Handler myhandler;
private DatagramSocket udp;
private DatagramPacket rpacket,tpacket;
boolean running = false;
private StartThread st;
private ReceiveThread rt;
private byte[] cmd={(byte)0xDB,(byte)0x32,(byte)0x32};
private byte rev[] = new byte[10];          //接收数据
private int len;
@Override
protected void onCreate(Bundle savedInstanceState) {
    super.onCreate(savedInstanceState);
    setContentView(R.layout.activity_main);
    sta = findViewById(R.id.idSta);
    K1 = findViewById(R.id.idK1);
    K2 = findViewById(R.id.idK2);
    myhandler = new MyHandler();                //实例化 Handler，用于进程间的通信
    st=new StartThread();
    st.start();
```

```
                K1.setOnCheckedChangeListener(new
                            CompoundButton.OnCheckedChangeListener() {
            @Override
            public void onCheckedChanged(CompoundButton buttonView,
                                    boolean isChecked) {
                if(isChecked){       //K1 开
                    cmd[1]=(byte)0x01;
                    cmd[2]=(byte)0xAA;
                    sent();
                }
                else {                    //K1 关
                    cmd[1]=(byte)0x01;
                    cmd[2]=(byte)0x55;
                    sent();
                }
            }
        });
                K2.setOnCheckedChangeListener(new
                            CompoundButton.OnCheckedChangeListener() {
            @Override
            public void onCheckedChanged(CompoundButton buttonView,
                                    boolean isChecked) {
                if(isChecked){       //K2 开
                    cmd[1]=(byte)0x02;
                    cmd[2]=(byte)0xAA;
                    sent();
                }
                else {                    //K2 关
                    cmd[1]=(byte)0x02;
                    cmd[2]=(byte)0x55;
                    sent();
                }
            }
        });
    }
//UDP 连接线程
    private class StartThread extends Thread{
        public void run() {
            try {
                udp = new DatagramSocket(6000);
                udp.connect(InetAddress.getByName("192.168.4.1"), 8000);
                rt = new ReceiveThread();
                rt.start();
                running=true;
                Message msg = myhandler.obtainMessage();
                msg.what = 0;
                myhandler.sendMessage(msg);
            } catch (Exception e) {
                Message msg = myhandler.obtainMessage();
                msg.what = 1;
                msg.obj =e.toString();
```

```
                    myhandler.sendMessage(msg);
                }
            }
    }
//接收数据线程
    private class ReceiveThread extends Thread{
        @Override
        public void run() {
            while (running) {
                rpacket = null;
                try {
                    rpacket = new DatagramPacket(rev, rev.length);
                    udp.receive(rpacket);
                    len=rpacket.getLength();
                } catch (NullPointerException e) {
                    running = false;
                    e.printStackTrace();
                    break;
                } catch (IOException e) {
                    e.printStackTrace();
                }
                Message msg = myhandler.obtainMessage();
                msg.what = 3;               //收到数据
                if(len>0) myhandler.sendMessage(msg);
                try {
                    sleep(50);
                } catch (InterruptedException e) {
                    e.printStackTrace();
                }
            }
        }
    }
//发送字节数据
    public void sent() {
        tpacket = null;
        try {
            tpacket = new DatagramPacket(cmd, 3);
            udp.send(tpacket);
        } catch (Exception e) {
        }
    }
//在主线程处理 Handler 传回来的 message
    class MyHandler extends Handler{
        private int i;
        private String s;
        public void handleMessage(Message msg) {
            switch (msg.what) {
                case 0:             //连接状态
                    sta.setText("连接成功");
                    break;
                case 1:             //显示错误信息
```

```
            String str = (String) msg.obj;
            sta.setText(str);
            break;
        case 3:              //收到数据并显示出来
            sta.setText(new String(rev));
        }
    }
  }
}
```

8.3 GPRS 遥控实例

8.3.1 电路设计

GPRS 遥控实例电路图见图 8-5。GPRS 模块选用 SIM800L，供电电压为 4.2V，单片机用串口和 SIM800L 通信，连接云服务器，通过云服务器接收远程控制端的控制指令来控制继电器的动作，当因信号差等造成连接中断后，通过拉低 SIM800L 的引脚 RST 对其进行复位，重新登录云服务器。

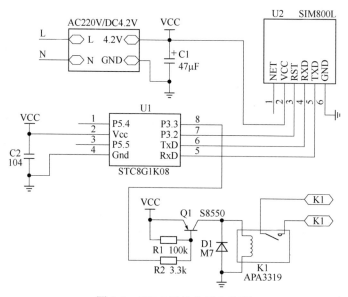

图 8-5 GPRS 遥控实例电路图

SIM800L 模块外观图见图 8-6，正面左上角是 IPEX 天线座，用于引出外接天线；右上角贴片 LED 指示灯通过不同的闪烁方式指示网络连接状态；正面焊接 SIM800L，反面焊接 SIM 卡座。模块尺寸为 2.5cm×2.3cm，支持中国移动和中国联通网络，常用的引脚都在天线座排。其中引脚 VCC 和 GND 接工作电压 4.2V（电流峰值 1A）；引脚 RXD 和 TXD 接单片机的串口（注意是交叉接线）；引脚 RST 用于外部复位，低电平有效。

(a) 正面	(b) 反面

图 8-6　SIM800L 模块外观图

8.3.2　单片机编程

网络报文分析
软件 Wireshark

　　该实例使用的是贝壳物联云平台，如需使用先到贝壳物联网站注册，获得用户 ID，再创建用户 ID 下的多个设备 ID，设备用申请到的 ID 登录贝壳物联服务器，在线设备间可互相传输数据，通过手机 APP 或微信能与在线设备交换数据或远程遥控设备。

　　贝壳物联地址 IP 为 121.42.180.30，可使用 TCP 端口 8181，设备端需要主动发送心跳包保持在线，心跳间隔范围为 30～60s，该实例用到的部分贝壳物联通信协议见表 8-1，把查询当前设备状态当作心跳包定时发送。

表 8-1　贝壳物联通信协议

序号	命令功能	命令格式	参数说明
1	设备登录	{"M":"checkin","ID":"xx1","K":"xx2"}\n	M——固定（Method） checkin——固定，登录指令 ID——固定 xx1——可变，设备 ID K——固定（apiKey） xx2——可变，设备 apikey
	登录成功	{"M":"checkinok","ID":"xx1","NAME":"xx2","T":"xx3"}\n	M——固定（Method） checkinok——固定，设备登录成功指令 ID——固定 xx1——可变，字符"D"+设备 ID NAME——固定（apiKey） xx2——可变，设备名称 T——固定（time） xx3——可变，服务器发送信息时的时间戳
2	数据发送	{"M":"say","ID":"xx1","C":"xx2","SIGN":"xx3"}\n	M——固定(Method) say——固定，沟通指令 ID——固定 xx1——可变，数据发送目标，字符"D"+设备 ID、"U"+用户 ID，当 xx1 为"ALL"时，将向该用户及其名下所有设备发送该消息 C——固定(content) xx2——可变，发送数据内容 SIGN——固定（可选） xx3——可变（可选），自定义字符串，可用于对指令的签名标识

序号	命令功能	命令格式	参数说明
2	数据接收	{"M":"say","ID":"xx1","NAME":"xx2","C":"xx3","T":"xx4", "SIGN":"xx5","G":"xx6"}\n	M——固定(Method) say——固定，沟通指令 ID——固定 xx1——可变，指令来源的唯一通信 ID, 其组成为字符"D"+设备 ID、"U"+用户 ID NAME——固定 xx2——可变，指令来源的名称 C——固定(content) xx3——可变，数据内容 T——固定(time) xx4——可变，服务器发送信息时的时间戳 SIGN——固定（可选） xx5——可变（可选），签名标识 G——固定（可选），当信息来自群组时， 会有此项 xx6——可变，群组 ID，形如"G20"
3	查询当前 设备状态	{"M":"status"}\n	M——固定(Method) status——固定，查询当前设备状态指令 当作心跳包定时发送
	返回结果	{"M":"xx1"}\n	M——固定(Method) xx1——可变(connected/checked)，当前 设备状态，connected 代表已连接服务器尚 未登录，checked 代表已连接且登录成功

单片机程序中主程序代码如下，其他代码和蓝牙遥控类似。

```
//GPRS 遥控测试程序
// 主函数
void main(void)
{
    GPIO_Init ();                    //初始化端口
    Timer_Uart_Init();               //初始化定时器和串口
    EA = 1;                          //允许全局中断
    DLY=1;
    RST=0;
    Sleep(500);
    RST=1;
    Sleep(8000);
    SendStr("AT");                   //自动同步波特率
    Sleep(4000);
    SendStr("AT+CIPMODE=1");         //使能透传模式
    Sleep(3000);
    SendStr("AT+CLPORT=\"TCP\",\"6000\"");
    Sleep(5000);                     //设置本模块连接协议 TCP
    SendStr("AT+CIPSTART=\"TCP\",\"121.42.180.30\",\"8181\"");
    Sleep(12000);                    //登录贝壳物联
    SendStr("{\"M\":\"checkin\",\"ID\":\"2334\",\"K\":\"5bd854981\"}");
    Sleep(3000);                     //设备登录
```

```
while (1)
{
    if(t30>=30000)                      //每30s发送一次心跳包
    {
        t30=0;
        SendStr("{\"M\":\"status\"}");
        tw++;
        if(tw>6)  IAP_CONTR=0x20;   //断网后重启
    }
    if(rnew1)                           //串口1控制命令解析
    {
        rnew1=0;
        p=strstr(rbuf1,"zhouchs");           //命令由绑定用户发来
        q=strstr(rbuf1,"\\u6253\\u5f00");    //命令内容含"打开"
        if((p>0)&&(q>0))  DLY=0;             //控制继电器吸合
        q=strstr(rbuf1,"\\u5173\\u95ed");    //命令内容含"关闭"
        if((p>0)&&(q>0))  DLY=1;             //控制继电器释放
        p=strstr(rbuf1,"checked");           //定时收到心跳包返回报文
        if(p>0)  tw=0;
    }
}
}
```

8.3.3 手机遥控

用手机遥控先要关注"贝壳物联"公众号,然后绑定用户ID,详细步骤参考贝壳物联网站内说明。微信远程控制界面见图 8-7,发送"打开",继电器吸合;发送"关闭",继电器释放;支持语音发送。

图 8-7 微信远程控制界面

8.4.1　无线通信网络应用

　　早期的工业控制系统中的通信网络以有线为主，如 RS485 通信网络、CAN 通信网络和以太网通信网络，形式较单一。随着通信技术的发展，通信网络变得更多样性，覆盖范围更广泛，向下延伸到终端设备，向上则汇聚成更大的综合性网络。

　　无线网络的优点主要是不用布线、成本低、安装方便，在工厂中的无线机泵监测传感器、在线式管线腐蚀监测传感器等无线状态监测系统都是用 LoRa 通信，传感器分散安装在装置区不同设备上，每个装置区安装一个 LoRa 通信网关，将收集到的传感器数据打包，通过光纤网络传输给服务器，或是通过窄带物联网 NB-IoT 上传到云服务器。

8.4.2　长距离无线通信 LoRa

　　LoRa 是 Long Range Radio 的缩写，其特点是在同样的功耗条件下比其他无线方式传播的距离更远，能实现低功耗和远距离的统一，它在同样的功耗下比传统的无线射频通信距离扩大 3~5 倍。LoRa 通信芯片种类较多，初学者可直接用市面上的成品 LoRa 模块：一类是电路板上有 LoRa 芯片，配套外围器件和天线，再引出 SPI 通信接口；还有一类更简单，加单片机，将 LoRa 通信转成串口通信，例如汇承的 HC-12 模块。

　　HC-12 模块外观图见图 8-8，模块大小为 27.8mm×14.4mm×4mm；模块上有 PCB 天线座，用户可以通过同轴线，使用 433MHz 频段外接天线；模块内也有天线焊接孔，方便用户焊接弹簧天线；模块引脚 VCC 和 GND 外接 3.3V 或者 5V 电源；模块的引脚 RX 接单片机的 TX 引脚；模块引脚 TX 接单片机的 RX 引脚；模块引脚 SET 内部上拉为高电平，当外部将其拉低后，进入参数设置模式，通过串口设置模块的透传模式、通信波特率、无线通信频道和无线发射功率。

 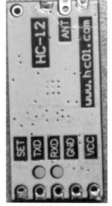

(a) 正面　　　　　　　　(b) 反面

图 8-8　HC-12 模块外观图

HC-12 默认出厂参数为：串口波特率为 9600bps；通信频道为 C001；串口透传模式为全速模式；会根据串口波特率自动调节空中波特率，在低波特率下通信距离最远。模块一般成对或成组使用，相互通信的模块要求通信参数必须一致；如果某区域内有多个组，为防止相互干扰，邻近区域两个组的通信频道可错开设置。

常用 AT 指令：

① 更改串口波特率。

发送：AT+Bxxxx。返回：OK+Bxxxx。

例：设置波特率为 1200bps，发给模块指令 "AT+B1200"，模块返回 "OK+B1200"。

② 更改通信频道。

发送：AT+Cxxx。返回：OK+Cxxx。

例：设置通信频道为 21，发给模块指令 "AT+C021"，模块返回 "OK+B021"，通信频道 001～127 可选，001 频道工作频率为 4333.4MHz，频道步进频率为 400kHz。

③ 更改发射功率。

发送：AT+Px。返回：OK+Px。

例：发给模块指令 "AT+P5"，模块返回 "OK+P5"，模块发射功率等级分 1～8，出厂默认为最大值 8，对应发射功率 0.1W（20dBm）。

8.4.3　窄带物联网 NB-IoT

NB-IoT 是 Narrow Band Internet of Things 的缩写，即窄带物联网，支持低功耗设备在广域网的蜂窝数据连接，也被叫作低功耗广域网（LPWAN）。NB-IoT 模块的使用方法和 GPRS 模块类似，不同之处是 NB-IoT 模块是专门用于数据传输的，使用的 SIM 卡又称物联卡，无法打电话和发短信。

WH-NB71 是有人物联网的一款窄带物联网模块，模块外观及引脚排列见图 8-9，未标注的引脚厂家暂不开放。引脚 VCC 和 GND 为电源引脚，供电电压 3.1～4.2V，典型值 3.8V，适合锂电池直接供电；引脚 VDD_IO_L1 和 VDD_IO_R2 为电压输出端，最大提供 10mA 电流；引脚 RF_ANT 外接天线；引脚 VSIM、SIM_DAT、SIM_RST、SIM_CLK 接 SIM 卡座；引脚 UART0_TX 和 UART0_RX 接单片机串口，注意电平匹配；引脚 Reload 拉低 3s 以上恢复出厂设置；引脚 RSTB 拉低 0.2s 以上复位；引脚 HOST WAKE 用于传输串口数据前先输出低电平唤醒单片机；引脚 NETLIGHT 外接 LED 指示网络状态，联网后输出高电平。

WH-NB71 主要功能特点有：

➤ 支持 2 路 UDP 简单透传模式；
➤ 支持 6 路 UDP 指令传输模式；
➤ 支持 CoAP 通信模式；
➤ 支持注册包功能；
➤ 支持串口和网络心跳包功能；
➤ 支持超低功耗模式；
➤ 支持接入 OneNET 平台。

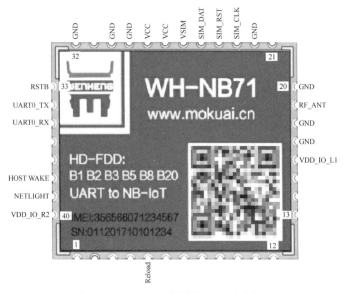

图 8-9 WH-NB71 模块外观及引脚排列

WH-NB71 模块功能配置软件界面见图 8-10，通过参数设定，模块上电后会自动连接到网络，启用心跳包后自动定时向服务器发送心跳包，保持在线状态，单片机无需处理联网和心跳包等事项，只需处理往来通信报文即可，能大大降低单片机编程难度。

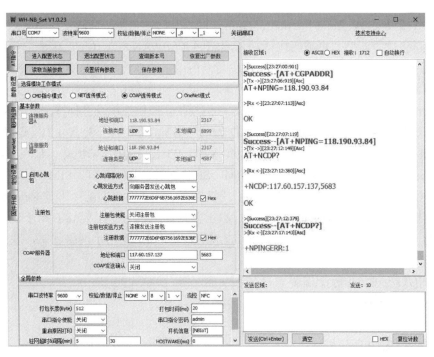

图 8-10 WH-NB71 模块功能配置软件界面

电子爱好者工具 DIY 实例

电子爱好者都离不开电烙铁、可调直流稳压电源等工具，通过制作实践锻炼动手能力，对相关电子技术知识也会有更深入的理解。本章内容是制作实例，也是基于 51 单片机的产品设计实例。

9.1 可调直流稳压电源和白光烙铁控制器

9.1.1 电路设计

（1）控制原理

可调直流稳压电源和白光烙铁控制器电路原理图见图 9-1，电路图分本机供电电源、外输可调电源、白光烙铁温度检测控制电路和单片机控制电路。对于单片机来说需要检测的模拟量有电源输出电压、负载电流，还有电烙铁的温度和环境温度，输出 2 路模拟量分别控制可调电源的输出电压和限制电流，输出 1 路脉冲控制电烙铁的加热。

电源输出电压经电阻 R10、R11 分压后进入单片机引脚 P3.3，负载电流流经取样电阻 R12，转换为较弱的电压信号，经双运放 LM358 的 B 路运放放大后输入单片机引脚 P3.4，放大倍数为：$(1+R_{16}/R_{17})=(1+100\times10^3/4.7\times10^3)=22.28$。

白光烙铁发热芯用不同材质金属焊接在一起，加上电源可发热，不加电源时相当于热电偶，会输出与温度成比例的电压信号，这个信号也很微弱，经双运放 LM358 的 A 路运放放大后输入单片机引脚 P3.2，放大倍数为：$(1+R_{19}/R_{20})=(1+680\times10^3/3.6\times10^3)=189.9$。R6 和 VD3 的作用是将进入运放的信号限制在 0.7V 以内。

使能单片机 P1.6、P1.7 引脚的 PWM 功能，作为 DA 转换输出电压，通过比较器 U3 分别控制可调电源的输出电压和最大限制电流。单片机 P3.7 经光耦 U5 控制 Q1 的导通时间，从而控制电烙铁的温度，在 Q1 截止期间检测电烙铁的温度。

（2）直流稳压电源原理

直流稳压电源可分为线性稳压电源和开关稳压电源。由 7805 或 LM317 等线性稳压器件构成的直流稳压电源属于线性稳压电源，优点是纹波小，缺点是因电压差产生的功耗会使线性稳压器件发热，电源效率较低。开关稳压电源的特点是电路中会有功率电感、开关管或含开关管的稳压芯片，开关频率固定，由电压反馈控制开关输出的占空比来调节输出

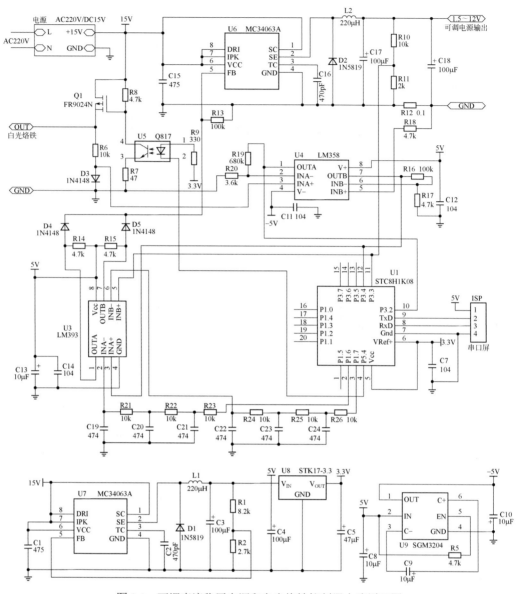

图 9-1 可调直流稳压电源和白光烙铁控制器电路原理图

电压；优点是自身功耗较小，缺点是纹波稍大。一般输入输出电压差较小情况下会使用线性稳压，电压差较大时使用开关稳压，电压差大又对纹波要求较高时，可先用开关稳压降压，再用线性稳压。例如使用 DC24V 电源的电路，单片机需要 3.3V，先用开关稳压降到 5V，再用 3.3V 线性稳压。

MC34063 是较常见的 DC-DC 转换控制电路，输入电压最高 40V，输出电流最大 1.5A，除了能用于常见的降压稳压电路外，还能用于升压和产生负压的电路，外接开关管可以提高输出电流能力。MC34063 开关稳压电路典型接线图见图 9-2，引脚 6 接电源；引脚 1、7、8 经电流取样电阻 R_{sc} 接电源，用于限制输出电流（$I_{pk}=0.3/R_{sc}$）；引脚 4 接电源地；引脚 3 外接电容控制开关频率；引脚 2 为电源输出端，外接电感和开关二极管；引脚 5 为电压比较输入端，内部基准电压 1.25V，能控制输出电压 $V_{out}=1.25\times(1+R_2/R_1)$。

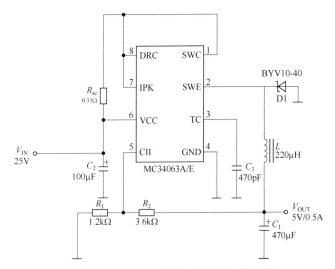

图 9-2　MC34063 开关稳压电路典型接线图

（3）本机供电电源、外输可调电源

图 9-1 中用了 2 个 MC34063A，其中 U7 输出固定的 5V 电源给电路供电，经 U8 稳压为 3.3V 给单片机供电，经 U9 产生−5V 电源给电路中的运放 U4 供电。U6 用于输出可调电压，如果是手动调压，常规的做法是将 R10 换为可调电阻，通过调节 R10 改变输出电压。该电路为了实现单片机控制下的调压，断开 U6 的电压反馈控制，用电压比较器 U3 的 B 比较器比较单片机输出的设定电压和反馈电压，再输出控制 U6 调压，用电压比较器 U3 的 A 比较器控制 U6 输出电流，实现电路的调压和限流功能。

图 9-1 中 U9 的型号为 SGM3204，是一款体积较小的 SOT-23-6 封装负压转换芯片，外围电路也很简单，输入电压范围为 1.4～5.5V，输出对应数值的负电压，最大输出电流为 200mA，开关频率为 950kHz。

9.1.2　人机接口——串口触摸屏

每个设备都有人机接口，简单说就是这个设备需要怎么去操作，如何反馈操作结果，最简单的如某个设备有个开关，开关打开，设备开始工作，开关关闭，设备停止工作，反馈形式可以是设备动起来了或是有个指示灯亮了。对于这个可调直流稳压电源和白光烙铁控制器，其中可调直流稳压电源需要设定输出电压值和限制电流值，显示实际输出电压和电流，白光烙铁控制器则需要开关控制、设定控制温度和显示实际温度，常规的做法是用旋转电位器或是用按钮来调节设定值，用 LED 或液晶显示输出值。该电路使用串口触摸屏，直接在屏幕上操作和显示。

（1）串口触摸屏简介

串口触摸屏的厂家很多，每个厂家会有一系列的串口触摸屏供选择，根据需求选用屏幕大小和触摸形式（电阻屏或电容屏）。该设计中使用的陶晶驰电子的串口触摸屏见图 9-3，型号为 TJC3224T024_011，主要参数：电阻式触摸；分辨率 320×240；2.4 英寸（1 英寸= 2.54 厘米）显示区域；外部接线有 4 根，+5V 和 GND 可接 4.75～7V 电源，RX 和 TX 接 TTL 电平串口。

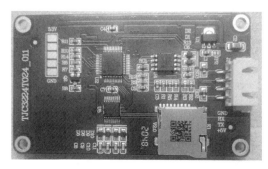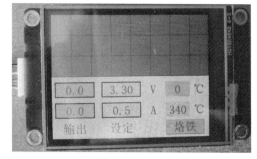

图 9-3　串口触摸屏

串口屏厂家会配套组态软件，利用软件自带的各种控件组成自己想要的画面，然后下载到串口屏中，单片机通过串口按厂家通信协议响应串口屏发来的信息，定时发出串口屏要显示的信息，刷新串口屏显示内容。8 位单片机直接驱动 TFT 液晶屏是很困难的，有了串口屏就可以变得简单。

（2）串口触摸屏软件使用

串口触摸屏软件界面见图 9-4，软件有常规的菜单栏和工具栏，组态界面在中间，新建工程时会先选择串口屏型号，选择是横屏还是竖屏，根据选择出现对应分辨率的界面。左面工具箱里的是各种控件，单击某个控件，主界面就会出现该控件，同时右侧显示控件的属性，根据需要进行适当调整，在选择控件前要先添加字库，否则控件不显示信息。右侧页面框内默认是 1 个页面，不够用时可添加，然后在页面上加按钮用于控制页面间的跳转，跳转指令需要在事件框内编辑，内容要按厂家的"串口 HMI 指令集"编写。

图 9-4　串口触摸屏软件界面

 左侧竖排文字：

51 单片机编程——原理·接口·制作实例

 页码：244

页面组态完成后可用菜单栏的编译功能先编译，在输出框中显示编译结果，有问题按提示更改，编译成功后再使用菜单栏的调试功能进行仿真模拟测试：一是看是否能达到预期效果；二是看串口通信过程的指令代码，在单片机编程时按代码规则编写通信报文。

最后用菜单栏的下载功能将组态内容下载到串口屏，下载完毕后进行实际测试。

（3）串口触摸屏组态

该制作串口触摸屏组态界面见图 9-4 中"界面"，上半部是"曲线/波形"控件 s0，用于显示可调电源输出电压和电流曲线；控件 x0、x2 分别显示可调电源输出电压和电流数值；控件 x1、x3 分别显示可调电源设定输出电压和限制电流数值，与键盘绑定，单击时弹出键盘供更改数值；控件 n0、n1 分别显示电烙铁实际温度值和设定温度值。所有设定值更改后背景色变红，数据暂时不传给单片机，单击"设定"按钮后才将设定值传给单片机改变输出，同时设定值背景色恢复为黄色。开关"烙铁"用于打开或关闭电烙铁输出，背景色为绿色代表关闭，为红色代表打开。

显示数据的刷新过程：单片机每隔 100ms 向串口模拟屏发送一次数据，显示数据和曲线数据分别发送，200ms 一个刷新周期。串口触摸屏只有单击"设定"按钮或"烙铁"开关时才向单片机发送数据。

9.1.3 单片机编程

该制作完整的单片机程序代码如下。

```
//可调直流稳压电源和白光烙铁控制器程序
#include <STC8H.h>
//串口通信
unsigned char xdata tbuf[200],rbuf[200];      //串口数据缓冲区
bit rnew1;                 // 接收新数据完成标志
bit ring1;                 // 正在接收新数据标志
unsigned char rn1;         // 接收数据位置
unsigned char sn1;         // 发送数据量
unsigned char sp1;         // 发送数据地址
unsigned char t1;          //通信计时
unsigned int Ima;          //电源输出电流，含 2 位小数
unsigned int Iset;         //电源输出电流限制，含 2 位小数
unsigned int Umv;          //电源输出电压，含 1 位小数
unsigned int Uset;         //电源输出电压设定，含 1 位小数
unsigned int t0;           //100ms 间隔计数
unsigned char t2;          //轮流输出数据计数：0——显示，1——曲线
sbit Pout = P5^4;          //烙铁输出
bit RUN;                   //烙铁开关
unsigned int data Ts;      //设定温度值，160～340
unsigned int data Tt;      //实际温度值，0～340
unsigned int data Tn[5];   //温度值数组，用于取平均值
unsigned char data Tm;     //温度采集计数
unsigned int data Tk;      //加热计时
unsigned char data Tr;     //加热周期 2s，加热时间 0.4～2s
unsigned char xdata mydat[]={   //显示电压、电流、温度
    0x78,0x30,0x2E,0x76,0x61,0x6C,0x3D,0x30,0x30,0x30,0xff,0xff,0xff,
    0x78,0x32,0x2E,0x76,0x61,0x6C,0x3D,0x30,0x30,0x30,0xff,0xff,0xff,
```

```
    0x6E,0x30,0x2E,0x76,0x61,0x6C,0x3D,0x30,0x30,0x30,0xff,0xff,0xff};
unsigned char xdata myqx[]={    //显示曲线
    0x61,0x64,0x64,0x20,0x31,0x2C,0x30,0x2C,0x30,0x30,0x31,
    0xff,0xff,0xff,
    0x61,0x64,0x64,0x20,0x31,0x2C,0x31,0x2C,0x30,0x30,0x31,
    0xff,0xff,0xff};
// 初始化端口
void GPIO_Init (void)
{
    P1M1 = 0x00;   P1M0 = 0xC0;        //设置 P1.6、P1.7 推挽，P1.4、P1.5 准双向
    P3M1 = 0x1C;   P3M0 = 0x00;        //设置 P3.2、P3.3、P3.4 仅为输入，其余准双向
    P5M1 = 0x00;   P5M0 = 0x00;        //设置 P5.4 准双向
}
// 初始化定时器和串口
void Timer_Uart_Init(void)
{
    AUXR = 0xC5;          //定时器 0 为 1T 模式
    TMOD = 0x00;          //设置定时器为模式 0(16 位自动重装载)
    TL0 = 0x00;           //初始化计时值
    TH0 = 0x28;
    TR0 = 1;              //定时器 0 开始计时
    ET0 = 1;              //使能定时器 0 中断
    //定时器 2 波特率
    SCON = 0x50;          //8 位数据,可变波特率
    T2L = 0xE0;           //9600bps@11.0592MHz
    T2H = 0xFE;
    ES  = 1;              //允许中断
    REN = 1;              //允许接收
    P_SW1 = 0x00;         //0x00: P3.0  P3.1
    AUXR |= 0x10;         //启动定时器 2
}
// AD 转换初始化
void ADC_Init (void)
{
    ADCCFG = 0x23;        //右对齐，64 时钟转换完成
    ADC_CONTR = 0x80;     //电源
}
// 串口发送数据
void SendDat(unsigned char *s,unsigned char len)
{
    unsigned char i;
    for (i=0;i<len;i++)        //将字符放到发送缓冲区
    {
        tbuf[i]=s[i];
    }
    sn1=len;                   //发送字节数
    sp1=0;                     //从头开始发送
    SBUF=tbuf[0];              //发送第 1 个字节
}
// 主函数
void main(void)
```

```
{
    unsigned int m;
    unsigned char n;
    unsigned long tmp;
    GPIO_Init();
    Timer_Uart_Init();
    ADC_Init();
    EA=1;
    Pout=1;
    P_SW2=0x80;                 //使能修改 PWM 寄存器
    PWMA_ENO=0x40;              //输出使能 PWM4P
    PWMA_CCMR4=0x60;            //PWM1 模式
    PWMA_CCER2=0x10;            //输出极性
    PWMA_CCR4=0;               //占空比，输出电压=3.3V×CCR4/ARR
    PWMA_ARR=5000;             //PWM 频率=SYSCLK/(ARR+1)
    PWMA_BKR=0x40;             //使能输出
    PWMA_CR1=0x01;             //使能计数器

    PWMB_PS=0x01;             //PWM5 输出选 P1.7
    PWMB_ENO=0x01;            //使能 PWM5 输出
    PWMB_CCMR1=0x60;          //PWM1 模式
    PWMB_CCER1=0x01;          //输出极性
    PWMB_CCR5=0;             //占空比，输出电压=3.3V×CCR5/ARR
    PWMB_ARR=5000;          //PWM 频率=SYSCLK/(ARR+1)
    PWMB_BKR=0x80;          //使能输出
    PWMB_CR1=0x01;          //使能计数器

    while(1)
    {
        if(rnew1)
        {
            rnew1=0;
            if((rn1==19)&&(rbuf[0]==0x65)&&(rbuf[2]==0x11)) //设定值
            {
                Uset=rbuf[7];
                Iset=rbuf[11];
                Ts=rbuf[16];
                Ts<<=8;
                Ts+=rbuf[15];
                tmp=Iset*338L/10;
                PWMA_CCR4=tmp;      //电流设定
                tmp=Uset*255/10;
                PWMB_CCR5=tmp;      //电压设定
            }
            if((rn1==11)&&(rbuf[0]==0x65)&&(rbuf[2]==0x0C)) //烙铁开关
            {
                if(rbuf[7]==1) RUN=1;
                else RUN=0;
            }
        }
        if(t0>20) //100ms, 转换数据，轮流发送数据给串口屏
```

```
{
    t0=0;
    //AD 转换
    ADC_CONTR = 0xCC;                //电流
    while (!(ADC_CONTR & 0x20));    //等待 ADC 转换完成
    ADC_CONTR &= ~0x20;             //清标志
    m = ADC_RES;
    m <<=8;
    m += ADC_RESL;
    tmp=m*100L/691;                  //数值转换
    Ima=tmp;
    mydat[20]=Ima/100+0x30;          //电流显示值
    mydat[21]=(Ima%100)/10+0x30;
    mydat[22]=(Ima%10)+0x30;
    myqx[22]=mydat[20];              //电流曲线值
    myqx[23]=mydat[21];
    myqx[24]=mydat[22];

    ADC_CONTR = 0xCB;                //电压
    while (!(ADC_CONTR & 0x20));    //等待 ADC 转换完成
    ADC_CONTR &= ~0x20;             //清标志
    m = ADC_RES;
    m <<=8;
    m += ADC_RESL;
    tmp=m*6*33L/1024;                //数值转换
    Umv=tmp;
    mydat[7]=Umv/100+0x30;           //电压显示值
    mydat[8]=(Umv%100)/10+0x30;
    mydat[9]=(Umv%10)+0x30;
    myqx[8]=mydat[7];                //电压曲线值
    myqx[9]=mydat[8];
    myqx[10]=mydat[9];
    t2++;
    if(t2>=2) t2=0;
    if(t2==0) SendDat(mydat,39);    //发送显示数据
    if(t2==1) SendDat(myqx,28);     //发送曲线数据
}
//电烙铁温度控制
n=Tk%20;
if(n==0)                //20 次（100ms）一个测量加热周期
{
    Pout=1;                          //第一个 5ms 不加热，测量温度
    ADC_CONTR = 0xCA;                //温度
    while (!(ADC_CONTR & 0x20));    //等待 ADC 转换完成
    ADC_CONTR &= ~0x20;             //清标志
    m = ADC_RES;
    m <<=8;
    m += ADC_RESL;
    tmp=m*10L/13;
    Tm++;
    if(Tm>=5)Tm=0;
```

```
          Tn[Tm]=tmp;
          Tt=(Tn[0]+Tn[1]+Tn[2]+Tn[3]+Tn[4])/5;
          mydat[33]=Tt/100+0x30;            //烙铁温度值
          mydat[34]=(Tt%100)/10+0x30;
          mydat[35]=(Tt%10)+0x30;
          if(Ts<Tt)                         //温度大于设定温度时并不完全停止加热
          {
              Tr=1;                         //根据设定温度不同调节加热时间
              if(Ts>200)Tr=2;
              if(Ts>260)Tr=3;
              if(Tt-Ts>10)Tr=0;
          }
          else
          {
              tmp=(Ts-Tt);//温度小于设定温度，根据温差及设定温度调整加热时间
              if(tmp<6)  Tr=4;
              else Tr=8;
              if(tmp>10)  Tr=16;
              if(Ts>200 && tmp<21)Tr+=4;
              if(Ts>260 && tmp<21)Tr+=4;
              if(Tr>18) Tr=18;              //最大加热时间不超过90ms
          }
      }
      else
      {
          if((n<(Tr+1))&&RUN) Pout=0;       //加热输出
          else Pout=1;                      //开关没开不加热，最后的5ms不加热
      }


   }
}
// 定时中断子程序,5ms
void Timer0Int(void) interrupt 1
{
   Tk++;
   t0++;
   if (ring1) t1++;          //串口通信延时计数
   else t1=0;
   if(t1>2)
   {
      rnew1=1;               //超时10ms无数据判为帧结束
      ring1=0;
      rn1++;
   }
}
// UART1 中断函数
void UART1_int (void) interrupt 4
{
   if(RI)
   {
      RI = 0;
```

```
        t1=0;
        if(!ring1)
        {
            ring1=1;
            rn1=0;
            rbuf[0]=SBUF;
        }
        else
        {
            rn1++;              // 读取 FIFO 的数据，并清除中断
            if(rn1<200) rbuf[rn1]=SBUF;
        }
    }
    if(TI)
    {
        TI=0;
        sp1++;                  // 发送数据
        if(sp1<sn1)  SBUF = tbuf[sp1];
    }
}
```

9.2 USB 接口虚拟万用表

9.2.1 电路设计

手机的 USB 接口处于 OTG 模式时，既可以给外部 USB 设备供电，又可以和外部设备通信，USB 接口虚拟万用表是为手机配套设计的，利用手机供电和作为人机接口，电路成本低、体积小、携带方便，主要测量功能有：

➢ 电压：交直流 15V，精度±0.1V。
➢ 电流：交直流 5A，精度±0.1A。
➢ 电阻：1Ω～470kΩ。
➢ 电容：100pF～4700μF。
➢ 二极管：测试电流约 5mA。

USB 接口虚拟万用表电路图见图 9-5，电路直接从 USB 接口取电，经 U5 稳压为 3.3V 给单片机 U1、USB 转串口电路 U4 和霍尔电流传感器 U2 供电，单运放 U3 供电电压是 5V。

电压信号输入经 R1、R2 分压，将电压降为原来的 1/10，再经单运放构成的射随器输入到单片机 U1 的引脚 P3.6。电压信号的负极用 R3、R4 分压后提高到 1.65V，是为了能测到交流电压信号和负直流电压信号。单运放 U3 单电源供电时电压范围为 3～36V，用 5V 供电是为了提高输出电压的范围。

电流信号直接接入霍尔电流传感器 U2 的电流引脚，引脚内阻典型值是 1.5mΩ，额定电流是 10A（分 10A/20A/30A 三种型号），瞬态冲击电流可达到 100A(100ms)。电流为 0 时

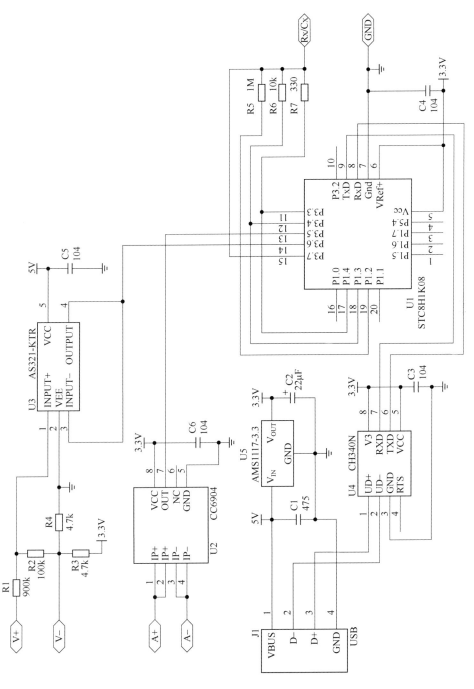

图 9-5 USB 接口虚拟万用表电路图

输出电压为 VCC/2，灵敏度典型值为 132mV/A。当电源电压为 3.3V，输入+10A 电流时，输出电压为 3.3/2+0.132×10=2.97（V）；输入−10A 电流时，输出电压为 3.3/2−0.132×10=0.33（V）。霍尔电流传感器 U2 的输出接单片机 U1 的引脚 P3.5。

电阻的测量利用电阻分压原理实现。将单片机引脚 P1.4 设为推挽输出并输出高电平，用引脚 P3.3 测量总电压 U_s，用引脚 P3.4 测量 Rx 电阻分压 U_r，则有 $R_x/U_r=(R_x+R_7)/U_s$，从而求得 $R_x=330×U_r/(U_s−U_r)$。

如果 $R_x>3.3\text{k}\Omega$，用 330Ω 的 R7 分压测量精度会偏低，此时改为单片机引脚 P1.3 设为推挽输出并输出高电平，用引脚 P3.4 测量总电压 U_s，用引脚 P3.3 测量 Rx 电阻分压 U_r，则有 $R_x/U_r=(R_x+R_6)/U_s$，从而求得 $R_x=10000×U_r/(U_s−U_r)$。

电容的测量利用的是阻容充放电原理。测量容量大于等于 0.47μF 电容时，先将单片机引脚 P1.4 设为推挽输出并输出高电平，经 R7 给电容充电到 3.3V，再输出低电平经 R7 放电，放电的同时开始计时；当放电到 1.19V 时，单片机内部电压比较器（引脚 P3.7 接正比较端）触发中断，停止计时；通过计时时间来计算电容容量。

测量容量小于 0.47μF 电容时，利用 R7 充放电时间较短、计时精度低，此时改为 P1.2 脚经 R5 充放电，能测得较小容量的电容值。

电容放电公式为

$$U_C=U_0×\mathrm{e}^{(−t/\tau)}$$

式中　U_0——放电前电压；

　　　t——放电时间；

　　　τ——时间常数，$\tau=RC$；

　　　U_C——放电 t 时间时的电压。

将公式变换后得到

$$C=\frac{−t}{R×\ln(U_C/U_0)}$$

9.2.2　单片机 C51 编程

虚拟万用表有 5 种工作模式：

➢　0——电压。
➢　1——电流。
➢　2——电阻。
➢　3——二极管。
➢　4——大电容。
➢　5——小电容。

上位机发来的数据是固定的 4 个字节：头（0Xdb）—模式—定时高字节—定时低字节。单片机根据模式要求采集数据。其中电压和电流模式按定时间隔采集 256 个数据，用于显示电压电流波形，采集间隔时间由上位机控制，根据采集数据计算出有效值，采集完成后返回数据，数据格式为：第 0 字节是模式；第 1～256 字节是波形数据；第 257～

258 字节是有效值，单位为 0.1V 或 0.1A，第 259 字节是有效值的符号，0——正，1——负，2——交流；共 260 个字节数据。电阻模式下自动先按小电阻模式测量，阻值大于 3.3kΩ 自动进入大电阻模式，返回数据格式为：第 0 字节是模式，第 1～2 字节是数值，第 3 字节是数值乘以 10 的幂次，单位为 Ω。二极管模式下返回的数据也是 4 字节，第 0 字节是模式，第 1～2 字节是压降值，单位为 0.01V。电容模式分大电容和小电容模式，没有采取自动切换，主要原因是电容测量周期长，自动切换测量周期会加倍；电容模式下返回数据也是 4 字节，第 0 字节是模式，第 1～3 字节是放电计时值，上位机需根据计时值算出电容容量。

USB 接口虚拟万用表 C51 程序代码如下，主要应用了单片机的串口通信、定时器、比较器和 ADC 功能。

```
//USB 接口虚拟万用表
#include <STC8H.h>
//串口通信
unsigned char rbuf[20];              //串口接收数据缓冲区
unsigned char xdata tbuf[600];       //串口发送数据缓冲区
bit rnew;                            //接收新数据完成标志
bit ring;                            //正在接收新数据标志
unsigned char rn;                    //接收数据位置
unsigned int sn;                     //发送数据量
unsigned int sp;                     //发送数据地址
//工作模式：0——电压，1——电流，2——电阻，3——二极管，4——大电容，5——小电容
unsigned char Mod;
unsigned int datp;                   //测量结果
unsigned char datq;                  //测量结果单位
sbit PH = P1^4;                      //经 R7（330Ω）电阻输出
sbit PL = P1^2;                      //经 R5（1MΩ）电阻输出
bit Flag;                            //完成标志
unsigned int adn;                    //采集计数
unsigned long tc;                    //电容测量计数，10μs 计时
unsigned char adm;                   //极性：0——正，1——负，2——交流
// 初始化端口
void GPIO_Init (void)
{
    P1M1 = 0xFF;   P1M0 = 0x00;      //设置 P1 仅为输入
    P3M1 = 0xFC;   P3M0 = 0x00;      //设置 P3.0、P3.1 准双向，其余仅为输入
    P_SW2=0x80;                      //使能修改 PWM 寄存器
    P3PU = 0x03;                     //通信口加上拉电阻
}
// 初始化定时器和串口
void Timer_Uart_Init(void)
{
    AUXR = 0xC5;                     //定时器 0 为 1T 模式
    TMOD = 0x00;                     //设置定时器为模式 0(16 位自动重装载)
    TL0 = 0x23;                      //初始化计时值，10μs
    TH0 = 0xFF;
    ET0 = 1;                         //使能定时器 0 中断
    ET1 = 1;                         //使能定时器 1 中断
    PT1 = 1;                         //优先级最高，保证采集间隔
```

```
                            //定时器 2 波特率
    SCON = 0x50;                    //8 位数据，可变波特率
    T2L = 0xD0;                     //115200bps@22.1184MHz
    T2H = 0xFF;
    ES  = 1;                        //允许中断
    REN = 1;                        //允许接收
    P_SW1 = 0x00;                   //0x00: P3.0  P3.1
    AUXR |= 0x10;                   //启动定时器 2
}
// AD 转换初始化
void ADC_Init (void)
{
    ADCCFG = 0x01;                  //左对齐，ADC 时钟频率
    ADC_CONTR = 0x80;               //电源
}
// 主函数
void main(void)
{
    unsigned int i;
    unsigned int n;
    unsigned int d;
    unsigned long m;
    GPIO_Init();
    Timer_Uart_Init();
    ADC_Init ();
    CMPCR2=0x40;                    //比较器设定
    EA=1;
    while(1)
    {
        if(rnew)
        {
            rnew=0;
            if((rn==0x04)&&(rbuf[0]==0xDB))
            {
                rbuf[0]=0;
                Mod=rbuf[1];
                TL1 = rbuf[3];          //设置定时初值
                TH1 = rbuf[2];          //设置定时初值
                Flag=0;
                TF1=0;
                adn=0;
                TR1=1;
                if(Mod<4)CMPCR1=0x00;   //禁止比较器中断
                else CMPCR1=0x90;       //开比较器下降沿中断
            }
        }
        if(Flag)
        {
            Flag=0;
            if(Mod==0)                      //电压模式
            {
```

```c
    m=0;
    n=0;
    for(i=0;i<256;i++)
    {
        d=tbuf[i+1];
        d<<=8;
        d+=tbuf[i+260];
        d>>=6;
        if(d>=511)
        {
            n++;
            m=m+d-511;
        }
        else m=m+511-d;
    }
    m>>=8;
    m=330L*m/1024;
    tbuf[0]=Mod;                    //模式
    tbuf[257]=m>>8;                 //数值
    tbuf[258]=m;                    //数值
    if((n>100)&&(n<200)) adm=2;     //交流
    if(n>200) adm=0;                //正
    if(n<100) adm=1;                //负
    tbuf[259]=adm;
    sn=260;
    sp=0;
    SBUF=tbuf[0];
}
if(Mod==1)                          //电流模式
{
    m=0;
    n=0;
    for(i=0;i<256;i++)
    {
        d=tbuf[i+1];
        d<<=8;
        d+=tbuf[i+260];
        d>>=6;
        if(d>=506)
        {
            n++;
            m=m+d-506;
        }
        else m=m+506-d;
    }
    m=1000L*m;
    m>>=20;
    tbuf[0]=Mod;                    //模式
    tbuf[257]=m>>8;                 //数值
    tbuf[258]=m;                    //数值
    if((n>100)&&(n<200)) adm=2;     //交流
```

```
            if(n>200) adm=0;           //正
            if(n<100) adm=1;           //负
            tbuf[259]=adm;
            sn=260;
            sp=0;
            SBUF=tbuf[0];
        }
        if((Mod==2)||(Mod==3))         //电阻、二极管
        {
            tbuf[0]=Mod;               //模式
            tbuf[1]=datp>>8;
            tbuf[2]=datp&0xFF;
            tbuf[3]=datq;
            sn=4;
            sp=0;
            SBUF=tbuf[0];
        }
        if(Mod>3)                      //电容模式
        {
            tbuf[0]=Mod;               //模式
            tbuf[1]=tc>>16;
            tbuf[2]=tc>>8;
            tbuf[3]=tc;
            sn=4;
            sp=0;
            SBUF=tbuf[0];
        }
    }
}
// 定时中断子程序,10μs
void Timer0Int(void) interrupt 1
{
    tc++;                              //电容放电计时
}
// 定时器1中断函数，定时采集数据
void tm1_isr() interrupt 3
{
    unsigned int n;
    unsigned int m;
    unsigned long rx;
    if(Mod==0)                         //电压模式
    {
        ADC_CONTR = 0xCE;  //ADC14
        while (!(ADC_CONTR & 0x20));   //等待ADC转换完成
        ADC_CONTR &= ~0x20;            //清标志
        tbuf[adn+1]=ADC_RES;           //高8位为波形显示
        tbuf[adn+260]=ADC_RESL;        //低8位为参与计算
        adn++;
        if(adn>256)
        {
```

```
            TR1=0;
            Flag=1;
        }
    }
    if(Mod==1)                              //电流模式
    {
        ADC_CONTR = 0xCD;   //ADC13
        while (!(ADC_CONTR & 0x20)); //等待 ADC 转换完成
        ADC_CONTR &= ~0x20;             //清标志
        tbuf[adn+1]=ADC_RES;
        tbuf[adn+260]=ADC_RESL;
        adn++;
        if(adn>256)
        {
            TR1=0;
            Flag=1;
        }
    }
    if(Mod==2)                              //电阻模式
    {
        if(adn==0)
        {
            P1M1 = 0xEF;   P1M0 = 0x10;//设置 P1.4 推挽
        }
        if(adn==1)
        {
            ADC_CONTR = 0xCC;           //选 ADC12
            while (!(ADC_CONTR & 0x20));    //等待 ADC 转换完成
            ADC_CONTR &= ~0x20;         //清标志
            n=ADC_RES;
            n<<=8;
            n+=ADC_RESL;
            n>>=6;
            ADC_CONTR = 0xCB;                   //选 ADC11
            while (!(ADC_CONTR & 0x20));     //等待 ADC 转换完成
            ADC_CONTR &= ~0x20;                 //清标志
            m=ADC_RES;
            m<<=8;
            m+=ADC_RESL;
            m>>=6;
            if(n<931)
            {
                rx=330L*n/(m-n);
                datp=rx;
                datq=0;
                TR1=0;
                Flag=1;
            }
        }
        if(adn==2)
        {
```

```
            P1M1 = 0xF7;    P1M0 = 0x08;              //设置 P1.3 推挽
        }
        if(adn==10)
        {
            ADC_CONTR = 0xCB;                         //选 ADC11
            while (!(ADC_CONTR & 0x20));              //等待 ADC 转换完成
            ADC_CONTR &= ~0x20;                       //清标志
            n=ADC_RES;
            n<<=8;
            n+=ADC_RESL;
            n>>=6;
            ADC_CONTR = 0xCC;                         //选 ADC12
            while (!(ADC_CONTR & 0x20));              //等待 ADC 转换完成
            ADC_CONTR &= ~0x20;                       //清标志
            m=ADC_RES;
            m<<=8;
            m+=ADC_RESL;
            m>>=6;
            if((m-n)>4)
            {
                rx=100L*n/(m-n);
                datp=rx;
            }
            else datp=0xFFFF;                         //超量程，-1
            datq=2;
            TR1=0;
            Flag=1;
        }
        adn++;
    }
    if(Mod==3)                                        //二极管模式
    {
        P1M1 = 0xEF;    P1M0 = 0x10;                  //设置 P1.4 推挽
        ADC_CONTR = 0xCC;                             //选 ADC12
        while (!(ADC_CONTR & 0x20));                  //等待 ADC 转换完成
        ADC_CONTR &= ~0x20;                           //清标志
        n=ADC_RES;
        n<<=8;
        n+=ADC_RESL;
        n>>=6;
        rx=330L*n/1024;
        datp=rx;
        datq=2;
        TR1=0;
        Flag=1;
    }
    if(Mod==4)                                        //大电容 0.47μF 以上
    {
        if(adn==0)
        {
            P1M1 = 0xEF;    P1M0 = 0x10;    //设置 P1.4 推挽
```

```
            PH=1;                                      //电容充电
        }
        if(adn==500)                                   //充电 500ms 后开始放电
        {
            PH=0;
            TR0 = 1;                                   //定时器 0 开始计时
            tc=0;
        }
        if(adn>5000)                                   //超时，超量程
        {
            TR1=0;
            Flag=1;
        }
        adn++;
    }
    if(Mod==5)                                         //小电容
    {
            if(adn==0)
        {
            P1M1 = 0xFB;    P1M0 = 0x04;               //设置 P1.2 推挽
            PL=1;                                      //电容充电
        }
        if(adn==300)                                   //充电 300ms 后开始放电
        {
            PL=0;
            TR0 = 1;                                   //定时器 0 开始计时
            tc=0;
        }
        if(adn>5000)                                   //超时，超量程
        {
            TR1=0;
            Flag=1;
        }
        adn++;
    }
}
// UART1 中断函数
void UART1_int (void) interrupt 4
{
    unsigned char m;
    if(RI)
    {
        RI=0;
        m=SBUF;
        if(m==0xDB)
        {
            ring=1;
            rn=0;
            rbuf[0]=m;
        }
        else
```

```
        {
            rn++;
            if(rn<4)  rbuf[rn]=m;
            if(rn>=3)
            {
                rnew=1;                          //收到 4 字节数据判为帧结束
                ring=0;
                rn++;
            }
        }
    }
    if(TI)
    {
        TI=0;
        sp++;
        if(sp<sn)    SBUF = tbuf[sp];        // 发送数据
    }
}
// 比较中断函数
void CMP_int (void) interrupt 21
{
    CMPCR1&=~0X40;
    TR1=0;
    if((Mod==4)||(Mod==5)) Flag=1;
    PH=1;
    PL=1;
}
```

9.2.3 Android 手机编程

    上位机程序用 Android Studio 编写，用单选控件选择工作模式，定时 0.5s 发送测试命令，收到返回数据后显示到界面，其中电压和电流测量还显示波形，并且可以改变数据采集周期。上位机程序代码如下，电压测试界面截图见图 9-6。

```
    public class MainActivity extends AppCompatActivity
                    implements RadioGroup.OnCheckedChangeListener{
    private static final String ACTION_USB_PERMISSION =
                    "cn.wch.wchusbdriver.USB_PERMISSION";
    TextView tv1;
    RadioButton ck1,ck2,ck3,ck4,ck5;
    RadioGroup sel;
    Switch sw;
    ImageView img;
    Spinner sp;
    private CH34xUARTDriver serialPort;          //声明串口
    private ReadThread mReadThread;              //读取线程
    private Handler myhandler;                   //信息通道
    byte[] rbuf = new byte[512];                 //串口接收数据缓冲区
    byte[] tbuf = new byte[32];
    int len;
    int msel=0; //测量选择：0——电压，1——电流，2——电阻，3——二极管，4——电容
```

```java
boolean fk;
int tn;

Bitmap bitmap;
Canvas canvas;          //画布
int startX;             //起始坐标
int startY;
Paint paint;            //画笔
@Override
protected void onCreate(Bundle savedInstanceState) {
    super.onCreate(savedInstanceState);
    setContentView(R.layout.activity_main);
    tv1=findViewById(R.id.idtv);  //实例化控件
    ck1=findViewById(R.id.iddy);
    ck2=findViewById(R.id.iddl);
    ck3=findViewById(R.id.iddz);
    ck4=findViewById(R.id.iddr);
    ck5=findViewById(R.id.ideg);
    sel=findViewById(R.id.idsel);
    sw=findViewById(R.id.idsw);
    img=findViewById(R.id.idimg);
    sp=findViewById(R.id.idsp);
    sel.setOnCheckedChangeListener(this);      //注册 RadioGroup 选择事件
    serialPort = new CH34xUARTDriver((UsbManager) getSystemService
(Context.USB_SERVICE), this,ACTION_USB_PERMISSION);   //创建串口
    if (!serialPort.UsbFeatureSupported())    // 判断系统是否支持 USB HOST
    {
        tv1.setText("不支持 USB HOST!");
    }
    int n = serialPort.ResumeUsbList();
    if (n == -1)// ResumeUsbList 方法用于枚举 CH34X 设备以及打开相关设备
    {
        tv1.setText("打开设备失败!");
        serialPort.CloseDevice();
    } else if (n == 0){
        if (!serialPort.UartInit()) {//对串口设备进行初始化操作
            tv1.setText("设备初始化失败!");
            return;
        }
        Toast.makeText(MainActivity.this, "打开设备成功!",
                        Toast.LENGTH_SHORT).show();
        mReadThread = new ReadThread();    //声明串口接收数据线程
        mReadThread.start();    //启动串口接收数据线程
    } else {
        tv1.setText("未授权限!");
        //System.exit(0);  //退出系统
    }
    serialPort.SetConfig(115200, (byte) 8, (byte) 0, (byte)0,(byte) 0);
//配置串口参数：115200,n,8,1
myhandler = new MyHandler();        //实例化 Handler，用于进程间的通信
// 保持常亮的屏幕的状态
```

```
getWindow().addFlags(WindowManager.LayoutParams.FLAG_KEEP_SCREEN_ON);
sw.setVisibility(View.INVISIBLE);
Timer mTimer = new Timer();           //新建 Timer
mTimer.schedule(new TimerTask() {
    @Override
    public void run() {
        Message msg = myhandler.obtainMessage();  //创建消息
        msg.what = 1;                      //变量 what 赋值
        myhandler.sendMessage(msg);     //发送消息
    }
}, 1000, 500);          //延时 1000ms，然后每隔 500ms 发送消息
fk=true;
tn=0;
}
public void onResume() {
    super.onResume();
    if(!serialPort.isConnected()) {
        int retval = serialPort.ResumeUsbPermission();
        if (retval == 0) {
        } else if (retval == -2) {
            Toast.makeText(MainActivity.this, "获取权限失败!",
                    Toast.LENGTH_SHORT).show();
        }
    }
}
    @Override
//单选按钮
    public void onCheckedChanged(RadioGroup radioGroup, int i) {
        fk=true;
        tn=0;
        switch (i) {
            case R.id.iddy:     //电压、电流模式显示波形，其他模式隐藏
                msel=0;
                sw.setVisibility(View.INVISIBLE);
                img.setVisibility(View.VISIBLE);
                sp.setVisibility(View.VISIBLE);
                break;
            case R.id.iddl:
                msel=1;
                sw.setVisibility(View.INVISIBLE);
                img.setVisibility(View.VISIBLE);
                sp.setVisibility(View.VISIBLE);
                break;
            case R.id.iddz:
                msel=2;
                sw.setVisibility(View.INVISIBLE);
                img.setVisibility(View.INVISIBLE);
                sp.setVisibility(View.INVISIBLE);
                break;
            case R.id.iddr:
                msel=4;
```

```java
                sw.setVisibility(View.VISIBLE);
                img.setVisibility(View.INVISIBLE);
                sp.setVisibility(View.INVISIBLE);
                break;
            case R.id.ideg:
                msel=3;
                sw.setVisibility(View.INVISIBLE);
                img.setVisibility(View.INVISIBLE);
                sp.setVisibility(View.INVISIBLE);
                break;
        }
    }
    //读取数据的线程
    private class ReadThread extends Thread {
        @Override
        public void run() {
            super.run();
            byte[] buff = new byte[512];
            while(true){
                try {
                    int n = serialPort.ReadData(buff,512);  //接收数据
                    if(n > 0) {
                        for (int i=0;i<n;i++){
                            rbuf[i] = buff[i];          //保存数据
                        }
                        try {
                            sleep(100);        //延时100ms，等1帧数据接收完成
                        } catch (InterruptedException e) {
                        }
                        int m = serialPort.ReadData(buff,512);  //接收数据
                        for (int i=0;i<m;i++){
                            rbuf[i+n] = buff[i];         //保存数据
                        }
                        len=n+m;
                        Message msg = myhandler.obtainMessage();
                        msg.what = 0;
                        myhandler.sendMessage(msg); //收到数据，发送消息
                    }
                } catch (Exception e) {
                    e.printStackTrace();
                }
            }
        }
    }
    //显示曲线
    public void Show() {
        int mW=img.getWidth();           //ImageView对象的宽
        int mH=img.getHeight();          //ImageView对象的高
        if (bitmap == null) {            //创建一个新的bitmap对象
            bitmap = Bitmap.createBitmap(mW, mH, Bitmap.Config.RGB_565);
        }
```

```java
        canvas = new Canvas(bitmap);  //根据 bitmap 对象创建一个画布
        canvas.drawColor(Color.BLUE);//设置画布背景色为蓝色
        paint = new Paint();                //创建一个画笔对象
        paint.setStrokeWidth(8);         //设置画笔的线条粗细为 8 磅（1 磅=0.3527mm）
        paint.setColor(Color.BLACK);              //画笔颜色为黑色
        canvas.drawLine(0, 0, mW, 0, paint);       //画外框
        canvas.drawLine(0, mH, mW, mH, paint);
        canvas.drawLine(0, 0, 0, mH, paint);
        canvas.drawLine(mW, 0, mW, mH, paint);

        paint.setStrokeWidth(2);          //设置画笔的线条粗细为 2 磅
        paint.setColor(Color.GRAY);    //画背景网格
        for(char i=0;i<7;i++){
            canvas.drawLine(0, (388*i/10+12)*mH/256, mW,
                                (388*i/10+12)*mH/256,paint);
        }
        for(char i=1;i<6;i++){
            canvas.drawLine(50*i*mW/256, 0, 50*i*mW/256, mH,paint);
        }
        paint.setStrokeWidth(2);          //设置画笔的线条粗细为 2 磅
        paint.setColor(Color.RED);      //画笔颜色改为红色
        for (char i = 2; i < 256; i++) {      //画曲线
            canvas.drawLine((i - 1)*mW/256, mH-mH*((rbuf[i - 1])&0xFF)/256,
                                i*mW/256, mH-mH*((rbuf[i])&0xFF)/256, paint);
        }
        img.setImageBitmap(bitmap);                //在 ImageView 中显示 bitmap
    }
    //在主线程处理 Handler 传回来的 message
    class MyHandler extends Handler {
        public void handleMessage(Message msg) {
            switch (msg.what) {
                case 0:                    //收到串口数据
                    if(msel==0) {          //电压数据
                        if(rbuf[0]==0){
                            Float f=(float)(rbuf[257]*256+(rbuf[258]&0xFF))/10;
                            if(rbuf[259]==2) //交流平均值转有效值，乘以 1.1 倍
f=(float)(11*(rbuf[257]*256+(rbuf[258]&0xFF)))/100;
                            String s="";
                            if(rbuf[259]==0) s="+";
                            if(rbuf[259]==1) s="-";
                            s=s + f.toString() + "V";
                            tv1.setText(s);
                            Show();
                        }
                    }
                    if(msel==1) {          //电流数据
                        if(rbuf[0]==1){
                            Float
f=(float)(rbuf[257]*256+(rbuf[258]&0xFF))/10;
                            if(rbuf[259]==2) //交流平均值转有效值
```

```
                    f=(float)(11*(rbuf[257]*256+(rbuf[258]&0xFF)))/100;
                    String s="";
                    if(rbuf[259]==0) s="+";
                    if(rbuf[259]==1) s="-";
                    s=s + f.toString() + "A";
                    tv1.setText(s);
                    Show();
                }
            }
            if(msel==2) {          //电阻数据
                if(rbuf[0]==2){
                    int n=rbuf[1]*256+(rbuf[2]&0xFF);
                    if(rbuf[3]==0){
                        tv1.setText(n+"Ω");
                    }
                    else{
                        Float f=(float)n/10;
                        if(f<0) tv1.setText("∞kΩ");
                        else tv1.setText(f+"kΩ");
                    }
                }
            }
            if(msel==3) {          //二极管压降
                if(rbuf[0]==3){
                    Float f=(float)(rbuf[1]*256+(rbuf[2]&0xFF))/100;
                    tv1.setText(f+"V");
                }
            }
            if(msel==4) {
                if(rbuf[0]==4){          //大电容
                    int n=(rbuf[1]&0xFF)*256*256+
                        (rbuf[2]&0xFF)*256+(rbuf[3]&0xFF);
                    if(n>360){
                        tv1.setText(n/36+"μF");
                    }
                    else{
                        n=n*10/36;
                        Float f=(float)n/10;
                        tv1.setText(f+"μF");
                    }
                }
                if(rbuf[0]==5){          //小电容
                    int n=(rbuf[1]&0xFF)*256*256+
                        (rbuf[2]&0xFF)*256+(rbuf[3]&0xFF);
                    if(n>1100){
                        tv1.setText(n/110+"nF");
                    }
                    else{
                        n=n*100/110;
                        Float f=(float)n/100;
                        tv1.setText(f+"nF");
```

```
                    }
                }
            }
            fk=true;
            tn=0;
            break;
        case 1:     //1s 定时时间到
            tn++;
            if(tn>20){
                tn=0;
                fk=true;
            }
            tbuf[0] = (byte) 0xDB;
            tbuf[1] = (byte) msel;
            if((msel==4)&&(sw.isChecked())) tbuf[1] = (byte) 0x05;
            if(msel<2) {
                switch (sp.getSelectedItemPosition()) {
                    case 0:             //10μs
                        tbuf[2] = (byte) 0xFF;
                        tbuf[3] = (byte) 0x23;
                        break;
                    case 1:             //20μs
                        tbuf[2] = (byte) 0xFE;
                        tbuf[3] = (byte) 0x46;
                        break;
                    case 2:             //40μs
                        tbuf[2] = (byte) 0xFC;
                        tbuf[3] = (byte) 0x8B;
                        break;
                    case 3:             //100μs
                        tbuf[2] = (byte) 0xF7;
                        tbuf[3] = (byte) 0x5C;
                        break;
                    case 4:             //200μs
                        tbuf[2] = (byte) 0xEE;
                        tbuf[3] = (byte) 0xB8;
                        break;
                    case 5:             //400μs
                        tbuf[2] = (byte) 0xDD;
                        tbuf[3] = (byte) 0x71;
                        break;
                    case 6:             //1ms
                        tbuf[2] = (byte) 0xA9;
                        tbuf[3] = (byte) 0x9A;
                        break;
                    default:            //2ms
                        tbuf[2] = (byte) 0x53;
                        tbuf[3] = (byte) 0x33;
                        break;
                }
            }
```

```
        else {                        //1ms
            tbuf[2] = (byte) 0xA9;
            tbuf[3] = (byte) 0x9A;
        }
        if(fk) serialPort.WriteData(tbuf, 4); //发送数据 n
        fk=false;
        break;
        }
    }
  }
}
```

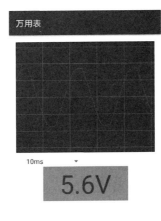

图 9-6　电压测试界面截图

电子课件

示例程序

参考文献

[1] 周立功. LPC900 系列 Flash 单片机应用技术: 上册. 北京: 北京航空航天大学出版社, 2004.

[2] 何宾. STC 单片机原理及应用——从器件、汇编、C 到操作系统的分析和设计. 北京: 清华大学出版社, 2015.

[3] 周长锁. Android 工业平板电脑编程实例. 北京: 电子工业出版社, 2019.

二维码页码对照清单

KeilC 软件简介		1 页
STC-ISP 软件简介		3 页
KeiC 软件程序调试方法		45 页
电路仿真软件 TINA		119 页
逻辑分析软件 Logic		147 页
网络调试助手软件 NetAssist		191 页
网络报文分析软件 Wireshark		235 页
电子课件下载		267 页
示例程序下载		267 页